高等职业教育畜牧兽医类专业系列教材

- 国家教学成果二等奖项目成果
- 成果导向教育理念工单式教材

动物疾病诊断

主　编◎任　玲（黑龙江职业学院）
副主编◎邹继新（黑龙江职业学院）
主　审◎徐作仁（黑龙江职业学院）

北京师范大学出版集团
BEIJING NORMAL UNIVERSITY PUBLISHING GROUP
北京师范大学出版社

图书在版编目(CIP)数据

动物疾病诊断 / 任玲主编. — 北京：北京师范大学出版社，2021.12

ISBN 978-7-303-26666-1

Ⅰ. 动…　Ⅱ. ①任…　Ⅲ. ①动物疾病—诊断—教材
Ⅳ. ①S854.4

中国版本图书馆 CIP 数据核字(2021)第 003353 号

营销中心电话　010-58802181　58805532
北师大出版社科技与经管分社　www.jswsbook.com
电子信箱　jswsbook@163.com

出版发行：北京师范大学出版社　www.bnupg.com
北京市西城区新街口外大街 12-3 号
邮政编码：100088
印　　刷：北京虎彩文化传播有限公司
经　　销：全国新华书店
开　　本：787 mm×1092 mm　1/16
印　　张：15
字　　数：310 千字
版　　次：2021 年 12 月第 1 版
印　　次：2021 年 12 月第 1 次印刷
定　　价：37.50 元

策划编辑：华　珍　周光明　　责任编辑：华　珍　周光明
美术编辑：李向昕　　装帧设计：李向昕
责任校对：陈　民　　责任印制：赵　龙

教材编写委员会

主　　任　王利文（黑龙江职业学院）

　　　　　李炯光（重庆三峡职业学院）

副主任　郑福贵（黑龙江职业学院）

　　　　　王明海（黑龙江职业学院）

委　　员　王广文（黑龙江职业学院）

　　　　　亢利平（黑龙江职业学院）

　　　　　陈晓华（黑龙江职业学院）

　　　　　张传师（重庆三峡职业学院）

　　　　　侯继勇（黑龙江职业学院）

　　　　　吴学军（黑龙江职业学院）

　　　　　时广明（黑龙江职业学院）

　　　　　牟永成（黑龙江职业学院）

　　　　　母治平（重庆三峡职业学院）

　　　　　张　超（重庆三峡职业学院）

　　　　　程邓芳（重庆三峡职业学院）

　　　　　罗正中（重庆三峡职业学院）

　　　　　杨庆稳（重庆三峡职业学院）

　　　　　孙耀辉（黑龙江职业学院）

　　　　　孙洪梅（黑龙江职业学院）

　　　　　杨井坤（黑龙江职业学院）

　　　　　陈　滨（黑龙江职业学院）

　　　　　陈翠玲（黑龙江职业学院）

　　　　　任　玲（黑龙江职业学院）

白彩霞(黑龙江职业学院)

周芝佳(黑龙江职业学院)

赵　玮(黑龙江职业学院)

孙英杰(黑龙江职业学院)

范秀敏(黑龙江职业学院)

王　敏(黑龙江职业学院)

周　扬(黑龙江职业学院)

王素梅(黑龙江职业学院)

刘　丽(黑龙江职业学院)

张淑娟(黑龙江职业学院)

王彩丽(黑龙江职业学院)

宋　林(黑龙江职业学院)

刘广文(黑龙江职业学院)

蔡皓璠(黑龙江职业学院)

陈锦辉(黑龙江职业学院)

刘本君(黑龙江职业学院)

王　波(黑龙江正大实业有限公司)

赵　富(哈尔滨鹏程饲料科技有限公司)

谷庆年(哈尔滨大北农牧业科技有限公司)

田丽华(黑龙江正邦农牧科技有限公司)

本书编审人员

主　　编　任　玲（黑龙江职业学院）

副 主 编　邹继新（黑龙江职业学院）

参　　编　王　敏（黑龙江职业学院）

王之磊（黑龙江省动物疫病预防与控制中心）

主　　审　徐作仁（黑龙江职业学院）

内容简介

本教材围绕高职高专教育培养目标，依据“项目导向、任务驱动”的教学改革思路，融合成果导向教学理念，兼顾职教性和高教性有机统一的教学改革思路，以培养学生专业能力、方法能力和社会能力为原则，结合畜牧兽医行业生产岗位的职业需要，将传统的动物临床诊断技术、病理检验等内容进行了重组和整合，同时引入了较先进的教学内容和教学方式，是适用于畜牧兽医专业学生的成果导向教材。

本书根据动物疾病诊断的常规检查程序分为四个项目：临床检查、病理诊断、血尿粪常规检查及血液生化检验、建立病历。每个项目下设相应任务，每个任务包含目标呼应、情境导入、知识链接、任务工单等栏目，任务内容既有疾病诊断的基础性操作和综合性职业活动内容，又有体现“高教性”的逻辑思维内容。本书内容循序渐进、图文并茂，将理论知识融于操作训练之中，突出了职业技能的培养。

本书既可作为高职院校畜牧兽医专业学生的基础课教材，也可作为相关技术人员的岗位培训教材和工具书。

序

随着畜牧业进入新的发展阶段，新工艺、新技术在生产中广泛应用，企业管理、动物饲养、动物繁育和疾病防治等生产领域对技术技能人才的需求越来越迫切，培养具有扎实畜牧兽医专业知识和较强动物生产实践能力的技术技能人才已成为本专业高职教育教学的紧迫使命。为实现这一人才培养目标，编写紧跟畜牧产业发展趋势和行业人才需求、面向典型岗位职业能力要求的“工单式”教材，已成为职业教育改革的首要任务。

按《国家职业教育改革实施方案》和教育部《关于组织开展“十三五”职业教育国家规划教材建设工作的通知》相关要求，联合规范化畜牧企业的资深技术人员，引入新型工艺与实用技术，我们编写了一套高职畜牧兽医专业的“工单式”教材。这套教材遵循高职学生的认知规律和成果导向教育理念，面向专业培养目标，以典型工作任务为载体，对原学科体系的知识内容进行了工作过程系统化设计；依据人才需求调查，绘制了以“培养具有参与沟通合作和独立思考能力的终身学习者，具备畜牧兽医专业必备知识和较强动物生产管理实践能力的技术技能人才，成为具有敬业精神和全面发展的负责任公民”为总目标的人才培养蓝图，按蓝图分解能力构成，分科目实现职业能力，保证了专业培养目标能通过典型工作任务与典型学习任务的训练得以实现。

开发教材是人才培养最为重要的基础工作，而开发优质教材需要丰富的经验，由于作者队伍水平有限，加之时间仓促，本套教材定会有不足之处，欢迎各位专家和读者提出宝贵意见和建议。

前言

本教材根据教育部《国家职业教育改革实施方案》和《关于组织开展“十三五”职业教育国家规划教材建设工作的通知》的精神，在原“十二五”职业教育国家规划教材的基础上，围绕兽医临床岗位的工作任务，以“项目导向、任务驱动”的教学改革思路，融合成果导向教学理念，面向学生就业岗位，突出职业性特点，兼顾职教性和高教性的有机统一，对现高职高专畜牧兽医专业教材进行了改革，将传统学科体系下的教材进行了重组、充实和改造，形成了符合学生认知特点、适应兽医临床工作岗位需要、融知识与技能为一体的课程体系。

本教材有如下特点：

1. 基于兽医临床工作岗位的职业活动，针对岗位能力，将教材内容按照疾病诊断程序划分为四个项目：临床检查、病理诊断、血尿粪常规检查及血液生化检验、建立病历。每个项目下设相应任务，每个任务包含目标呼应、情境导入、知识链接、任务工单等栏目，任务内容既有疾病诊断的基础性操作和综合性职业活动内容，又有体现“高教性”的逻辑思维内容。

2. 每个任务以兽医临床诊断方法及所发生的病理变化为核心，以相关基础知识为支撑和链接，以病例分析为拓展，体现教学内容的适用性。

3. 强化教学内容的直观性，选取了大量临床诊断、病理检验操作的图片，关键步骤有图片说明，有利于提高学生自己动手的能力以及分析问题、解决问题的能力，增加了教材的实用性。

本教材具体编写分工为：项目一由邹继新编写，项目二由任玲编写，项目三和项目四由王敏编写，图片收集和整理工作由王之磊完成。全书由任玲统稿，徐作仁主审。

在编写本教材过程中，作者征求了行业专家的意见，同时得到了作者学院和学校教务处领导的支持和指导，在此一并表示感谢！

由于编者水平有限，加之时间仓促，书中不足之处在所难免，恳请各位专家和读者提出宝贵意见和建议。

编　者

成果蓝图

具有参与沟通合作和独立思考能力的终身学习者

具有必备畜牧兽医专业知识和较强动物生产管理实践能力的技术技能人才

具有敬业精神和全面发展的负责任公民

沟通整合	学习创新	专业技能	问题解决	责任关怀	职业素养
具备主动沟通、积极交流的能力	具备持续学习、信息处理的能力	具备精准应用畜牧兽医专业知识的能力	具备执行畜牧兽医行业标准以及实施、分析实验的能力	具备关心时事、承担责任、关爱他人、爱护动物的能力	具备遵守畜牧兽医职业规范、爱岗敬业的职业素养
具备团队协作、尊重多元观点的能力	具备独立思考、基本的创业能力	具备熟练运用专业基本技术、畜牧业设施设备的能力	具备确认畜牧业生产问题、提出解决方案并执行的能力	具备人文、艺术的基本涵养并保持身心健康的能力	具备职业生涯规划、适应岗位变迁的能力

课程目标	专业能力指标
能运用一般检查和系统检查的方法对动物实施临床检查	具备精准应用畜牧兽医专业知识的能力
熟悉病理剖检的各个环节工作	
解析常见病理变化、病理现象和临床症状并建立诊断	
说明血、尿常规检查等基本技术原理并熟悉操作	具备熟练运用专业基本技术、畜牧业设施设备的能力
养成严谨认真、安全生产的工作态度	具备遵守畜牧兽医职业规范、爱岗敬业的职业素养

目 录

项目一

临床检查

任务一　一般检查

目标呼应

<table>
<tr><th>任务目标</th><th>课程教学目标</th></tr>
<tr><td>能接近与保定动物</td><td rowspan="3">能运用一般检查和系统检查的方法对动物实施临床检查</td></tr>
<tr><td>能说明临床检查的基本方法</td></tr>
<tr><td>能观察动物整体状态，检查被毛及皮肤、眼结膜和浅表淋巴结，测定体温、脉搏及呼吸数，并能说明有关的病理变化和诊断意义</td></tr>
</table>

情境导入

一般检查是在适当的接近与保定条件下，对患病动物进行临床检查的开始阶段。通过一般检查可以了解患病动物的整体及一般症状，从中找出某些重要症状，为进一步的系统检查和诊断提供线索。一般检查主要应用视诊和触诊，检查的主要内容包括观察整体状态，检查被毛及皮肤、眼结膜和浅表淋巴结，测定体温、脉搏及呼吸数等。

知识链接

一、接近与保定动物

(一)接近动物

接近动物前，要了解动物习性，观察动物是否会出现惊恐和攻击人的神态(如马竖耳、瞪眼，牛低头凝视，犬狂叫，猫被毛竖起，猪斜视、翘鼻等)，以防意外。如动物在发情期、孕期、哺乳期性情较为顽劣，接近时可用动物喜食的食物加以诱惑。

接近动物时，请畜主协助，检查者用温和的呼声，向动物发出要接近的信号，然后从其前侧方慢慢接近，避免动物惊恐而造成攻击。接近后，用手轻轻抚摸动物的颈侧和肩部，使其保持安静和温顺状态，再进行检查。例如：接近猪时，可在其腹下部用手轻轻搔痒，使其安静或卧下，然后进行检查；对犬、猫等动物，则应加以保定后再行检查。

(二)保定动物

1. 简易保定法

(1)马的简易保定法(适用于一般的临床检查或简单处置)

①鼻捻保定法(图 1-1)：将鼻捻子的绳套套入一只手上并夹于指间，另一只手抓住笼头，持有绳套的手自马的鼻梁向下轻轻抚摸至上唇时，迅速有力地抓住马的上唇，此时另一只手(右手)离开笼头，将绳套套于唇上，迅速向一方捻转把柄，拧紧为止。

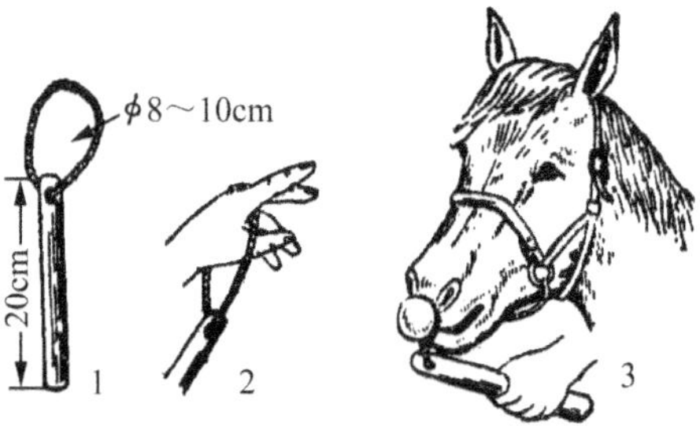

图 1-1 马的鼻捻保定法

1-鼻捻棒；2-绳套夹于指间的姿势；3-拧紧上唇

②耳夹子保定法：先将一只手放于马耳后的颈侧，然后迅速抓住马耳，以持夹子的另一只手迅速将夹子放于马耳根并用力夹紧，此后应一直握紧耳夹，以免因马骚动挣扎而使夹子脱手甩出。也可用左手抓住笼头，右手紧拧马耳做徒手保定。

(2)牛的简易保定法(适用于一般的临床检查或简单处置)

①徒手保定法[图 1-2(a)]：用一只手抓住牛角，然后拉提鼻绳和鼻环，或用一只手的拇指、食指和中指捏住牛的鼻中隔加以固定。

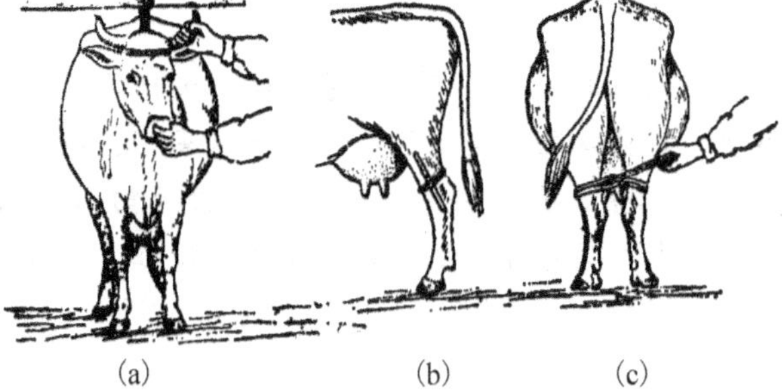

图 1-2 牛的简易保定法

②牛鼻钳保定法：将牛鼻钳的两钳嘴抵入牛的两鼻孔内，并迅速夹紧鼻中隔，用一只

手或双手握持。也可用绳系紧钳柄固定。

③两后肢保定法[图 1-2(b)、图 1-2(c)]：取 2 m 长的粗绳一条，折成等长的两段，在跗关节上方将两后肢胫部围住，然后将绳的一端穿过折转处向一侧拉紧。

(3)羊的简易保定法(适用于羊的灌药、静脉注射及一般临床检查)

一般检查时，用两臂在羊的胸前及股后围抱即可固定。必要时，用手握住两角或两耳，固定头部。也可用两膝夹住羊颈部或背部进行固定。

(4)猪的简易保定法(适用于测定体温、肌内注射及一般的临床检查)

①站立保定法：在猪群中，可将猪群赶至猪栏的一角，使其相互拥挤而不骚动，然后进行检查、处置。要捉住猪群中的个体猪进行检查时，可迅速抓提猪尾、猪耳或后肢，并将其拖出猪群，然后根据需要及猪只大小做进一步保定。

②绳套保定法(图 1-3)：在绳的一端做一活套，使绳套自猪的鼻端滑下，当猪张口时迅速将其套入猪的上腭，立即勒紧；然后由一人拉紧保定绳的一端，或将绳栓于木桩上，此时猪多呈用力后退姿势，从而可保持固定的站立状态。也可使用带长柄的绳套，其方法基本同上，即将绳套套入猪的上腭后，迅速捻紧而固定。本法适用于体格较大的猪，还可用于投药、静脉注射、采血等。

③提举保定法(图 1-4)：抓住猪的两耳，迅速提举，使猪腹面朝前，并以膝部夹住猪的颈胸部。抓耳提举法还适用于插胃管或气管内注射。也可抓住猪的后肢飞节，并将其后躯提起，夹住猪的背部而固定。后肢提举法还适用于腹腔注射、阴囊疝手术等。

图 1-3　猪的绳套保定法

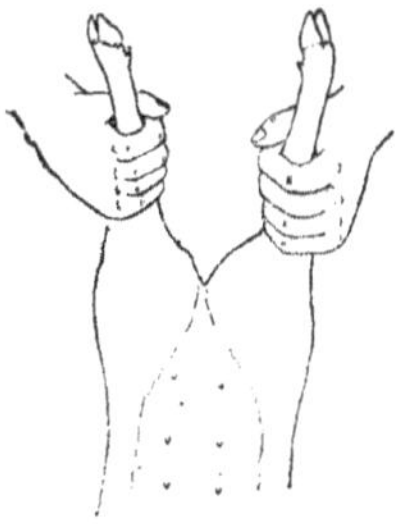

图 1-4　猪的提举保定法

(5)犬的简易保定法(适用于一般的临床检查或简单处置)

畜主蹲于犬的右侧，右手将犬头抱于胸前，左手臂抱紧犬的后躯。如属未经驯服的犬，先用捕犬钳夹紧其颈部，另一人则用粗扁带绕上下颌一周，在上颌上打一结，然后转向下颌，再做一结，最后将粗扁带牵引至头后颈背上打第三个结(此结应为活结)来固定；也可用铁笼套嘴，然后做进一步保定。

(6)猫的简易保定法(适用于一般的临床检查或简单处置)

①徒手保定法：将猫头与猫的前胸部夹于左侧或右侧的腋下，一只手抓住猫的两后肢，另一只手固定住猫的后半部即可。

②圆桶固定法：将猫头与猫的前肢固定在直径 10～20 cm 的圆桶内，后肢外露，即可保定。本法适用于测定体温、灌肠、注射等。

2. 柱栏内保定法(适用于大型家畜的临床检查或治疗)

(1)单柱保定法

将缰绳系于立柱(或树桩)上，对马、骡和驴，可用颈绳(或直接用缰绳)绕颈部后系结固定；对牛，则绕两角系结固定。

(2)二柱栏保定法

先将家畜引至柱栏的左侧，并令其靠近柱栏，之后将缰绳系于柱栏横梁前端的铁环上，再将脖绳系于前柱上，最后缠绕围绳及吊挂胸绳和腹绳。图 1-5 所示为马的二柱栏内保定。

图 1-5 马的二柱栏内保定

(3)四柱栏及六柱栏保定

首先，挂好胸革；其次，将家畜从柱栏后方引进，并把缰绳系于某一前柱上；最后，挂上臀革。图 1-6 所示为六柱栏及其结构示意图。

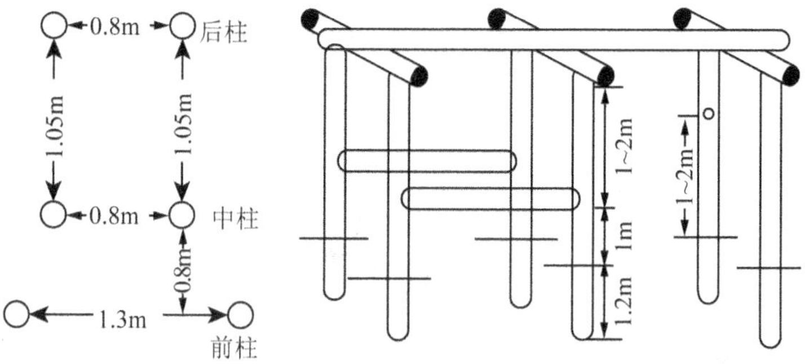

图 1-6 六柱栏及其结构示意图

对于某些检查(如检查口腔)，可按需要同时利用两前柱固定头部(或同时系好肩革)。在直肠检查时，需上好腹革及肩革，并将尾举向侧方或固定于后柱的某一铁环上。在进行导尿(特别是对公马)或某些外伤处理时，还须固定一或两后肢，以防踢蹴。

二、临床检查的基本方法

(一)问诊

问诊是向畜主或饲养管理人员调查了解动物或动物群体的发病情况和经过的方法。问诊是临床基本检查方法(问诊、视诊、触诊、叩诊、听诊、嗅诊)中最为常用的一种检查方法。问诊通常采用交谈和启发式询问方法，一般在着手检查病畜之前进行，也可边检查边询问，以便尽可能全面地了解发病情况及经过。

问诊内容主要包括现病史、既往病史、饲养管理及使役情况等。

1. 现病史

(1)发病时间

如疾病发生于饲前或喂后、使役中或休息时、舍饲或放牧中、清晨或夜间、产前或产后等，借以估计可能的致病原因。

(2)病后表现

向畜主或饲养管理人员询问所见到的病理现象，如动物的饮食欲、精神状态、排粪尿状态及粪尿物理性状的变化，有无咳嗽、气喘、流鼻液及腹痛不安、跛行表现，以及泌乳量和乳汁物理性状有无改变等。这些可作为确定检查方向和重点的参考。

(3)诊治情况

病后是否进行过治疗，用过什么药物及效果如何，曾诊断为何病，从开始发病到现时病情有何变化等，借以推断病势进展情况，也作为确定诊断和用药的参考。

(4)畜主所能估计到的致病原因

畜主所能估计到的致病原因包括饲喂不当、使役过度、受凉、被其他因素致伤等。

(5)畜(禽)群的发病情况

同群或附近地区有无类似疾病的发生或流行，借以推断是否为传染病、寄生虫病、营养缺乏或代谢障碍病、中毒病等。

2. 既往病史

询问是否发生过类似疾病，其经过和结局如何；询问预防接种的内容、实施时间、方法及效果如何。特别当有传染病可疑和群发现象时，要详细调查，了解当地疫病流行、防疫检疫情况及毒物来源等。这些资料在对确定当前疾病与过去疾病的关系，以及对传染性和地方性疾病的诊断上都有重要的意义。

3. 饲养管理及使役情况

重点了解饲料的种类、数量、质量及配方、加工情况、饲喂制度；了解动物舍内卫生及环境条件、使役情况及生产性能等。

4. 注意事项

语言要通俗，态度要和蔼，以便得到很好的配合；对问诊所得资料不要简单地肯定或否定，应结合现症临床检查结果进行综合分析。

(二)视诊

视诊分为动物个体视诊和动物群体视诊两种方法。个体视诊是检查者与动物保持适当的距离(一般为 2～3 m)进行环视，观察有无异常的方法；群体视诊是深入动物群进行巡视，观察有无异常的方法(如有异常，需挑出做进一步的详细检查)。注意：视诊最好在自然光照的宽敞场所进行。

(三)触诊

触诊是用手或借助于检查器具对被检部位组织和器官进行触压和感觉的一种方法。

1. 触诊方法

触诊可分为外部触诊法和内部触诊法。

(1)外部触诊法

外部触诊法又分为浅表触诊法和深部触诊法。浅表触诊法是用来检查躯体浅表组织器官的方法，主要用于检查皮肤温度、湿度、弹性及皮下浅表淋巴结等；深部触诊法(包括双手按压触诊法、插入触诊法、冲击触诊法)是从外部检查内脏器官的位置、形状、大小、活动性、内容物及压痛等的方法。深部触诊法主要用于检查动物内脏器官、腹腔积液与肿瘤、瘤胃、瓣胃、皱胃内容物性状及积粪团块。

(2)内部触诊法

本法主要用于大型家畜直肠检查以及食道、尿道等器官的探诊检查等。

2. 触感

由于触诊部位组织、器官的状态及病理变化不同，产生的触感有捏粉样(面团样)感、波动感、坚实感、硬固感、气肿感。

3. 注意事项

①应注意安全，必要时可适当保定。

②检查马、牛的四肢和下腹部时，要一只手放在畜体适当部位做支点，另一只手按“自上而下、从前向后”的顺序逐渐接近欲检部位。

③检查敏感性部位时应本着“先健区后病区，先周围后中心，先轻后重”的原则进行，并注意与对应部位比较、判断。

(四)叩诊

叩诊是叩击动物体表某一部位，使之发生振动，产生声音，根据所产生音响的特性来推断被检组织、器官的状态及病理变化的检查方法。

1. 叩诊方法

叩诊可分为直接叩诊法和间接叩诊法。

(1)直接叩诊法

本法是用手指或叩诊槌直接叩击被检部位，判断病理变化的方法。

(2)间接叩诊法

本法是在被检部位先放一振动能力较强的附加物(如手指或叩诊板)，而后向附加物叩击的检查方法。其又可分为指指叩诊法和槌板叩诊法。

①指指叩诊法：是将左手中指平放于被检部位，右手中指或食指的第二指关节处成90°弯曲，并以腕力垂直叩击平放于体表手指的第二指节处的方法。本法适用于中、小型动物的叩诊检查。

②槌板叩诊法：是以左手持叩诊板并平放于被检部位，用右手持叩诊槌，以腕力垂直叩击叩诊板的方法。本法适用于大型家畜的叩诊检查。

2. 应用范围

叩诊适用于胸、肺部和心脏、副鼻窦及腹腔器官的检查。

3. 叩诊音

(1)浊音

浊音是叩击柔软致密及不含气组织和器官时所产生一种弱小而钝浊的音响，如叩诊臀部肌肉时所产生的声音。

(2)清音

清音是叩击具有较大弹性和含气组织器官时所产生的比较强大而清晰的音响，如叩诊正常肺区中部所产生的声音。

(3)半浊音

半浊音是介于清音与浊音之间的一种过渡音响，如叩诊肺边缘部时产生的声音。

(4)鼓音

鼓音是一种音调比较高朗，振动比较规则的音响，如叩击正常马盲肠底部或正常牛瘤胃上 1/3 部位时所产生的声音。

4. 注意事项

①叩诊必须在安静的环境，最好在室内进行。

②间接叩诊时手指或叩诊板必须与体表贴紧，其间不能留有空隙，每点必须连续叩击 2～3 次后再行移位。

③叩诊用力要适宜，一般对深在器官用强叩诊，浅表器官用轻叩诊。

④叩诊对称性器官发现异常叩诊音时，则应左、右或与健康部位对照叩诊，加以判断。

(五)听诊

听诊是听取体内某些器官机能活动所产生的声音，借以判断其病理变化的方法。

1. 听诊方法

听诊可分为直接听诊法和间接听诊法。

(1)直接听诊法

本法是在听诊部位先放置听诊布，然后将耳直接贴于被检部位听诊的方法。此法所得声音真切，但不方便，一般仅用于幼小动物。

(2)间接听诊法

本法是借助于听诊器听诊的方法。

2. 应用范围

听诊主要用于心、肺、胃、肠的听诊和咳嗽、磨牙、呻吟、气喘等的检查。

3. 注意事项

①听诊必须在安静的环境，最好在室内进行。

②注意区别动物被毛摩擦音和肌肉震颤音，防止听诊器胶管与手臂或衣服接触。

(六)嗅诊

1. 嗅诊方法

本法是检查者通过嗅觉嗅闻辨别家畜呼出气、口腔气味及排泄物、分泌物等有无异常气味的一种检查方法。

2. 应用范围

嗅诊仅在某些疾病时才有临床意义，如牛酮血病时的呼出气及乳汁(特别是在加热煮沸时)有酮体气味等。

三、观察动物整体状态

(一)精神状态

观察动物的精神状态是根据其对外界刺激的反应能力及其行为表现而判定的，主要观察动物的行为、面部表现和眼耳动作。健康动物双眼有神，反应敏捷，动作灵活，行为正常。如动物有过度兴奋或抑制的表现，表示中枢神经系统机能紊乱。

1. 兴奋状态

兴奋状态：轻则惊恐不安，重则狂躁不驯。

惊恐不安表现为动物对外界的轻微刺激有强烈的反应，左顾右盼，竖耳、刨地，甚至惊恐、不安，挣扎脱缰，如牛表现瞪眼、凝视，甚至哞叫(图 1-7)。这主要是由于脑及脑膜充血、颅内压增高及某些中毒引起。

狂躁不驯表现为不顾障碍地一直前冲或后退不止，反复挣扎脱缰，啃咬物体，甚至攻击(咬、踢)人、畜。这提示为中枢神经系统的重度疾病，见于马流行性脑脊髓炎的狂躁型、狂犬病(图 1-8)等。

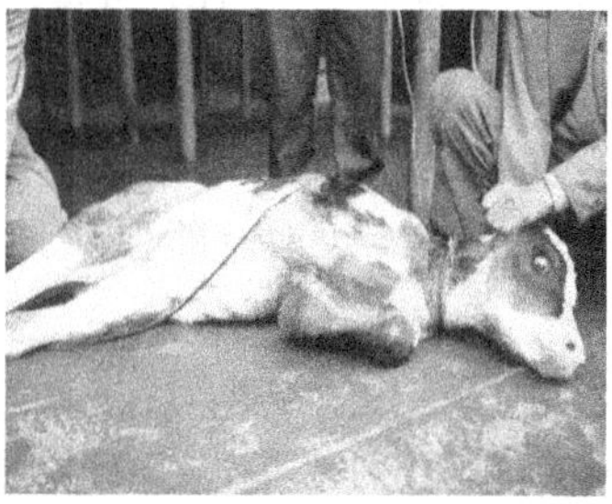

图 1-7　犊牛脑炎兴奋症状表现

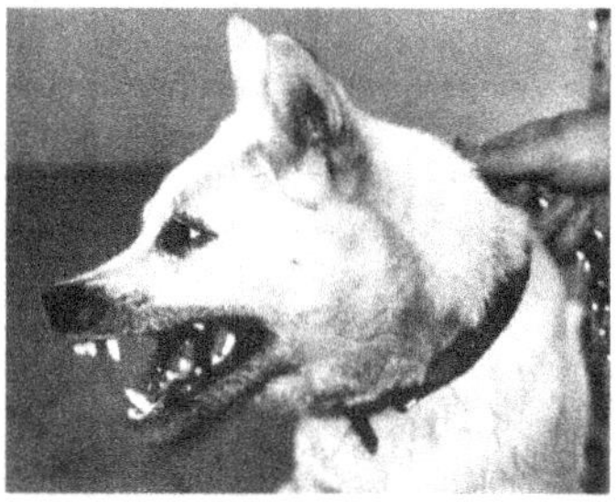

图 1-8　狂犬病犬精神狂躁

2. 抑制状态

抑制是中枢神经机能紊乱的另一种表现形式，轻则表现沉郁，重则嗜睡，甚至表现昏迷。

沉郁表现为动物离群呆立，萎靡不振，耳耷头低，对周围冷淡，对刺激反应迟钝。猪多表现为离群或钻入垫草之中；鸡多呈羽毛逆立，缩颈闭眼，两翅下垂之状(图 1-9)。这常见于各种发热性疾病及消耗性、衰竭性疾病等。

嗜睡表现为重度萎靡，闭眼似睡，或站立不动或卧地不起，给予强烈的刺激才引起其轻微的反应。这见于重度的脑病或中毒，如马流行性脑脊髓炎的沉郁型病例；还见于犬或猫的脑组织缺氧(图 1-10)、血糖降低、严重脱水或衰竭时。

图 1-9　鸡羽毛逆立，缩颈闭眼，两翅下垂

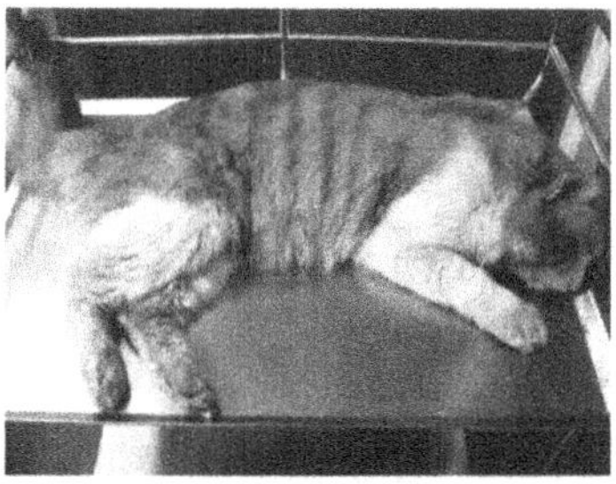

图 1-10　猫的脑组织缺氧导致嗜睡

昏迷表现为重度意识障碍，见于动物意识不清，卧地不起，呼唤不应，对刺激几乎无反应，甚至仅保有部分反射功能，或有时伴有肌肉痉挛与麻痹，或有时四肢呈游泳样动作。这见于脑及脑膜疾病、中毒病或某些代谢性疾病的后期。在猪更应注意侵害中枢神经系统的传染病，如李氏杆菌病、伪狂犬病等；肥猪在中暑、中热的后期，也可呈昏迷状态。在乳牛还应考虑某些代谢紊乱性疾病，如生产瘫痪(图 1-11)、酮血病等。鸡的昏迷见于 B 族维生素缺乏症(图 1-12)。重度昏迷现象常是预后不良的征兆。

(二)体格、发育与营养

1. 体格、发育

体格、发育应根据骨骼与肌肉的发育程度来确定。确切判定时，应用测量器械测定其体高、体长、体重、胸围及管围的数值。根据观察结果，区分为体格的大、中、小或发育良好与发育不良。

图 1-11 奶牛生产瘫痪表现昏迷状态

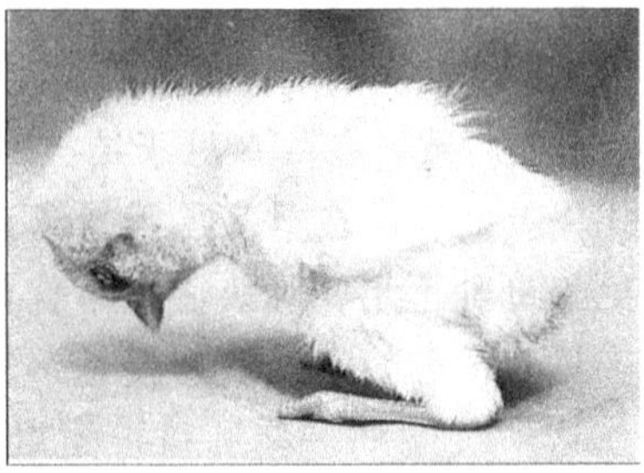

图 1-12 鸡 B 族维生素缺乏症表现昏迷状态

发育良好的动物，其体躯高大，结构匀称，肌肉结实。

发育不良的动物，表现为躯体矮小，结构不匀称，虚弱无力，特别是幼畜阶段，呈现发育迟缓甚至发育停滞，提示营养不良或慢性消耗性疾病(慢性传染病、寄生虫病或长期的消化紊乱)；若是仔猪，呈现发育显著落后，甚至呈现僵猪或侏儒猪。典型的僵猪往往是慢性传染病(猪瘟、猪肺疫、气喘病、副伤寒等)、寄生虫病(尤其是蛔虫病)以及营养不良(先天性或母乳不足)的后果，尤其多见于矿物质、维生素代谢障碍而引起的骨质疾病(骨软症与佝偻病)。

幼畜的佝偻病，在体格矮小的同时其躯体结构呈明显改变，如头大颈短、关节粗大、肢体弯曲或脊柱凸凹等(图 1-13)。

躯体结构的改变，还表现为各部比例的不匀称，如牛的左肋胀满，是瘤胃鼓胀的特征(图 1-14)；左、右胸廓不对称，宜考虑单侧气胸或胸膜与肺的严重疾病；动物头部、颜面歪斜(单侧耳、眼睑、鼻、唇下垂)，是面神经麻痹的特征。

图 1-13 犬佝偻病表现肢体弯曲

图 1-14 牛瘤胃鼓胀引起的左肋胀满

2. 营养

营养一般根据肌肉的丰满度、皮下脂肪的蓄积量以及被毛的状态进行判定，在仔猪可与同窝猪相比较，骆驼则应注意驼峰，大尾羊则应根据其尾巴的丰满程度来判定，鸡则应根据羽毛和胸肌发育程度进行判定。

临床上将营养程度划分为三级(或以膘成来表示)：营养良好(八九成膘)、营养中等(六七成膘)、营养不良(五成膘以下)。

营养良好的动物，表现为被毛有光泽，皮肤富有弹性，皮下脂肪丰富，肌肉丰满，躯体圆满而骨骼棱角不凸出。

营养不良的动物，表现为被毛蓬乱无光，皮肤缺乏弹性，消瘦，骨骼表露明显。

营养中等，介于前两者之间。

营养不良，俗称消瘦，是常见临床症状。短期内急剧消瘦，多由于急性热性病或重剧腹泻所致。缓慢消瘦，多由于慢性消耗性疾病所致，在牛多见于结核、副结核(图 1-15)、牛肺疫、肝片吸虫病；在羊多见于胃肠道寄生虫病；在哺乳仔猪多见于母乳不足、乳头固定不佳或大肠杆菌病；在离乳仔猪多见于饲养管理失宜或慢性消耗性疾病，尤多见于慢性副伤寒、气喘病、猪肺疫、蛔虫病以及慢性猪瘟。鸡的慢性消瘦多见于慢性新城疫、禽霍乱、球虫病等。

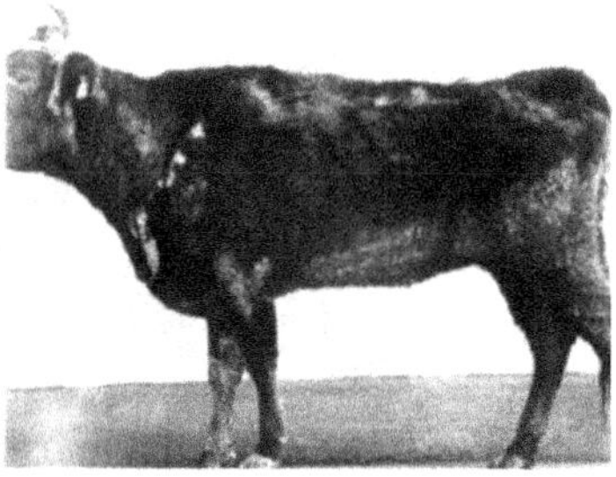

图 1-15　牛副结核导致极度消瘦

高度营养不良，称为恶病质，是判断预后不良的一个重要指征。

(三)姿势与步态

健康状态下动物姿势自然，动作灵活而协调。病理状态下动物的异常姿势是由中枢神经系统疾病及其调节机能失常，骨骼、肌肉或内脏器官的病痛及外周神经的麻痹等原因引起的。

1. 异常站立姿势

动物表现头颈平伸、鼻孔开张、瞬膜露出、牙关紧闭、肢体僵硬、四肢关节不能屈曲、尾根挺起等形象，形似“木马样”姿势。这是全身骨骼肌强直的结果，见于破伤风疾病(图 1-16)。

动物两前肢后踏或两后肢前伸，单肢悬空或不敢负重，见于肢体疾病。如：蹄叶炎时，由于蹄部剧痛，常将四肢集于腹下而站立；肢体骨骼、关节或肌肉带痛性疾病(如当骨软症、风湿症等)时，四肢常频频交替负重而似站立困难状。

母牛拱背举尾，常做排尿姿势，两后肢向外展开站立，见于重剧阴道炎。牛在站立时如经常弓背，保持前躯高位、后躯低位姿势，常提示为前胃及心包的创伤性病变(图 1-17)。

图 1-16　羊破伤风典型木马样姿势

图 1-17　牛创伤性心包炎弓背站立

当动物躯体失去平衡而站立不稳时，呈躯体歪斜、四肢叉开或依墙靠壁而立的特有姿态，见于中枢神经系统疾病。

当动物中枢有偏位的局灶性或占位性病变时，可呈头颈歪斜的姿态，如牛的脑包虫症、仔猪的伪狂犬病。鸡呈两腿前后叉开站立的姿态，常是马立克氏病的标志。

2. 异常躺卧姿势

伴有昏迷的强迫性躺卧，常见于脑病后期(脑膜脑炎)、某些代谢病(牛酮血病等)，牛生产瘫痪、中毒等。意识清楚的强迫性躺卧，见于颈部脊髓损伤、蹄叶炎、重度骨软症、风湿症、机体高度衰竭时。后躯瘫痪呈犬坐姿势，见于腰荐部脊髓损伤及马麻痹性肌红蛋白尿病。

3. 骚动不安

如马骡前肢刨地，后肢蹴腹、伸腰、摇摆，回视腹部，碎步急行，时时欲卧，起卧转滚，仰足朝天，或时呈犬坐姿势、屡呈排便动作等，此乃马骡腹痛症的独特现象。

4. 异常步态

(1)共济失调

动物在运动中由于四肢配合不协调而呈醉酒状，行走欲跌，走路摇摆或肢蹄高抬、用力着地，步态似涉水样，可见于脑脊髓的炎症(图 1-18)或寄生虫病(如脑脊髓丝虫病等)。某些中毒以及营养缺乏与代谢紊乱性疾病(如羊的铜缺乏症等)时，多为疾病侵害小脑的标志。此外，当急性脑贫血(如大失血、急性心力衰竭或血管机能不全)时，也可见有一时性的共济失调现象，应根据病史、心血管系统的变化而加以区别。

图 1-18 牛患脑脊髓炎而共济失调

(2)盲目运动

动物无目的地徘徊，向前直冲或后退不止，绕桩打转或呈圆圈运动，有时以一肢做轴而呈时针样动作，可提示为脑、脑膜的充血、出血、炎症或某些中毒与严重的内中毒(牛、羊的脑包虫症；猪的食盐中毒、伪狂犬病、李氏杆菌病等)。此外，病猪于长期的病程经过中，如反复呈现一定方式的盲目运动，提示颅脑的占位性病变(如脑囊尾蚴症等)的可疑。

(3)痛性跛行

运动过程中，动物患肢着地负重时而表现出的运动障碍称为支跛；患肢提举时而表现出的运动障碍称为悬跛；兼有上述二者表现的称为混合跛。跛行多由四肢的骨骼、关节、肌腱、蹄部或外周神经的疾病而引起。多肢的转移性跛行，常提示风湿症与骨软症的可能。

当牛群中出现迅速传播的多数跛行病畜时，要注意口蹄疫。羊群发性跛行应考虑腐蹄病。猪运步缓慢，行走时疼痛、步样强拘或呈明显的跛行，多为四肢的骨骼、肌肉、关节及蹄部的病痛所致，还提示骨软症、风湿症、慢性白肌病以及某些传染病继发的关节炎。

鸡呈扭头曲颈或伴有站立不稳及返转滚动的动作，可见于某些维生素(维生素 B_1 或维生素 E)缺乏症(图 1-19)、呋喃类药物中毒或为新城疫的后遗症。

图 1-19 鸡维生素 B_1 缺乏症

四、检查动物被毛及皮肤

(一)被毛

健康动物的被毛整洁、有光泽，禽类的羽毛平顺而光滑，除换毛季节(家畜多于每年春末换毛，而家禽多于每年秋末换羽)外，生长牢固而不易脱落。

动物被毛蓬乱，缺乏光泽，容易脱落，换毛(羽)迟缓，常为营养不良的标志，见于营养物质供给不足、慢性胃肠病、慢性消耗性疾病(如结核病、内寄生虫病、传染性贫血)、皮肤病(如湿疹、匐行疹)、外寄生虫病(如螨病、鸡食毛虱病)，也见于微量元素缺乏或中毒症。如：锌缺乏时，可见猪、羊、牛全身或大片脱毛，家禽缺乏翼羽或尾羽；碘缺乏时，可见新生羔羊广泛脱毛，新生仔猪全身无毛；慢性硒中毒时，可见马、牛尾根及尾部毛簇脱落，仔猪全身脱毛等。

毛色变化，如青毛马变灰变白，是老龄性生理现象。局部被毛变白，多为局部皮肤机械性损伤的结果。

(二)皮肤

检查皮肤的内容包括皮肤的气味、颜色、温度、湿度、弹性、肿胀和疱疹等。

1. 气味

各种动物的皮肤都有其固有的气味，但在患某些疾病时，呈现病理性特殊气味，如：出现类似烂苹果气味，多为醋酮血病的表现；出现腐败性臭味(尸臭味)，可见于皮肤坏疽疾患；出现尿臭味，可见于膀胱破裂及尿毒症。

2. 颜色

皮肤颜色的检查仅对白色皮肤的动物(特别是猪)的诊断有一定意义。其皮肤颜色的病理表现有苍白、黄染、发绀及出血斑点(块)。有色素皮肤的动物，则应参照可视黏膜的颜色变化。此外，在鸡应注意鸡冠的颜色；在猪则应注意鼻盘颜色的变化。

(1)苍白

皮肤苍白见于各种类型的贫血(鸡冠、髯及耳垂发白，见于鸡新城疫)。

(2)黄染

皮肤黄染可见于肝病(如实质性肝炎、中毒性肝营养不良、肝变性及肝硬化)、胆道阻塞(如肝片吸虫症、胆道蛔虫病)、溶血性疾病(如新生仔畜溶血病、钩端螺旋体病等)。

(3)发绀(蓝紫色)

皮肤发绀是乏氧的表现，轻则以耳尖、鼻盘及四肢末端表现最为明显，重则可遍及全身。其见于亚硝酸盐中毒、重症心肺疾病、中暑及某些传染病(如仔猪副伤寒、鸡新城疫与禽霍乱)。多种疾病的后期均可见全身皮肤的明显发绀，以致全身皮肤的重度发绀，常为预后不良的指征。

(4)出血斑点(块)

皮肤出现针尖状大小出血点，指压不褪色，并多发于颈侧、腹侧及股内侧等部位，主要见于猪瘟，亦可见于猪肺疫及急性副伤寒。皮肤呈现指压可褪色的较大红斑(菱形或角形)，见于猪丹毒。

3. 温度

温度可用手背或手掌触感。适用于判定皮温的部位分别是：马为耳、鼻端、胸侧及四肢；牛为角根、耳及四肢；猪为耳及鼻端。健康动物皮肤各部的温度不全一样，一般股内侧皮温较高，头、颈、躯干部次之，尾及四肢部最低，而耳、鼻、唇部为常温。病理状态下，皮温的变化有增高、降低和分布不均。全身性皮温增高，见于所有热性病；局限性皮温增高，见于局部发炎；皮温降低，见于大失血、重度贫血、心力衰竭、严重的脑病、中毒及休克；皮温不均，见发热病的初期。

4. 湿度

皮肤湿度主要取决于排汗的多少。生理状态下，多汗见于外界温度过高、使役运动或惊恐紧张之时；病理状态下，全身性多汗(轻者仅限于耳根、肘后及腹股部出汗)，见于剧痛性疾病、高热性传染病、中暑、某些中毒及高度呼吸困难时。马属动物如果出现全身冷汗淋漓，汗液黏腻，并伴有结膜苍白、四肢末梢发凉等症状，多为胃肠破裂的表现；局限性多汗，多由局部病变或神经机能失调所致。血汗可见于马副丝虫病及其他出血性疾病。

牛的鼻镜，正常时凉而湿润，附有少量均匀的水珠。鼻镜变干，见于前胃及皱胃疾病、肠炎、热性疾病及其他全身性疾病；严重时可发生龟裂，提示牛瘟、恶性卡他热。

猪的鼻盘，正常时也表现湿润、凉感，若鼻盘干燥，见于热性病。

5. 弹性

检查皮肤弹性的部位，马、牛通常在颈侧、肩前，小型动物在背部。用手将皮肤捏成皱褶并轻轻拉起，然后放开，根据其皱褶恢复的速度来判定皮肤弹性。健康状态下，皱褶很快恢复原状；病理状态下，皱褶恢复原状很慢，是皮肤弹性降低的标志，见于机体的严重脱水、营养不良、慢性皮肤病(如疥癣、湿疹等)。老龄动物皮肤弹性减退是自然现象。

6. 肿胀

常见皮肤及皮下组织肿胀有以下几种。

(1)皮下水肿

皮下水肿又称浮肿，其特征是皮肤紧张，触诊呈生面团样感觉，指压后留痕。

若水肿无热无痛，称为淤血性水肿，是由于全身性或局部血液循环障碍，或血液稀薄，血浆胶体渗透压下降所致，见于心脏疾病(心性水肿)、肾脏疾病(肾性水肿)、贫血或营养不良(营养性水肿)。

马、骡的心性浮肿多发生于肢、体的下部。牛的皮下浮肿，多见于下颌、颈下、胸垂、胸下及腹下等处，轻度时白天使役后可减轻或消失，第 2 d 再现较重浮肿。牛严重的皮下浮肿，还见于创伤性心包炎或肝片吸虫病。猪的颜面部与眼睑的浮肿，是水肿病的一个临诊特征。雏鸡的皮下浮肿，见于渗出性素质病，表现为腹下、胸下、腿内侧等部位皮下呈现蓝绿或蓝紫色肿胀，触诊稍硬。

如果浮肿局部伴有热痛反应感，则称炎性浮肿，是由局部的炎症或血管局部损伤所致。

(2)皮下气肿

皮下气肿的特征是皮肤紧张，触诊有捻发感，局部肿胀。皮下气肿分为窜入性气肿和腐败性气肿。窜入性气肿是由于含气器官(肺、气管)发生破裂后，气体窜入皮下组织，或在体表移动性较大部位(肘后、腋下、颈侧)发生创伤后，气体进入扩散所致。此类气肿无热无痛，也无机能障碍。腐败性气肿是由于厌气性细菌感染，引起局部组织腐败分解产生气体积聚于皮下组织所致，这种气肿具有明显的局部炎症现象，肿胀局部热而痛，切开后可流出暗红色、混有气泡并带恶臭味的液体，伴有皮肤的坏死及较重的全身反应。皮下气肿常发生于肌肉层较厚的臀部、股部等，见于恶性水肿、气肿疽。

(3)脓肿

脓肿的特点是初期有明显的热、痛、肿胀，然后从中间逐渐变软，穿刺或自溃后流出脓汁。这见于皮下组织肌肉急性化脓性炎症后期。

(4)血肿

血肿的特点是迅速肿起，初期局部微热而有波动感，穿刺可放出血液，以后逐渐变硬，与周围组织有明显的界线。这见于皮下小血管破裂出血。

(5)淋巴外渗

淋巴外渗的特点是逐渐肿大，波动明显，局部温度不高，穿刺可放出淋巴液，穿刺后又可胀满。这见于局部损伤、淋巴液回流受阻。

(6)大面积弥散性肿胀

大面积弥散性肿胀的特点是肿胀面积大，并伴有局部热痛和明显的全身反应(如发热等)。这见于蜂窝组织炎。

(7)象皮肿

象皮肿的特点是皮肤无痛觉，缺乏移动性，不能捏成皱褶，是由于皮下结缔组织受到慢性刺激导致皮肤变厚及硬固的病理现象，见于系部皮炎、蹄冠损伤、蹄冠下蜂窝组织炎。

此外，还应注意有无其他肿胀，如腹壁疝、脐疝(图 1-20)、阴囊疝、骨质增生、肿瘤、淋巴结肿大等。牛的下颌附近的坚实性肿物，提示为放线菌病(图 1-21)。

图 1-20 荷斯坦犊牛的脐疝

图 1-21 牛的下颌部放线菌病

7. 疱疹

疱疹有以下几种。

(1)丘疹

丘疹是皮肤乳头层发生浆液浸润所引起的圆形隆突，由小米到豌豆大，见于痘病及湿疹初期。

(2)荨麻疹

荨麻疹是真皮或表皮水肿引起的圆形扁平隆起，由豌豆大至核桃大，与周围组织界限明显，可相互融合，迅速发生而又很快消退，并伴有剧痒。这是由于机体发生变态反应所致，见于某些饲料中毒、注射血清、接触荨麻等有害植物或受到昆虫刺螫时。

(3)水疱

水疱是豆粒大小、内含有透明浆液的小泡，多发生于口、鼻及其周围和蹄趾部，见于口蹄疫、痘病及湿疹过程中。

(4)脓疱

脓疱是内含脓汁的小泡，见于痘病、脓症性口炎。

五、检查眼结膜

检查眼结膜时，着重观察其颜色，其次注意有无肿胀和分泌物。检查眼结膜的方法因动物种类不同而异。

(一)检查马眼结膜(图 1-22)

检查马左眼时，左手抓住笼头，右手最后三指放在颧弓上面固定后，食指撑开上眼睑，用拇指翻开下眼睑，同时拇指、食指向眼窝稍加压力，眼结膜和瞬膜即可露出。检查马右眼时，换手按上述同样的方法进行。检查时，必须两眼都做检查，应在自然光线下进行，以免误认。必要时，对照其他可视黏膜检查。

(二)检查牛眼结膜(图 1-23)

用一只手握住牛的鼻中隔，并向检查人的方向牵引，另一只手持同侧角，向外用力推，如此使头转到侧方，即可露出眼结膜。也可两手分别握住两角，将头向侧方扭转，进行眼结膜检查。

图 1-22 检查马眼结膜

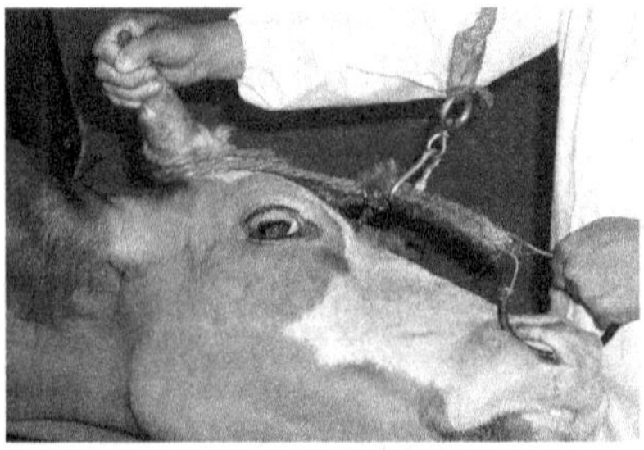

图 1-23 检查牛眼结膜

(三)检查猪、羊、犬等动物眼结膜(图 1-24、图 1-25)

用两手的拇指打开猪、羊、犬的上下眼睑进行检查。

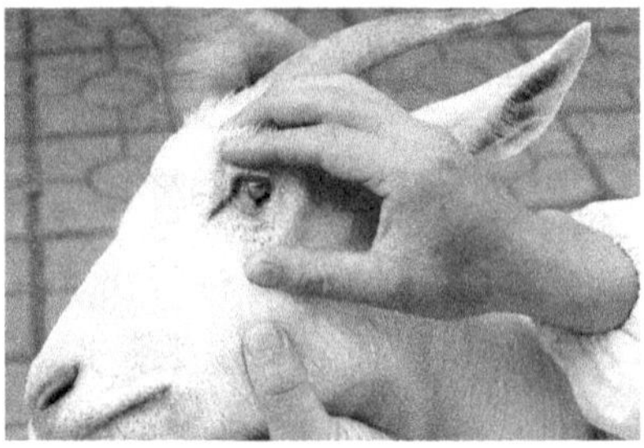

图 1-24 检查羊眼结膜

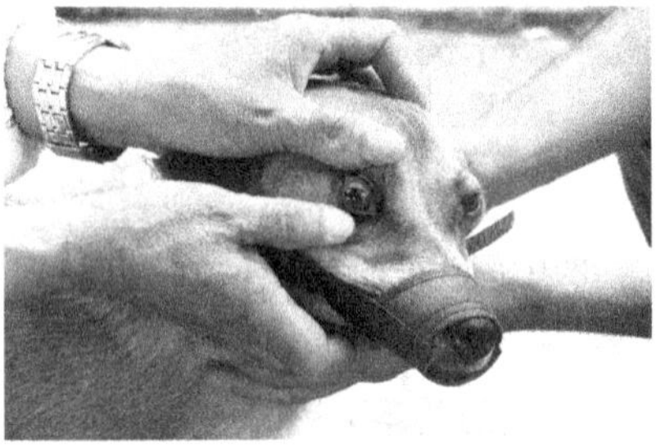

图 1-25 检查犬眼结膜

(四)眼结膜颜色病理变化

在正常状态下，马的眼结膜呈淡红色。牛的眼结膜颜色较马稍淡，呈淡粉红色，但水牛较深。猪、羊的眼结膜颜色较牛的稍深，呈粉红色。犬的眼结膜为淡红色。眼结膜颜色的改变，表现为潮红、苍白、发绀、黄疸、出血点或出血斑。

1. 潮红

弥漫性潮红，见于各种热性病、重症腹痛病、某些组织器官广泛性炎症。小血管充盈特别明显而呈树枝状，称为树枝状充血，见于脑炎、中暑、心脏病等伴有血液循环障碍和心机能不全的其他疾病过程中。

2. 苍白

苍白是各种贫血的特征。迅速发生苍白，见于大失血及肝、脾等内脏破裂时。逐渐性苍白，见于慢性失血性、营养不良性等慢性消耗性疾病。

3. 发绀

发绀表现为眼结膜呈现蓝紫色，是乏氧的表现。它是由于血液中还原血红蛋白增多或形成大量变性血红蛋白所致，见于肺内气体交换障碍性疾病、心脏疾病及某些中毒。

4. 黄疸

黄疸在巩膜处较明显。这是胆色素代谢障碍，血液中胆红素增多的结果，见于实质性肝炎、胆道阻塞、溶血性疾病。

5. 出血点或出血斑

眼结膜上有点状或斑点状出血，是出血性素质的特征，在马多见于传染性贫血、血斑病，在牛主要见于犁形虫病。

在检查眼结膜时，除注意其颜色的变化外，还要观察眼部的其他病理变化，如眼睑及结膜明显肿胀，畏光流泪，眼角部呈现浆液性、黏液性甚至脓性分泌物等，这见于马流感、血斑病以及猪瘟等疾病过程中。

六、检查浅表淋巴结

马常检查下颌淋巴结(图 1-26)，牛常检查下颌淋巴结、肩前淋巴结(图 1-27)、膝上淋巴结及乳房上淋巴结，猪常检查腹股沟浅淋巴结，犬常检查下颌淋巴结。

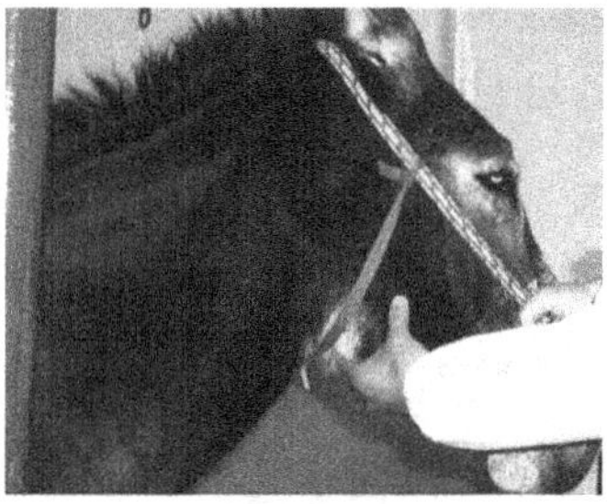

图 1-26 检查马下颌淋巴结

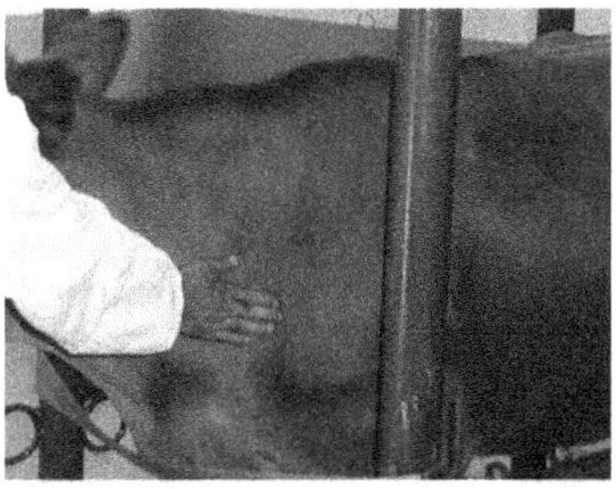

图 1-27 检查牛肩前淋巴结

检查浅表淋巴结时采用触诊和视诊，必要时配合应用穿刺检查。进行浅表淋巴结的视、触诊检查时，主要注意其位置、大小、形状、硬度和表面状态、敏感性及其可动性(与周围组织的关系)。淋巴结的病理变化主要表现如下。

(一)急性肿胀

急性肿胀时，浅表淋巴结呈现明显的肿大，表面光滑，伴有明显的热、痛反应，见于周围组织、器官的急性感染。

(二)慢性肿胀

慢性肿胀时，浅表淋巴结呈肿胀、硬结，表面不平，无热无痛，与周围组织粘连，见于马鼻疽、马流行性淋巴管炎、牛结核病、牛犁形虫病、猪瘟、猪丹毒。

(三)化脓

化脓时，浅表淋巴结肿胀、热感，呈疼痛反应的同时，触诊有明显的波动，如配合进行穿刺，则可吸出脓性内容物。马下颌淋巴结化脓常见于马腺疫。

七、测定体温、脉搏及呼吸数

(一)测定体温

1. 测定方法

(1)测定马的体温(图 1-28)

先对马适当保定，将体温计的水银柱甩至35℃以下，用酒精棉球擦拭消毒，检查人员站在马的左侧后方，左手提起马尾并稍推向对侧，右手持涂有润滑剂的温度计，以捻转的动作经肛门稍向前上方慢慢插入直肠内，再将其上的夹子夹于尾部的被毛上，经 3～5 min 后，取出读数。

(2)测定牛的体温(图 1-29)

检查者站于牛的正后方，左手将尾略向上举，右手将体温计斜向前下方插入直肠内，其他同马的体温测量。

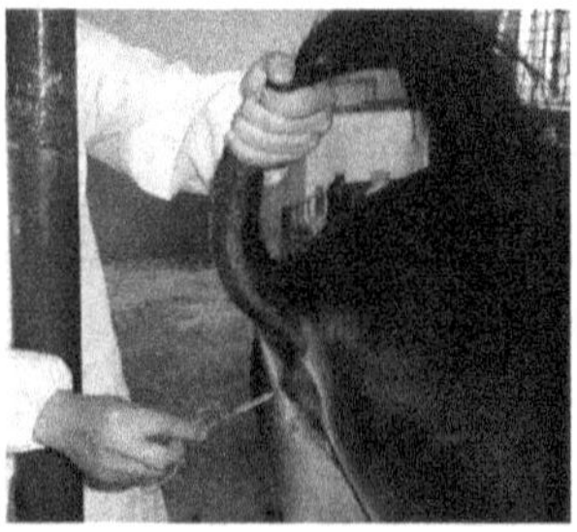

图 1-28 测定马的体温

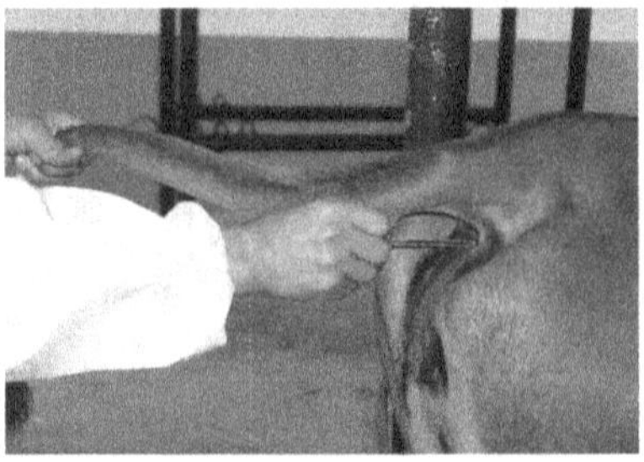

图 1-29 测定牛的体温

2. 动物正常体温(表 1-1)

表 1-1 动物的正常体温

动物种类	体温/℃	动物种类	体温/℃
黄牛、乳牛	37.5～39.5	鹿	38.0～39.0
水牛	36.5～38.5	犬	37.5～39.0
马	37.5～38.5	猫	38.5～39.5
骡	38.5～39.5	兔	38.0～39.5
绵羊、山羊	38.5～40.5	狐	39.0～41.0
猪	38.0～39.5	禽类	40.0～42.0

健康动物的体温，受生理性因素(年龄、性别、生产性能)的影响，可引起一定程度的生理性变动，如幼龄动物、母畜分娩之前及妊娠后期、高产乳牛体温相对稍高。此外，动物兴奋、运动、采食、咀嚼之后，体温呈暂时升高。动物体温还与外界气候条件和环境有一定关系。健康动物体温昼夜有一定变动，一般晨温较低，午后稍高，其昼夜温差变动在1.0℃以内。

3. 病理变化

逐日检测体温，每昼夜两次(清晨及午后或晚间各一次)，并记录测定结果，制成体温曲线表，以观察分析病情的变化。其病理变化有体温升高和体温过低两种情况。

(1)体温升高

体温升高分为发热和体温过高。

①发热。

发热是由于动物机体受到病原微生物及毒素、代谢产物或组织细胞分解产物的刺激后，产生内生性致热原，进入血流，作用于体温调节中枢，产热过多，散热减少所致。

发热是许多传染病和炎症性疾病常见的症状之一。在临床上应注意对热候、发热程度及发热类型进行分析和判断。

a. 热候：是指发热时，除体温升高外，还出现一系列的综合症状，如精神沉郁，食欲减退或废绝，呼吸、脉搏加快，恶寒战栗，皮温不整，末梢发冷，尿量减少，尿中出现尿蛋白甚至出现肾上皮细胞及管型，白细胞增多。

b. 发热程度：根据体温的变化分为微热、中热、高热、极高热。

(a)微热：体温升高 0.5～1.0℃，见于局限性的炎症及轻微的病程时，如感冒、口腔炎、胃肠卡他等。

(b)中热：体温升高 1.0～2.0℃，见于消化道、呼吸道的一般性炎症以及某些亚急性和慢性传染病，如胃肠炎、支气管炎、咽喉炎、慢性马鼻疽、牛结核、布氏杆菌病等。

(c)高热：体温升高 2.0～3.0℃，见于急性感染性疾病与广泛性的炎症，如猪瘟、牛瘟、猪肺疫、牛肺疫、流行性感冒、马腺疫、大叶性肺炎、小叶性肺炎、急性弥散性的胸膜炎与腹膜炎等。

(d)极高热：体温升高 3.0℃以上，见于某些严重急性传染病，如急性马传染性贫血、传染性胸膜肺炎、猪丹毒、炭疽、脓毒败血症以及日射病与热射病等。

c. 发热类型：根据其经过特点，分为稽留热、弛张热、间歇热和不定型热。

(a)稽留热：高热持续 3 d 或更长时间，每昼夜的温差在 1.0℃以内(图 1-30)。稽留热是致热物质在血液中长期存在并对中枢给予不断刺激的结果，见于急性马传染性贫血、传染性胸膜肺炎、流行性感冒、大叶性肺炎、猪瘟、猪丹毒等。

(b)弛张热：体温一昼夜间变动在 1.0～2.0℃而不降至常温(图 1-31)，见于许多化脓性疾病、败血症、小叶性肺炎以及非典型经过的某些传染病(如腺疫等)。

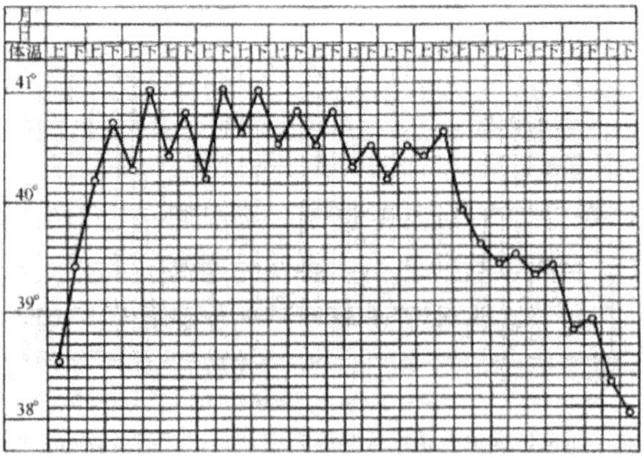

图 1-30 稽留热型

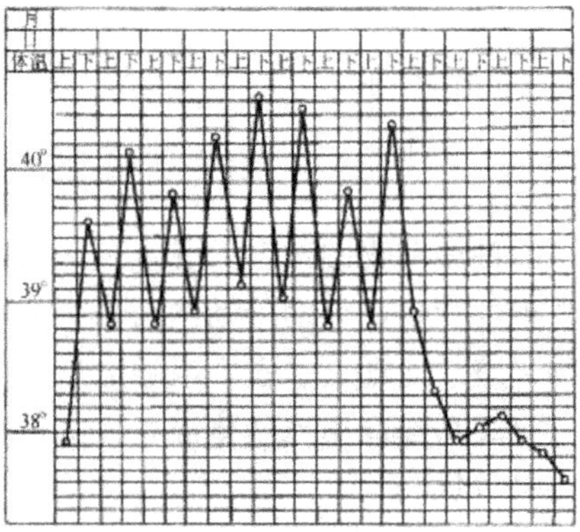

图 1-31 弛张热型

(c)间歇热：发热期与无热期交替出现(图 1-32)，见于牛伊氏锥虫病、亚急性和慢性马传染性贫血以及钩端螺旋体病。

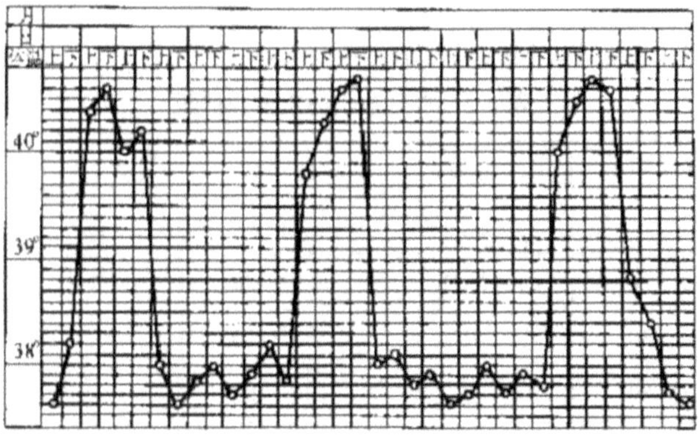

图 1-32 间歇热型

(d)不定型热：体温变化极不规则，日温差有时极其有限，有时波动很大，见于非典型的马鼻疽、传染性胸膜炎、牛结核病、布氏杆菌病、慢性猪瘟、猪肺疫、副伤寒等。

②体温过高。

体温过高是由于动物机体受到某些物理因素(如外界气温过高，空气湿度过大或不流通)刺激后，虽然体内产热并未增加，但因散热困难所致，见于热射病、日射病及广泛性皮肤病。

(2)体温过低

体温过低是由于病理性因素，使机体内产热不足或体热散失过多，导致体温低于正常温度，见于重度营养不良、大失血、内脏破裂、严重的脑病、中毒性疾病、产后瘫痪及休克时。若发热性疾病在退热期体温突然降至常温以下或不能测出(35℃以下)，多为预后不良的表现。

(二)测定脉搏数

应用触诊检查动脉脉搏，测定每分钟的脉搏次数。

1. 测定方法

马可检查下颌动脉，检查者一只手握住笼头，另一只手拇指置于下颌骨外侧，食指与中指伸入下颌支内侧，在血管切迹处前后滑动，触摸脉管，用手指轻压即可感知脉搏(图 1-33)。牛通常检查尾动脉，检查者站在牛的正后方，左手抬起牛尾巴，右手放于尾根背面，用食指与中指贴着尾根腹面进行检查(图 1-34)。猪、羊和犬可在后肢骨内侧检查股动脉。

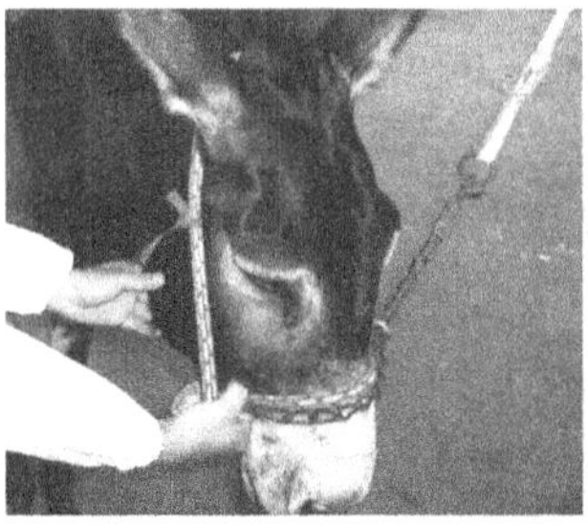

图 1-33 测定马的脉搏数

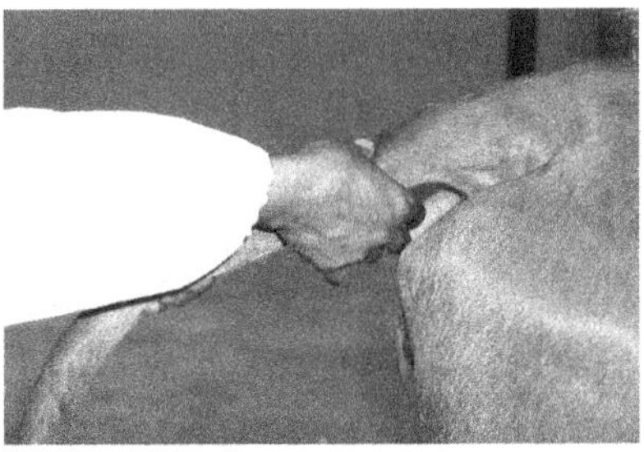

图 1-34 测定牛的脉搏数

2. 正常脉搏数

常见动物脉搏的正常数值及其变动范围见表 1-2。

表 1-2 常见动物的正常脉搏数 单位：次/min

动物种类	脉搏数	动物种类	脉搏数	动物种类	脉搏数
马	26～42	猪	60～80	牛	40～80
骡	42～54	仔猪(1～2 月)	80～120	公牛	36～60
驴	40～50	犬	70～120	乳牛	60～80
幼驹(1～2 岁)	45～60	鸡(心跳)	120～200	水牛	30～50
幼驹(2～3 周)	80～100	骆驼	30～60	黄牛	40～80
羊	70～80	猫	110～130	犊牛(2～12 月)	80～110
兔	120～140	鹿	36～78	—	—

在确定动物体温时，要注意考虑外界条件、地区性以及生理因素的影响，如外界温度、海拔高度、外界刺激、运动及使役、采食活动、妊娠、泌乳、年龄、性别、品种等。

3. 病理变化

脉搏次数的变化表现为增多或减少，常见的变化是脉搏数增多。

(1)脉搏数增多

脉搏数病理性增多，是心脏活动加快的结果，见于热性疾病(体温每升高 1℃，脉搏次数相应地增加 4～8 次)、心脏病、呼吸器官疾病、贫血、严重脱水性疾病、剧烈疼痛性疾病以及某些中毒。

(2)脉搏数减少

脉搏数减少，见于颅内压增高性脑病(如慢性脑室积水)、胆血症(肝实质性病变或胆道阻塞性病变)以及某些中毒。

(三)测定呼吸数

动物呼吸活动由吸入和呼出两个阶段组成一次呼吸。呼吸频率一般以“次/min”表示。

1. 测定方法

首先使动物处于安静状态，检查者站在动物胸部前侧方或腹部的后侧方一定距离，观察动物胸腹部的起伏运动。也可将手背放在动物鼻孔前方适当位置，感觉呼出的气流或观察鼻翼的开张(寒冷季节，可以观察呼出的气流)。鸡可注意观察肛门部羽毛的缩动来计算。也可以直接对动物肺脏进行听诊计数。一般应计测 2 min 内动物呼吸次数的平均值。

2. 正常呼吸数

呼吸数的生理变动与年龄、性别、妊娠、外界温度与环境、运动与使役、动物的体位、姿势、饥饱等有关。常见动物的正常呼吸数见表 1-3。

表 1-3 常见动物的正常呼吸数 单位：次/min

动物种类	呼吸数	动物种类	呼吸数
马、骡、驴	8～16	骆驼	5～12

续表

动物种类	呼吸数	动物种类	呼吸数
牛	10～30	猫	10～30
羊	12～20	犬	10～30
猪	18～30	兔	50～60
鹿	15～25	禽类	15～30

3. 病理变化

(1)呼吸数增多

引起脉搏数增多的疾病，大多能引起呼吸数增多，如发热性疾病、呼吸器官疾病、严重心脏病及贫血、剧烈疼痛性疾病及某些中毒。

(2)呼吸数减少

呼吸数减少较少见，有时见于引起颅内压显著升高的疾病(如脑炎、脑水肿、慢性脑室积水、猪伪狂犬病、马流行性脑脊髓炎后期)、上呼吸道高度狭窄性疾病、某些中毒病、重度代谢紊乱等。呼吸次数的显著减少并伴有呼吸形式与节律的改变，提示为预后不良。

任务工单

<table>
<tr><td>任务名称</td><td colspan="3">一般检查</td></tr>
<tr><td>任务描述</td><td colspan="3">认知一般检查，能接近和保定动物，能说明临床检查的基本方法，能观察动物整体状态，检查被毛及皮肤、眼结膜、浅表淋巴结和测定体温、脉搏、呼吸数并能说明有关的病理变化和诊断意义</td></tr>
<tr><td>准备工作</td><td colspan="3">1. 在动物诊疗实训室准备进行一般检查用的实习动物。
2. 在实验室内准备动物模型、一般检查的多媒体资料、保定绳、鼻捻子、耳夹子、牛鼻钳、长柄绳套、保定用口笼、保定钳、纱布条、伊丽莎白项圈、布袋、扁绳、听诊器、叩诊板、叩诊槌、体温计、秒表、医用手套、医用口罩、液状石蜡、酒精棉球等</td></tr>
<tr><td>实施步骤</td><td colspan="3">1. 在动物诊疗实训室进行动物接近与保定，明确动物接近与保定的方法。
2. 在动物诊疗实训室对实习动物进行整体状态观察，明确整体状态观察的病理变化及诊断意义。
3. 在动物诊疗实训室对实习动物进行被毛及皮肤、眼结膜、浅表淋巴结的检查，明确被毛及皮肤、眼结膜、浅表淋巴结的检查方法、病理变化及诊断意义。
4. 在动物诊疗实训室对实习动物进行体温、脉搏、呼吸数的测定，明确体温、脉搏、呼吸数的测定方法、病理变化及诊断意义。
5. 通过互联网搜索、学习在线开放课相关内容，明确动物临床检查的基本方法</td></tr>
<tr><td rowspan="4">考核评价</td><td>考核项目</td><td>评分标准</td><td>分值</td></tr>
<tr><td>接近和保定动物</td><td>能完成动物的接近和保定，说明注意事项(正确一项得 5 分)</td><td>10 分</td></tr>
<tr><td>临床检查的基本方法</td><td>能说明临床检查的基本方法(正确一项得 5 分)</td><td>15 分</td></tr>
<tr><td>观察动物整体状态</td><td>能完成整体状态的观察，说明正常表现、病理变化和诊断意义(正确一项得 5 分)</td><td>15 分</td></tr>
<tr><td rowspan="6">考核评价</td><td>考核项目</td><td>评分标准</td><td>分值</td></tr>
<tr><td>检查被毛及皮肤</td><td>能对动物进行被毛及皮肤的检查，说明正常表现、有关的病理变化和诊断意义(正确一项得 5 分)</td><td>10 分</td></tr>
<tr><td>检查眼结膜</td><td>能对动物进行眼结膜的检查，说明眼结膜正常颜色、病理变化和诊断意义(正确一项得 5 分)</td><td>20 分</td></tr>
<tr><td>检查浅表淋巴结</td><td>能对动物进行浅表淋巴结临床检查，说明有关病理变化和诊断意义(正确一项得 5 分)</td><td>10 分</td></tr>
<tr><td>测定体温、脉搏、呼吸数</td><td>能对动物进行体温、脉搏、呼吸数的测定，说明有关病理变化和诊断意义(正确一项得 5 分)</td><td>20 分</td></tr>
<tr><td colspan="2">合　　计</td><td>100 分</td></tr>
</table>

任务二　系统检查

目标呼应

任务目标	课程教学目标
能说明心血管系统、呼吸系统、消化系统、泌尿生殖系统、神经系统的检查方法	能运用一般检查和系统检查的方法对动物实施临床检查
能说明心血管系统、呼吸系统、消化系统、泌尿生殖系统、神经系统的正常表现、有关病理变化和诊断意义	

情境导入

系统检查是在一般检查的基础上，对各系统进行检查，并对疑似病变器官、系统或部位进行重点检查，做出初步诊断，为进一步确定实验室检验、超声检查、X射线检查以及其他特殊检查等项目提供依据。系统检查包括心血管系统检查、呼吸系统检查、消化系统检查、泌尿生殖系统检查和神经系统检查。

知识链接

一、检查心血管系统

(一)检查心搏动

心搏动是心脏收缩时，心脏横径增大，纵径缩短，并沿其纵轴稍向左旋，撞击左胸壁，引起相应部位的胸壁振动而引起的。心搏动一般采用视诊与触诊进行检查。

1. 检查方法

被检动物取站立姿势，左前肢向前伸出半步，使充分显露心区(左侧肘头后上方，见图1-35)。检查人员位于动物左侧方，视诊时，仔细观察左侧肘后心区被毛及胸壁的振动情况。触诊时，右手放于动物的髻甲部，左手的手掌紧贴被检动物的左侧肘后心区，感知胸壁振动的强度及频率。

图1-35　心区位置

2. 病理变化

心搏动的强度取决于心脏的收缩力量、胸壁的厚度、胸壁与心脏之间介质的状态。

(1)心搏动增强

病理性心搏动增强，与心肌收缩力加强有关，见于各种原因引起的心机能亢进，如热性病初期、心肌炎初期、急性心力衰竭、剧痛性疾病、轻度贫血等。心搏动过度增强，伴随着心搏动引起动物全身性的振动，称为心悸。

(2)心搏动减弱

病理性心搏动减弱，是由于心肌收缩力减弱引起的，见于各种原因引起的心区震动微弱，如心力衰竭，胸腔和心包积液等。

(3)心搏动移位

心搏动移位多由于心脏被邻近器官或病理性产物压迫引起的。向前移位，见于马急性胃扩张、肠鼓气；向一侧移位，见于他侧肺气肿或渗出性胸膜炎等。

此外，当触诊检查心搏动时，如果病畜呈现疼痛反应，如回视、躲闪或抗拒等行为，则见于心包炎或胸膜炎。

(二)听诊心音

听诊部位同心搏动检查。听诊分为直接听诊法和间接听诊法两种：直接听诊法是在听诊部位先放置听诊布，而后将耳直接贴于被检部位听诊的方法；间接听诊法是借助于听诊器听诊的方法。听诊心音通常采用间接听诊法，将听诊器集音头放于心区部位即可进行听诊。听诊时要注意必须在安静的环境下进行，并注意区别动物被毛的摩擦音和肌肉的震颤音，防止听诊器胶管与手臂或衣服接触。

听诊心音的目的主要是判断心音的频率、强度、节律有无改变以及有无心音分裂和心杂音等，依此推断心脏的机能、瓣膜及血液循环状态。

1. 正常心音

听诊健康动物心脏时，在每个心动周期内都可听到两个有节律相互交替出现的不同性质的声音，分别称为第一心音和第二心音。

第一心音产生于心室收缩期，亦称心缩音，主要是由于心室收缩时，左、右房室瓣(二、三尖瓣)的同时关闭与振动所产生的。

第二心音产生于心室舒张期，亦称心舒音，主要是由于心室舒张时，主动脉和肺动脉瓣的同时关闭与振动所产生的。

2. 病理性心音

(1)心音频率

心音频率是依据每分钟的心动周期数而计测的，每呈现第一和第二两个心音，即表示一个心动周期，依此测定每分钟的心跳次数。

心音频率的病理性改变，常呈现加快或减慢两种，其原因和诊断意义与脉搏数的病理性增多(或减少)的原因和诊断意义基本相同。

(2)心音强度

心音强度的变化可表现两心音同时增强或减弱，也可表现单独的增强与减弱。两个心音同时增强或减弱，可由某些生理因素引起，例如动物兴奋、恐惧、重剧劳役或运动时，两个心音同时增强。两个心音同时减弱，见于肥胖。

心音强度的病理性变化表现有：两心音均增强、第一心音增强、第二心音增强、两心音均减弱、第一心音减弱、第二心音减弱。

①两心音均增强：是由于心肌收缩力加强，心脏输出血量增加，动脉根部血压增高，使房室瓣和动脉瓣的振动均增强，见于发热病的初期、剧痛性疾病、心脏肥大和其他心脏病的代偿机能亢进以及轻度的贫血或失血等。

②第一心音增强：是由于心室充盈不足和心肌收缩力增强，使血流的惯性增加，对二

尖瓣和三尖瓣的冲击力加大所致，见于心肌炎初期、轻度贫血和脱水等。

③第二心音增强：是由于主动脉和肺动脉血压增高所致，见于破伤风、二尖瓣闭锁不全、肺气肿、肺充血和肺水肿等。

④两心音均减弱：是由于心肌收缩力减弱，心脏输出血量减少，主、肺动脉根部血压下降，使房室瓣和动脉瓣的关闭与振动均减弱；或心脏与胸壁之间的介质状态发生了变化，见于心肌变性后期、心包积液、渗出性胸膜炎、胸腔积水、濒死期等。

⑤第一心音减弱：是由于心肌收缩力异常减弱，心室过度充盈，房室瓣的关闭与振动减弱而引起，见于严重的心力衰竭和心肌梗死的末期。

⑥第二心音减弱：是由于主、肺动脉根部血压下降而引起，见于失血、脱水、休克等。

(3)心音节律

正常情况下，每次心音的间隔时间相等且每次心音的强度一致，称为正常的节律或节律性心音。如果每次心音的间隔时间不等，并且强度不一，则称为节律不齐。心脏的节律不齐一般简称心律不齐，主要是由于窦房结兴奋起源发生紊乱、传导系统机能障碍及窦房结以外的异位兴奋灶引起的，常见的有以下几种。

①窦性心动过速：是一种超过正常心率的快速心率，常逐渐增强，又逐渐减慢，可见于发热性疾病、心力衰竭及其他伴发心机能不全的疾病过程中。

②窦性心动过缓：是一种缓慢而均匀的心律，心率在正常水平之下，可见于颅内压增高的疾病、严重黄疸及洋地黄中毒等。

③传导阻滞：其特征是连续几次正常心搏动后，突然出现一次心室收缩暂停，两心音消失。明显而顽固的传导阻滞性心律不齐，常为心肌损害的一个重要标志。

④期外收缩(过早搏动)：当心肌的兴奋性改变而出现窦房结以外的异位兴奋灶时，在正常的窦房结的兴奋冲动传来之前，由异位兴奋灶先传来了一次兴奋冲动，从而引起心肌的提前收缩，此后，原来应有的正常搏动消失一次，到下次正常的兴奋冲动传来，才能引起心脏的搏动，导致其间隔时间延长，即出现所谓的代偿性间歇。其特点是：心音的间隔时间不等，在正常心音后，经较短的时间很快出现一次提前收缩的心音，其后又经较长的间歇时间才出现下次心音。此际，因提前收缩时心室充盈量不足，心搏出量少，从而其第二心音微弱甚至可能消失。偶尔出现期外收缩，多无意义，如出现顽固而持续性的期外收缩，常为心肌损害的标志。

(4)心音分裂

第一心音或第二心音在致病因素的作用下分裂为两个音响，称为心音分裂。

①第一心音分裂：是由于左、右心室不同时收缩，使左右房室瓣不能同步关闭所致，见于一侧房室束传导阻滞或一侧心室肌严重变性而收缩力减弱时，提示心肌有重度的变性。

②第二心音分裂(图 1-36)：是由于主、肺动脉压单方面明显升高，使主、肺动脉瓣不能同步关闭所致，可见于能使主动脉压单方面升高的重剧肾炎，或能使肺动脉压单方面升高的肺充血、肺气肿等疾病过程中。

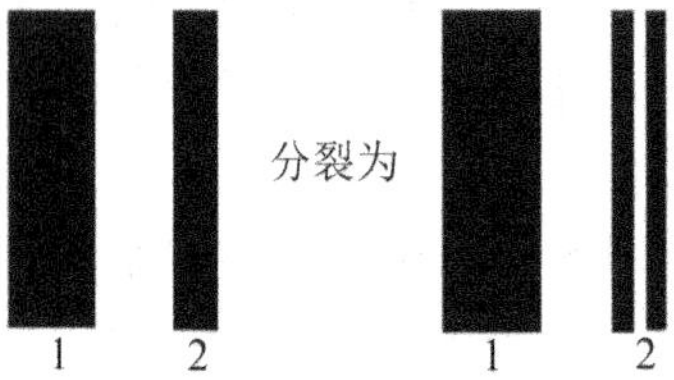

图 1-36 第二心音分裂

(5)心杂音

心杂音是伴随心脏活动而产生的正常心音以外的附加音响。根据形成部位的不同，心杂音可分为心内性杂音和心外性杂音。

①心内性杂音：心内性杂音根据心瓣膜及其瓣口有无形态的改变而区分为器质性心内杂音和机能性(非器质性)心内杂音。

a. 器质性心内杂音：是由于瓣膜或其周围组织的增生、肥厚、粘连或缺损而造成瓣膜闭锁不全或瓣膜口狭窄而引起的一种杂音。其形成是由于瓣膜闭锁不全，心脏在收缩或舒张过程中，因瓣膜间留有孔隙，血液通过孔隙逆流，形成旋涡而产生的杂音。

b. 机能性心内杂音：其产生有两种情况。一是相对闭锁不全性杂音，是由于心肌高度扩张，房室瓣不能完全闭锁房室口，形成相对性房室瓣闭锁不全，血液逆流时而产生的杂音，见于心室扩张。二是贫血性杂音，是由于血液稀薄，随心脏收缩而血流加快所形成的杂音，见于严重贫血。

②心外性杂音：分为心包摩擦音和心包拍水音。

a. 心包摩擦音：是心包壁层与脏层，由于炎症和渗出的纤维素附着，使之变为粗糙，随心脏搏动时，两层膜面摩擦而出现的类似于皮革的摩擦音，见于牛创伤性心包炎。

b. 心包拍水音：当心包腔内蓄积液体时，随着心脏的搏动而引起振荡，发生类似于河水击岸或摇振不满水瓶的声音，见于牛创伤性心包炎渗出期或心包积水。

(三)穿刺心包

1. 目的

采取心包液，鉴别心包液的性质，做辅助诊断，同时可以对心包进行排脓并进行冲洗和治疗。

2. 方法

穿刺心包的部位是在动物左侧第 5 肋间，肩端水平线下 2 cm 处。穿刺时先将动物站立保定，使其左前肢向前伸半步，充分暴露心区，将术部剪毛和消毒，左手将术部皮肤稍向前移动，用带胶管的 12～16 号长针头，沿第 6 肋前缘垂直刺入 2～4 cm，然后连接注射器边抽边进针至抽出心包液为止，术后注意消毒。穿刺过程中要防止针头晃动或进针太深而刺伤心脏。为防止发生气胸，抽液和注药前后应将附在针头上的胶管回转压紧，使管腔闭合。

(四)检查脉管

1. 检查动脉脉搏

(1)脉搏频率

详见项目一任务一中“七、测定体温、脉搏及呼吸数”。

(2)脉搏性质

脉搏性质受多种因素影响，主要取决于心脏的收缩力、脉管壁的弹性及其紧张度、血液的数量等因素。脉搏性质有以下几种。

①大脉与小脉：根据脉搏搏动振幅的大小，可分为大脉与小脉。心脏收缩力越强，搏出血量越多，脉管张力越弛缓，则脉搏越大；心脏收缩力越弱，搏出血量越少，脉管壁越紧张，则脉搏越小。大脉可见于心机能良好，血量充足，脉管较为弛缓之际，如热性病的初期，心肥大或心机能亢进。小脉则为心力衰竭的指征，也可见于失血时。

②软脉与硬脉：根据脉管对检指的抵抗性，可分为软脉与硬脉。软脉以检指轻压即消失，硬脉则对指压的抗力大。前者可见于脉管弛缓、心力衰弱及失血等，后者可见于破伤风、急性肾炎或肾盂肾炎以及伴有剧烈疼痛性的疾病。高度的硬脉称钢脉，硬而小的脉搏称金线脉，二者都提示病情较重。

③实脉与虚脉：根据脉管内血液的充盈度，可分为实脉与虚脉。实脉见于热性病初期、心脏肥大；虚脉见于失血与失水时。

④迟脉与速脉：根据脉搏波形变化特性，可分为迟脉与速脉。脉搏的迟速并非其频率的快慢，而是指动脉内压力的上升与下降的速度。迟脉的脉波上升缓慢而持久，手指感到徐来慢去；速脉则急剧上升又突然下降，指下有骤来而急去之感。迟脉见于主动脉口狭窄，速脉见于主动脉半月瓣闭锁不全。

(3)脉搏节律

脉搏节律是指每次搏动的间隔时间的均匀性及每次搏动的强弱。健康动物每次脉搏的间隔时间均等且强度一致，称节律性脉搏。每次脉搏的间隔时间不等或强弱不一致，称脉搏节律不齐。脉搏节律不齐见于心脏疾病、黄疸、颅内压升高及某些中毒等。

2. 检查浅表静脉

常检查的浅表静脉主要有颈静脉、胸外静脉、乳静脉及股内静脉等。如牛颈静脉怒张，甚至呈绳索状，多为创伤性心包炎的表现。

颈静脉随心脏活动而由颈根部向颈上部逆行的波动，称颈静脉搏动。在正常情况下，颈静脉搏动只在胸腔入口处或颈静脉沟的下 1/3 处明显。但在病理状态下，这种搏动可波及颈静脉沟的中、上 1/3 处。

(1)阴性颈静脉搏动

阴性颈静脉搏动是左右心房收缩时，流入心房的腔静脉血一时受阻，使部分静脉血逆行，波及前腔静脉及颈静脉而引起的颈静脉搏动。其特点是指压颈中部静脉时，远心端和近心端搏动均明显减弱或消失，出现时间与脉搏(或心搏动)不一致。

(2)阳性颈静脉搏动

阳性颈静脉搏动是在三尖瓣关闭不全的条件下，心室收缩时，使部分血液经关闭不全的空隙逆流入右心房，并经右心房逆流入腔静脉以至颈静脉所引起的搏动。其特点是搏动力量较强，指压时远心端搏动消失，而近心端搏动不消失，甚至加强，并与心搏动和脉搏同时出现，见于三尖瓣关闭不全时。

(3)假性颈静脉搏动

假性颈静脉搏动是由于颈动脉的强力搏动所引起的颈静脉波动。其特点是与动脉搏动同时出现，指压时远心端和近心端的搏动均不消失，见于主动脉瓣关闭不全。另外，健康动物也可出现假性颈静脉搏动。

3. 测定微血管再充盈时间

微血管再充盈时间的检查，是判断微循环障碍程度的一项重要的参考指标。

(1)测定方法

保定被测定动物，助手打开口唇，检查者观察齿龈黏膜颜色，左手持秒表，用右手食指压迫齿龈黏膜 2～3 s，然后移开手指，同时按动秒表，当黏膜颜色恢复到压迫前颜色时，则按停秒表，记录所示时间，最后与正常值相比较，判定微循环功能状态。

(2)各种动物的微血管再充盈时间正常参考值(表 1-4)

表 1-4 各种动物微血管再充盈时间正常参考值 单位：s

动物种类	变动范围	动物种类	变动范围
马	1.03±0.10	山羊	1.28±0.09
骡	1.04±0.09	猪	1.34±0.08
驴	1.02±0.10	犬	0.68±0.12
黄牛	1.33±0.13	猫	1.23±0.10
乳牛	1.35±0.13	兔	1.25±0.10
水牛	1.45±0.08	鸡	1.27±0.10
牦牛	1.77±0.16	鸭	1.33±0.08
绵羊	1.25±0.07	鹅	1.37±0.09

(3)诊断意义

微血管再充盈时间延长，通常达 3～5 s，见于心力衰竭、中毒性休克等。

(五)心血管检查系统结果综合分析

动物无力、出汗、气喘、发绀，静脉淤血和皮下浮肿，心音和脉性异常，可提示心血管系统机能不全或有器质性病变，应进一步综合分析对心血管系统检查的异常所见，初步判定其机能不全的程度和所发生疾病的性质。

1. 初步判断心血管机能不全

心血管机能不全包括急性心机能不全、慢性心机能不全和血管机能不全(又称外周血管衰竭)，是临床上常见的病理过程，首先应注意判定。

(1)急性心机能不全

动物脉搏弱、快，甚至不感于手，心跳过速(马 100 次/min 以上)，第一心音高朗，而第二心音减弱甚至消失，严重时常呈现缩期心内杂音，同时伴有极度无力，呼吸速快，黏膜发绀等症状，可初步判断为急性心机能不全(急性心衰)。

(2)慢性心机能不全

动物表现易疲劳、出汗，动则气喘，夜间浮肿，次日运动后消失，心音浑浊、减弱，其他器官系统因淤血而发生机能障碍，可初步判断为慢性心机能不全(慢性心衰)。

(3)血管机能不全

动物可视黏膜苍白或发绀，体表静脉萎陷，脉搏十分微弱，甚至不感于手，第一心音增强，而第二心音微弱甚至消失，体温降低，末梢厥冷，出大量冷汗，短暂的惊恐后出现共济失调，甚至倒地、昏迷和痉挛，可初步判断为血管机能不全(外周血管衰竭)。

2. 初步判断发生疾病的部位及性质

(1)患病动物静脉淤血，甚至怒张(牛以颈静脉、马以胸外静脉最明显)，皮下浮肿，心区敏感疼痛，听诊有心包摩擦音或拍水音，可初步诊断为心包炎(牛多为创伤性心包炎)。

(2)患病动物表现极度虚弱无力，脉搏虚快，心音亢进，心动过速，第一心音浑浊或分裂，第二心音显著减弱，心律不齐(期外收缩，传导阻滞)，严重时呈现心内杂音，体温升高，白细胞增多，可初步诊断为急性心肌炎。

(3)患病动物无力，脉搏弱、快，心音亢进，振动胸壁，呈现恒定的心内器质性杂音，体温升高，多为急性心内膜炎；病畜易疲劳、出汗，并呈现恒定的心内器质性杂音，则多为慢性心脏瓣膜病。

心血管系统疾病多为继发性，可继发于多种急性传染病、某些中毒病及其他器官系统重症疾病过程中。因此，在临诊中应特别注意对原发病的诊断。

二、检查呼吸系统

(一)检查呼吸运动

动物呼吸时，呼吸器官及辅助呼吸器官所表现的一种有节律而协调的运动，称为呼吸运动。检查呼吸运动具体包括呼吸频率、呼吸类型、呼吸对称性、呼吸节律和呼吸困难等检查项目。

1. 呼吸频率

详见项目一任务一中“七、测定体温、脉搏及呼吸数”。

2. 呼吸类型

呼吸类型也称呼吸方式，主要有胸式呼吸、腹式呼吸和胸腹式呼吸三种类型。

(1)胸式呼吸

本类型呼吸活动中胸壁的起伏动作明显，而腹壁运动微弱，主要见于腹腔器官疾病，如急性胃扩张、急性腹膜炎、反刍动物瘤胃鼓气、重度肠鼓气和腹壁外伤等。

(2)腹式呼吸

本类型呼吸活动中腹壁的起伏动作明显，而胸壁活动微弱，主要见于胸腔器官疾病，如肺泡气肿、胸膜炎、胸腔积液以及肋骨骨折等。

(3)胸腹式呼吸

动物在呼吸时胸壁和腹壁的起伏动作协调一致，强度大致相同，即为胸腹式呼吸，又称混合式呼吸，是健康动物的呼吸类型(犬除外，正常为胸式呼吸)。

3. 呼吸对称性

动物在正常呼吸时，两侧胸壁起伏强度一致，即为呼吸对称性。若一侧有病，则该侧胸壁起伏运动受到限制，而健侧则出现代偿性增加，见于一侧性胸膜炎，肋骨骨折，胸腔积液、积气等；若两侧同时患病，则病重一侧呼吸明显减弱。

4. 呼吸节律

健康动物吸气与呼气所持续的时间有一定的比例，每次呼吸的强度一致，间隔时间相等，称为呼吸节律。当发生某些疾病后，呼吸节律表现异常，有以下三种情况。

(1)陈—施二氏呼吸

陈—施二氏呼吸又称潮式呼吸，其特征是呼吸逐渐加强、加深、加快，当达到高峰后又逐渐变弱、变浅、变慢，最后呼吸暂停几秒至数十秒，然后又以同样的方式反复出现，临床主要见于脑炎、心力衰竭、某些中毒性疾病和呼吸中枢兴奋性减退等。

(2)毕氏呼吸

毕氏呼吸又称间歇呼吸，其特征是数次连续而深度大致相等的呼吸后，呈现短暂的呼吸暂停，然后重新发生同样的呼吸，并交替发生。这是呼吸中枢兴奋性极度降低，病情危重的表现，主要见于各种脑膜炎、胸膜炎、慢性肺气肿、某些中毒症(酸中毒、尿毒症等)以及濒死期动物。

(3)库氏呼吸

库氏呼吸又称深长呼吸，其特征是呼吸不中断，深、大而慢，呼吸次数减少，并带有明显的呼吸杂音。这是呼吸中枢衰竭的晚期表现，主要见于脑脊髓炎、脑水肿、大失血、某些中毒病以及濒死期动物。

5. 呼吸困难

呼吸运动加强，呼吸频率改变，辅助呼吸肌参与活动，称为呼吸困难。高度呼吸困难称为气喘。其表现形式有以下三种。

(1)吸气性呼吸困难

动物表现为吸气用力，吸气时间显著延长，吸气肌参与吸气运动，常伴发特异的吸入性狭窄音，类似口哨音。同时患病动物呈现头颈平伸，鼻翼开张，四肢叉开，胸廓扩展，甚至张口吸气等以上呼吸道狭窄为主要特征的临床症状。这见于鼻炎、喉水肿、猪传染性萎缩性鼻炎、鸡传染性喉气管炎等疾病。

(2)呼气性呼吸困难

动物表现为呼气用力，呼气时间显著延长，呼气肌参与呼气运动，多呈二重呼吸。高度呼吸困难时可见沿肋骨弓形成喘线，同时肛门形成一出一入的肛门运动。呼气性呼吸困难是肺组织弹性降低，细支气管狭窄，肺泡内气体排出困难的重要表现，主要见于急性细支气管炎、慢性肺气肿和胸膜肺炎等。

(3)混合性呼吸困难

动物表现为吸气与呼气都困难，同时伴有呼吸次数增加，呼吸时鼻孔扩张，主要见于支气管炎、肺炎、胸膜炎、心肌炎、心内膜炎、创伤性心包炎、心力衰竭、贫血、酮血症、亚硝酸盐中毒、有机磷农药中毒、尿毒症、严重的胃肠炎等。

(二)检查呼出气体、鼻液及咳嗽

1. 检查呼出气体

(1)气流强度

健康动物两侧鼻孔呼出气流的强度相等。当鼻腔一侧狭窄或一侧鼻窦肿胀时，则患侧鼻孔呼出的气流小于健康一侧，并伴有呼吸狭窄音。

(2)气体温度

健康动物呼出的气体稍有温热感。动物患病时，有时呼出气体的温度升高，主要见于各种热型疾病，如胃肠炎、支气管炎、肺炎以及一些热性传染病。呼出气体温度显著降低，见于内脏破裂、大失血、严重脑病、中毒病以及处于濒死期的动物。

(3)气体气味

呼出气体有腐败气味，见于化脓性支气管炎、腐败性支气管炎、腐败性肺炎、肺坏疽等疾病；呼出气体含有类似于烂苹果味的酮臭气味，见于醋酮血症；呼出气体中含有尿臭味，见于膀胱破裂或尿毒症。

2. 检查鼻液

健康动物一般无鼻液，气候寒冷季节有些动物可有微量浆液性鼻液，马常以喷鼻和咳嗽的方式排出，牛则常用舌舔去再咳出；若有大量鼻液流出，则为病态。

(1)鼻液排出状态

一侧鼻孔流鼻液(患病动物表现为一侧鼻液增多，而另一侧没有明显变化)，主要见于一侧性鼻炎、一侧性副鼻窦炎以及一侧性喉囊炎；两侧鼻孔流鼻液，见于双侧性鼻炎及喉以下的呼吸道炎症。

(2)鼻液数量

一般情况下，患病动物鼻液数量的多少主要取决于疾病发展时期、发病程度、病变性质以及发病范围等因素。

①少量鼻液：动物在患有急性呼吸道疾病的初期和慢性呼吸道疾病中能见到少量鼻液，主要见于鼻炎、急性支气管炎和肺炎的初期，慢性支气管炎、鼻疽及肺结核等。

②多量鼻液：在患有急性呼吸道疾病动物发病的中期和后期多见，如急性鼻炎、急性咽喉炎、急性支气管炎、急性支气管肺炎、肺坏疽、大叶性肺炎的消散期以及某些侵害呼吸道的传染病(如流感、犬瘟热以及牛结核病等)。

③不定量鼻液：当患病动物低头或运动时，突然从一侧鼻腔流出多量鼻液，以后不见或仅有少量鼻液，表现时多时少，见于额窦炎、颌窦炎以及喉炎等；从两侧鼻腔流出多量鼻液，见于肺坏疽。

(3)鼻液性状

一般情况下，在呼吸道炎性疾病经过中，发病初期为浆液性鼻液，逐渐变为黏液性和脓性鼻液，然后渗出物停止，最后痊愈。

①浆液性鼻液：鼻液无色透明，稀薄如水，其中含有少量白细胞、少量白蛋白和上皮细胞，见于急性呼吸道炎症的初期、感冒或流行性感冒等。

②黏液性鼻液：鼻液黏稠，呈灰白色，其中含有多量黏液、脱落的上皮细胞和白细胞，呈丝缕状，见于呼吸道黏膜急性炎症的中期。

③脓性鼻液：鼻液黏稠混浊，呈黄色或黄绿色，鼻液中含有多量嗜中性白细胞和黏液，常见于呼吸道黏膜急性炎症后期、化脓性炎症、副鼻窦炎、马鼻疽、肺脓肿破裂等过程中。

④腐败性鼻液：鼻液污秽不洁，呈褐色或暗褐色，鼻液中含有腐败坏死组织，有恶臭气味，见于马腺疫、肺坏疽或腐败性支气管炎等。

⑤血性鼻液：鼻液内混有血丝或血块，颜色鲜红，见于鼻腔出血；颜色粉红或鲜红，并且混有气泡，见于肺出血、肺坏疽或败血症等。

⑥铁锈色鼻液：在疾病发展的某一阶段，可见到患病动物流出类似铁锈色的鼻液，见于大叶性肺炎和传染性胸膜肺炎。

(4)鼻液混合物

鼻液混合物是指动物鼻液中混有气泡、唾液或饲料残渣、胃内容物等。

当鼻液中混有较小的、均匀一致的气泡，见于深部细支气管和肺脏疾病，如肺水肿、肺充血等；当鼻液中带有较大气泡，见于上呼吸道和大支气管的病变。

当鼻液中含有大量唾液、食物碎粒，乃至饮水经鼻道流出，见于呕吐、吞咽及咽下障碍性疾病，如咽炎、咽麻痹、食管炎、食管阻塞、食管痉挛等。

当鼻液中混有胃液，带有难闻的酸臭味细碎食物残粒并呈酸性反应时，见于马急性胃扩张。

当鼻液中混有寄生虫的虫体，可见于肺线虫病。

(5)鼻液弹力纤维

鼻液中若出现较多弹力纤维，则为肺实质崩解的结果，见于肺坏疽、肺脓肿和肺结核等。

鼻液弹力纤维的特点：颜色呈透明状，具有较强折光性，形状呈细丝状弯曲或呈羊毛状，且有双层轮廓，两端尖或呈分叉状，常集聚成乱丝状。

3. 检查咳嗽

咳嗽是动物的一种保护性反射动作，借以将呼吸道异物或分泌物排出体外。咳嗽也是一种病理表现，当呼吸道有炎性渗出物或外来异物刺激时，可引起咳嗽。

检查时可听取患病动物的自然咳嗽，必要时可采用人工诱咳法。动物诱咳方法根据动物种类不同而异，如马人工诱咳，拇指与食指、中指捏压喉头或气管的第 1 和第 2 环状软骨，即可诱发咳嗽；牛人工诱咳，用双手或毛巾短时闭塞牛的两侧鼻孔，如引起咳嗽，多为病态；对犬、猫等小型动物采取捏压其喉部或短时闭塞两侧鼻孔的方法来诱咳。在进行咳嗽检查时，应注意其性质、频度、强度以及观察动物有无疼痛表现。

(1)咳嗽性质

咳嗽按咳嗽性质分为干咳、湿咳和痛咳。

①干咳：其特征是咳嗽无痰，咳声干而短，表明呼吸道内无分泌物或仅有少量黏稠的分泌物，见于慢性支气管炎，急性支气管炎的初期，胸膜炎，喉、气管异物，牛结核以及猪肺疫等。

②湿咳：咳嗽有痰，咳声钝浊，湿而长，表明呼吸道内积有多量稀薄的渗出物，见于急性咽喉炎、支气管炎及支气管肺炎、肺脓肿和肺坏疽等。

③痛咳：咳嗽短而弱并伴有疼痛，患病动物表现伸颈摇头，前肢刨地，且有呻吟和惊慌现象，见于急性喉炎、胸膜炎、异物性肺炎、肋骨骨折、肋骨损伤、呼吸道异物以及创伤性网胃心包炎等。

(2)咳嗽频度

咳嗽按咳嗽频度分为稀咳、频咳和痉挛咳。

①稀咳：咳嗽比较稀疏，经过较长时间才发生 1～2 声咳嗽，常反复发作，见于急性呼吸道炎症初期、慢性支气管炎、肺结核、鼻疽和肺丝虫病等。

②频咳：频繁而连续发作的咳嗽，见于急性喉炎、气管炎、上呼吸道黏膜炎症、弥漫性支气管炎、猪气喘病、山羊支原体肺炎等。

③痉挛咳：咳嗽连续发作，咳嗽一次持续时间很长，咳嗽剧烈而痛苦，表明呼吸道内有强烈的刺激物，不易排出，见于呼吸道内有异物或异物性肺炎。

(3)咳嗽强度

咳嗽按咳嗽强度分为强咳和弱咳。

①强咳：咳嗽有力而强大，常发生在肺组织弹性正常且分泌物黏稠、咳嗽无痛时，见于咽喉炎、慢性支气管炎和急性喉炎的初期。

②弱咳：咳嗽无力，咳声低弱，表明肺组织弹性降低，呼吸肌收缩无力且咳嗽疼痛，见于细支气管炎、支气管肺炎、胸膜炎、肺气肿和胸水等。

(三)检查上呼吸道

1. 检查鼻腔

检查鼻腔主要通过视诊法检查鼻黏膜颜色、分泌物，有无肿胀、水泡、溃疡、结节和损伤等。

(1)方法

对马属动物进行鼻黏膜检查时，检查人员站于马头左前方或右前方，左手的拇指和中指夹住鼻翼软骨向上拉起，用食指挑起外侧鼻翼即可检查；检查其他动物鼻黏膜时，将动物头抬起，使鼻孔对着阳光或人工光源，然后仔细观察鼻黏膜；检查小动物鼻黏膜时，可使用开鼻器，将鼻孔扩开进行检查。正常情况下，鼻黏膜为淡红色，表面湿润富有光泽，略有颗粒。

(2)病理变化

鼻黏膜潮红，见于鼻黏膜炎症、流行性感冒；鼻黏膜肿胀，见于急性鼻炎；鼻黏膜有点状出血，见于血斑病或败血症；鼻黏膜有水泡，见于口蹄疫、猪传染性水疱病或水泡性口炎；鼻黏膜出现粟粒大小、黄白色、周围有红晕的结节，见于鼻疽；鼻黏膜有浅在性溃疡，见于鼻炎、腺疫、血斑病等；鼻黏膜有深在性溃疡即边缘隆起如喷火口状，底部呈猪脂状灰白色或黄白色，常分布于鼻中隔黏膜，见于鼻疽后鼻黏膜溃疡；鼻黏膜瘢痕，呈星芒状或冰花样，见于鼻疽瘢痕。

2. 检查喉和气管

检查喉和气管主要采用视诊、触诊和听诊，必要时可用 X 射线检查。

(1)视诊

暴露动物颈部，光线从正面或旁边照射，观察动物喉部外形、轮廓和位置是否正常，有无肿胀、肿瘤和呼吸困难的征象。如果动物表现肿胀，呼吸困难，同时伴随吞咽障碍，则提示咽喉炎、猪水肿病或肺疫。

(2)触诊

检查者站在动物头颈侧方，两手从动物两耳根处开始向下按压咽喉部，然后向后部轻压并向下滑动检查气管，感知局部温度、敏感度以及有无肿胀(家禽可开口直接对喉腔及其黏膜进行视诊)。若动物喉部肿胀并有热感，考虑咽喉炎、牛肺疫、化脓性腮腺炎、猪肺疫、链球菌病、传染性喉气管炎；触诊喉部有热、有痛、有咳嗽，考虑急性喉炎或气管炎。

(3)听诊

健康动物在喉部进行听诊可以听到喉呼吸音，在气管部可以听到气管呼吸音，在胸廓支气管区可以听到支气管呼吸音，这三种呼吸音的音性相似，是一种听起来类似“赫赫”的声音。呼气音调升高时，见于气管炎症、气管肿瘤；吸气音调升高时，见于喉水肿、咽喉炎；当喉和气管有分泌物时，可出现啰音，如分泌物黏稠可听到干啰音，分泌物稀薄可听到湿啰音。

3. 检查副鼻窦

副鼻窦主要指额窦、上颌窦。副鼻窦的检查，多用视诊和叩诊法，必要时用穿刺术和X射线检查法。若检查部位肿胀，有热、有痛，鼻液断断续续由一侧流出，呈凝乳状或黄白色脓性，似豆腐脑水样，恶臭难闻，有时患病动物低头或饮水时可从鼻孔内自行流出脓性鼻液，久病动物多出现骨质畸形，穿孔，流出脓汁(有时首先从眶下孔流出)，若同时伴有叩诊呈浊音，则主要见于副鼻窦炎。

(四)视诊和触诊胸廓

1. 视诊

健康动物的胸廓两侧是完全对称的，肋骨适当弯曲而不显凹陷。若动物两侧胸廓膨大，形成桶状胸，见于胸膜炎、严重肺气肿；若成年动物的两侧胸廓显著狭窄而扁平，左右径变窄，呈扁平状，见于骨软症和营养不良；若幼龄动物的肋骨和肋软骨结合处有串珠状肿大，而且脊柱或四肢弯曲，则可以考虑佝偻病；若动物两侧胸廓明显不对称，一侧明显扩大，则考虑肋骨骨折或单侧性胸膜炎。

2. 触诊

触诊胸廓主要是检查其温度，有无疼痛、震颤和变形等。如果动物胸壁体表温度增高，见于胸膜炎初期和胸壁损伤性炎症；如果胸壁疼痛，见于胸膜炎、肋间肌肉风湿症和肋骨骨折；如果胸壁震颤，见于胸膜炎初期及末期和泛发性支气管炎；如果在肋骨和肋软骨结合处能够触摸到肿胀变性的结节，见于骨软症或佝偻病。

(五)叩诊胸肺

叩诊胸肺时，大型动物采用锤板法，小型动物则用指叩诊法。当发现病理性叩诊音时，应与对侧相应部位的叩诊音比较判断。

1. 确定肺脏叩诊区

(1)马肺脏叩诊区(图 1-37)

马肺脏叩诊区略呈一直角三角形。其前界为肩胛骨后角沿肘肌向下至第 5 肋间所画的垂线；上界为与脊柱平行的直线，距背中线约 10 cm；后界为由第 17 肋骨与背界线交界处开始，向下、向前经下列诸点所画的弧线：经髋结节水平线与第 16 肋间的交点，坐骨结节水平线与第 14 肋间的交点，肩端水平线与第 10 肋间的交点，至第 5 肋间的心脏相对浊音区为止。

(2)牛肺脏叩诊区(图 1-38)

牛肺脏叩诊区分肩前叩诊区和胸部叩诊区两部分。牛肩前叩诊区为一上宽(6～8 cm)下窄(2～3 cm)的狭窄叩诊区，其胸部叩诊区近似三角形，但比马叩诊区小。牛肺脏叩诊区上界为与脊柱平行的直线，距背中线约 10 cm；前界自肩胛骨后角沿肘肌向下画近似“S”状曲线，止于第 4 肋间；后下界自背界的第 12 肋骨与上界的交点开始，向前、向下经髋结节水平线与第 11 肋间相交，肩端水平线与第 8 肋间相交，终止于第 4 肋间。

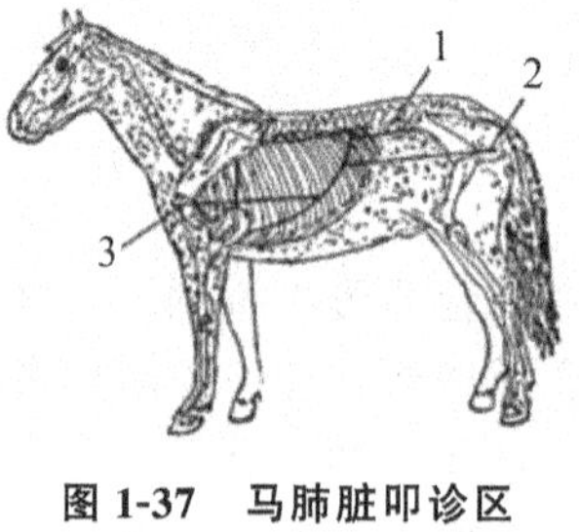

图 1-37 马肺脏叩诊区

1-髋结节水平线；2-坐骨结节水平线；3-肩端水平线

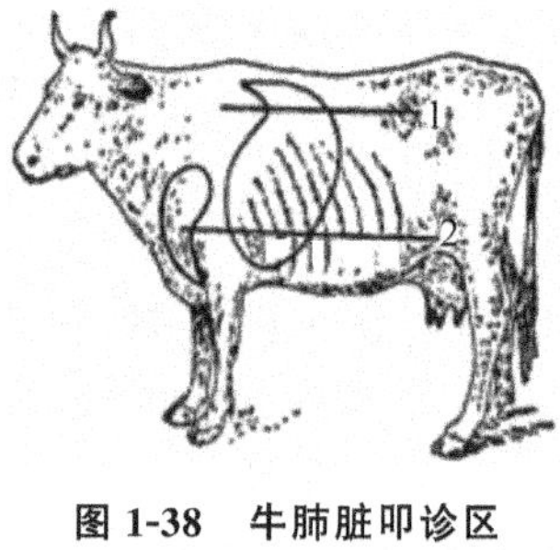

图 1-38 牛肺脏叩诊区

1-髋结节水平线；2-肩端水平线

(3)猪肺脏叩诊区(图 1-39)

猪肺脏叩诊区上界距背中线有 4～5 指宽，后界由第 11 肋骨处开始，向前、向下经坐骨结节水平线与第 9 肋间的交点，经肩端水平线与第 7 肋间的交点，止于第 4 肋间的弧线。

(4)犬肺脏叩诊区(图 1-40)

犬肺脏叩诊区前界为肩胛后角向下引垂线止于第 6 肋间，上界为自肩胛后角所画的水平线，距背中线 2～3 指宽，后界由第 12 肋骨处开始，向下、向前经坐骨结节水平线与第 10 肋间的交点，肩关节水平线与第 8 肋间的交点而止于第 6 肋间与前界的交点。

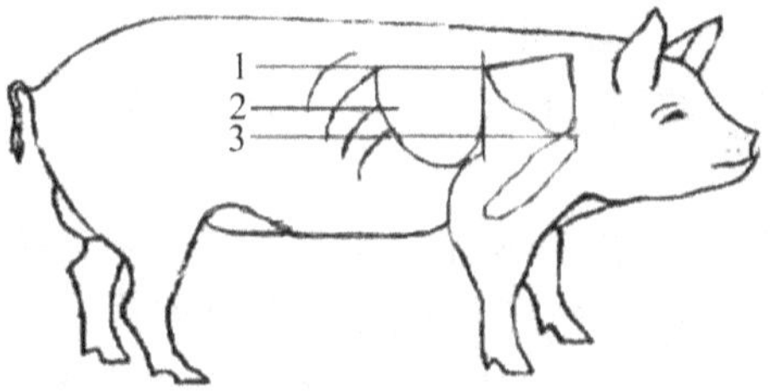

图 1-39 猪肺脏叩诊区

1-上界；2-坐骨结节水平线；3-肩端水平线

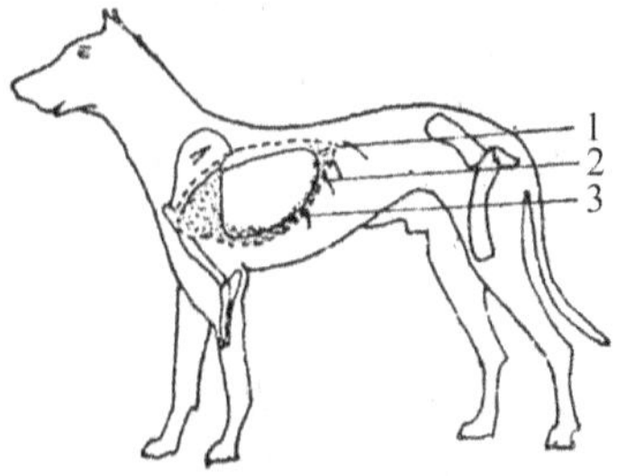

图 1-40 犬肺脏叩诊区

1-上界；2-坐骨结节水平线；3-肩端水平线

2. 病理变化及诊断意义

(1)疼痛不安

叩诊胸部时，动物表现回视、躲闪、反抗等不安现象，见于胸膜炎。

(2)肺叩诊区扩大

叩诊时，后下界清音区扩大，见于肺气肿。

(3)肺叩诊区缩小

肺叩诊区缩小是由于腹内压增高，使肺后缘向前推移所致，见于瘤胃鼓气、急性胃扩张、肠鼓气等；也可因心脏体积增大，使心区肺缘向后上方移位所致，见于心包积液等。

(4)叩诊音变化

健康状态下，大型家畜肺叩诊区呈清音，其特点是音响宏大，持续时间较长，音调较低；小型动物(如犬、猫、兔等)正常叩诊音稍带鼓音性质，一般在肺区中部叩诊音较响亮，周围部较弱，带有半浊音性质。病理性叩诊音表现如下。

①浊音：是肺组织被浸润，肺内含气量减少所致。呈岛屿状浊音区，见于小叶性肺炎；大片性浊音时，常见于大叶性肺炎；呈水平浊音，见于渗出性胸膜炎或胸腔积水。

②过清音：又称空盒音，是含气量增多所致，见于肺气肿。

③鼓音：是肺内形成洞壁光滑、紧张度较高的肺空洞(其直径为 3～4 cm，距离胸壁 3～5 cm)或胸腔积气所致，见于肺空洞、气胸、膈疝等。

④破壶音：类似于叩击破壶所产生的声音，是在肺内形成大的肺空洞，并与支气管相通的条件下，叩击时空洞内空气急剧经支气管逸出而产生，见于肺脓肿、肺坏疽和肺结核等形成的大空洞时。

(六)听诊胸肺

听诊应在安静的室内进行，以免受到外界因素的影响，排除外界音响的干扰。听诊时一般用听诊器进行间接听诊。听诊时，先从肺部中1/3开始，由前向后逐渐听取，其次为上1/3，最后为下1/3，每一听诊点的距离为3～4 cm，每一听诊点听取2～3次呼吸音，如发现异常呼吸音，应在附近及对侧相应部位进行比较，以确定其性质。如呼吸微弱，呼吸音响不清时，可使病畜做短暂的运动或短时间闭塞鼻孔后引起深呼吸，再进行听诊。

1. 生理性呼吸音

(1)肺泡呼吸音

健康动物胸部可听到类似“呋”的肺泡呼吸音。其产生原因：一是空气进入毛细支气管和肺泡入口处狭窄部而产生的狭窄音；二是空气在肺泡内的旋涡流动时所产生的音响。其特征是吸气时明显，尤以吸气末期显著，呼气时由于肺泡转为弛缓，故肺泡呼吸音短而弱，仅在呼气初期可以听到。肺泡呼吸音在肺区中1/3最为明显。

马的肺泡音最弱，牛、羊较马明显，水牛最弱。幼年动物比成年动物肺泡音强。

(2)支气管呼吸音

支气管呼吸音是一种类似将舌抬高而呼气时所发出的“赫赫”音，是空气通过声门裂隙时产生气流旋涡所致。此音沿气管和支气管传入，健康动物在颈部喉、气管处明显。

不同动物支气管呼吸音有所不同，如健康马肺部听不到支气管呼吸音，犬在其整个肺部都能听到明显的“呋”“赫”混合性呼吸音，其他动物肺区前部接近较大支气管的体表处，可听到带有肺泡呼吸音的混合性支气管呼吸音。

2. 病理性呼吸音

(1)肺泡呼吸音增强

①肺泡呼吸音普遍性增强：是呼吸中枢兴奋，呼吸运动和肺换气加强的结果，见于热性疾病等。

②肺泡呼吸音局限性增强：是病变侵害一侧或部分肺组织，使其呼吸机能减退或消失，而健侧肺或无病变的部分呈代偿性呼吸机能亢进的结果，见于支气管肺炎和大叶性肺炎。

③肺泡呼吸音粗粝：是由于毛细支气管黏膜充血肿胀，使肺泡入口处狭窄，肺泡呼吸音异常增强所致，见于支气管炎、肺炎等。

(2)肺泡呼吸音减弱或消失

①由于肺泡弹力降低，导致肺泡呼吸音减弱，见于肺气肿。

②由于细支气管或肺泡被炎性产物或异物阻塞，使气体交换障碍，导致肺泡呼吸音减弱或消失，见于细支气管炎、大叶性肺炎、传染性胸膜肺炎等疾病。

③由于胸壁肥厚而引起呼吸音传导受阻，从而导致肺泡呼吸音减弱，见于胸腔积水、胸膜炎、胸壁水肿和纤维素性胸膜炎。

④由于胸膜炎、肋骨骨折引起胸壁疼痛，导致呼吸运动障碍。

(3)病理性支气管呼吸音

在动物正常范围外的其他部位听诊出现支气管呼吸音，均是病理现象。这是肺实变的结果，是由于肺组织的密度增加，传音良好所致，见于各型肺炎、传染性胸膜肺炎、广泛性胸膜肺炎、广泛性肺结核、牛肺疫及猪肺疫等。

(4)病理性混合性呼吸音

当较深部的肺组织发生炎性病灶，周围被正常肺组织遮盖，或浸润实变区和正常肺组织掺杂存在时，则肺泡音和支气管呼吸音混合出现，称为病理性混合性呼吸音，见于小叶性肺炎、大叶性肺炎的初期和散在性肺结核。在胸腔积液的上方有时可听到混合性呼吸音。

(5)啰音

啰音是一种常见的病理性附加音响。根据其性质分为干性啰音和湿性啰音。

①干性啰音：其音性似蜂鸣音、笛音、飞箭音、哨音，是由于细支气管分泌物黏稠或支气管黏膜肿胀、狭窄，气流通过时产生的振动音和狭窄音响。干性啰音在吸气和呼气时均能听到，但吸气时较清楚。广泛性干性啰音见于弥漫性支气管炎、支气管肺炎、慢性肺气肿及犊牛和羊的肺线虫病；局限性干性啰音见于慢性支气管炎、肺结核、间质性肺炎等。

②湿性啰音：又称水泡音，其音性类似水泡破裂或与刚打开的碳酸饮料冒泡声相似，是呼吸道和肺泡内存在稀薄分泌物，是由于呼吸气流冲动，引起液体移位或形成水泡的破裂声，或气流冲动形成泡沫，或气流与液体混合而成泡沫状移动而产生，是支气管炎的表现。湿性啰音在呼气和吸气时均可听到，但在吸气末期明显。由于稀薄分泌物可随纤毛上皮运动及呼吸道气流冲动和咳嗽活动而移位或被排除，故咳嗽后可暂时消失，但经短时间之后又重新出现。湿性啰音见于支气管炎及支气管肺炎等。

(6)捻发音

当支气管黏膜肿胀且积有黏稠的分泌物时，使细支气管壁黏着在一起，吸气时气流通过使其急剧分开所产生的一种爆裂音，类似在耳边捻发丝的声音，这就是捻发音，一般出现于吸气末期，或在吸气顶点最明显，大小一致，稳定而长期存在，不因咳嗽而消失。捻发音的出现，提示肺实变，见于毛细支气管炎、大叶性肺炎的充血期及溶解期、肺充血和肺水肿的初期。

(7)胸膜摩擦音

当胸膜发炎时，胸膜壁层和脏层之间表面变得粗糙，且有纤维素附着，呼吸时两层胸膜摩擦而产生的一种声音，类似两粗糙物的摩擦音，这就是胸膜摩擦音。胸膜摩擦音是纤维素性胸膜炎的特征性症状，还见于牛肺疫、犬瘟热、马传染性胸膜肺炎等。

(8)拍水音

当胸腔积液时，动物突然改变体位或心搏动冲击液体所产生的声音，类似拍击不满的水袋或振荡半瓶水发出的声音，这就是拍水音，见于渗出性胸膜炎、胸腔积液和创伤性心包炎等。

(七)穿刺胸腔

1. 目的

通过胸腔穿刺，探查胸腔有无积液并采取胸腔积液以鉴别其性质，也可排出胸腔内的积液，注入药液或进行冲洗治疗。

2. 方法

(1)穿刺部位

马、牛、羊穿刺胸腔的部位在右侧第 6 肋间，左侧第 7 肋间(猪在右侧第 7 肋间)，胸外静脉上方或肩关节水平线下方 2～3 cm 处。

(2)穿刺方法

动物施行站立保定，术部剪毛消毒后，检查者左手将术部皮肤稍向前移动，用连接胶管的16～18号长针头，沿肋骨前缘垂直刺入3～4 cm，然后连接注射器抽取胸腔积液，术后注意消毒。

3. 注意事项

排出积液和注入药液时应缓慢进行，同时观察动物有无异常表现；穿刺时，应注意防止损伤肋间神经与血管；刺入时，用手指控制套管针深度，以防刺入过深损伤心肺；为防止气胸，当无积液排出时，应将附在针头上的胶管回转压紧，使管腔闭合。

(八)呼吸系统检查结果综合分析

发现动物咳嗽、流鼻液及呼吸困难，可提示呼吸系统疾病，应主要依据对上呼吸道及胸、肺检查的异常所见，并参考整体状态的变化综合分析，初步判定疾病的部位及性质。

(1)动物喷鼻(马)、喷嚏(羊、猪)，流多量鼻液，咳嗽声音较大，有时还呈现吸气性呼吸困难，但全身症状轻微或不明显，胸肺检查无明显异常，则提示病变的部位在上呼吸道

①患病动物喷鼻或喷嚏，流鼻液，鼻部敏感，鼻黏膜发红、肿胀，对喉以下部位检查无明显异常，可提示为鼻炎；病畜单侧或两侧鼻孔流脓性鼻液，特别在低头时流量增多，副鼻窦肿胀，多为副鼻窦炎的可能；动物呈现剧烈咳嗽，触诊喉部敏感，并发生连续性咳嗽，但对胸、肺部检查无明显异常，可提示为喉炎。

②患病动物不仅呈现上呼吸道炎症的症候，还具有传染流行特点时，应考虑某些主要侵害上呼吸道的传染病。例如：猪见喷嚏，流鼻液，鼻面部短缩、歪曲、变形，可提示为传染性萎缩性鼻炎；马见流鼻液，剧烈咳嗽，并迅速传染流行，多为传染性上呼吸道卡他的可能；鸡呼吸困难，咳嗽、喘气，鼻孔有分泌物，有时咳出带血的黏液，喉黏膜上有淡黄色凝固物附着，不易擦去，并迅速传播，多为传染性喉气管炎的可能。

(2)动物咳嗽，流鼻液，明显呼吸困难，肺部叩、听诊及X射线检查异常，可提示疾病主要侵害支气管及肺脏

①患病动物咳嗽，流鼻液，听诊肺部有明显的干性或湿性啰音，叩诊肺部无异常，可初步诊断为支气管炎。

②患病动物呼吸困难，低弱痛性咳嗽，流鼻液，肺部叩诊呈现点片状或大面积浊音区，听诊呈现捻发音、病理性支气管呼吸音，病变部肺泡呼吸音减弱或消失，全身症状重剧，可初步诊断为肺炎。

③患病动物呼吸困难，流淡红色或白色泡沫状鼻液，肺泡呼吸音粗粝或呈现广泛湿性啰音，可提示为肺充血或肺水肿。

④患病动物高度呼吸困难，叩诊肺部呈现过清音，叩诊界扩大，听诊肺泡呼吸音减弱或消失，可提示为肺泡气肿；病畜呼吸困难，叩诊肺部呈现过清音，但叩诊界多不明显扩大，常伴有皮下气肿，可提示为肺间质气肿。

(3)动物呼吸浅表困难，低弱痛性咳嗽，触、叩诊胸壁敏感疼痛，听诊胸部呈现胸膜摩擦音或叩诊呈现水平浊音，胸腔穿刺放出渗出液，可诊断为胸膜炎

(4)动物不仅具有肺、胸膜发炎的症候群，还具有传染流行特点时，多考虑为主要侵害肺、胸膜的传染病(如牛肺疫、结核病、传染性胸膜肺炎、猪肺疫、猪霉形体肺炎等)和

寄生虫病(牛、羊、猪肺线虫病等)，应进一步做流行病学调查及病原学、血清学诊断等

三、检查消化系统

(一)检查食欲

生理状态下，动物的食欲因饲料的种类和质量不同、饲喂制度和方式及饲喂环境的改变等因素而发生暂时性的改变。在病理状态下动物的食欲表现如下。

1. 食欲减退

不愿采食或进食量减少，见于热性疾病、代谢病及胃肠道疾病等。

2. 食欲废绝

食欲完全丧失，拒绝采食，见于各种高热性疾病、急性胃肠道疾病等。

3. 食欲亢进

食欲异常旺盛，采食量异常增多，见于重病的恢复期；对营养物质利用障碍，见于肠道寄生虫病。

4. 食欲不定

食欲时好时坏，见于马慢性消化不良、牛真胃变位、创伤性网胃炎等。

5. 异嗜

采食饲料以外的物质，见于矿物质、微量元素、蛋白质、纤维素不足等。

(二)检查饮欲

生理状态下，动物的饮欲因气温、运动、使役、饲料含水量等因素而有所变化。病理状态下动物的饮欲表现如下。

1. 饮欲减退或废绝

饮欲减退或废绝，见于不伴有呕吐或腹泻的胃肠道疾病、咽麻痹、食道阻塞、脑病、重危疾病等。

2. 饮欲增加

饮欲增加，见于发热性疾病、脱水性疾病、食盐中毒等。

(三)检查采食、咀嚼、吞咽功能

1. 采食障碍

采食障碍表现为采食不灵活或不能用唇舌采食。采食后不能利用唇、舌的运动将饲料运送到臼齿间进行咀嚼，见于颜面神经麻痹、齿病、舌伤。采食时将饲草衔在口中而忘记咀嚼，或饮水时将口鼻伸入水中，但不饮水，直至呼吸困难才急剧抬头，见于脑炎、脑室积水。

2. 咀嚼障碍

(1)咀嚼缓慢

咀嚼缓慢表现为咀嚼缓慢无力，咀嚼次数减少，咀嚼音弱，见于消化机能障碍等。

(2)咀嚼痛苦

咀嚼痛苦表现为咀嚼小心谨慎，咀嚼过程中因疼痛而突然停止，将食团吐出，见于齿病、舌伤、口炎等。

(3)咀嚼困难

咀嚼困难表现为咀嚼费力，张口困难，见于破伤风、士的宁中毒等。

3. 吞咽障碍

吞咽障碍表现为不能吞咽，大量流涎，食物或饮水经鼻孔逆出，见于重症咽炎、咽麻痹、食道阻塞等；或吞咽痛苦，吞咽时表现摇头、伸颈，前肢刨地，屡次试咽之后拒绝采食，并伴有大量流涎(在马常有饲料残渣、唾液和饮水经鼻返流)，见于咽炎、食道炎等。

(四)检查反刍和嗳气状态

1. 反刍

生理状态下，牛采食后 1 h 左右开始反刍，每昼夜 6～8 次，每次 0.5～1 h，每次持续时间为 30～50 min，每个食团再咀嚼 40～60 次。病理状态下，反刍障碍的表现有以下几种形式。

(1)反刍迟缓

反刍迟缓表现为食后 3～4 h 才反刍，反刍稀少，每昼夜仅反刍 1～2 次。

(2)反刍无力

反刍无力表现为咀嚼无力，时嚼时止，食团未经充分咀嚼即行咽下。

(3)反刍短促

反刍短促表现为每次反刍仅持续 5～15 min 或更短时间。

(4)反刍停止

反刍停止即无反刍表现。

(5)反刍痛苦

反刍痛苦表现为反刍时伸颈，不断呻吟。

前四种变化常见于前胃弛缓、瘤胃积食、创伤性网胃炎、瓣胃及皱胃阻塞的初期，以及能引起前胃功能减退的其他疾病过程中。反刍停止，亦是前胃、皱胃运动机能严重障碍，病情危重的表现。反刍痛苦，见于创伤性网胃炎、腹膜炎等。

2. 嗳气

嗳气是反刍动物排出瘤胃内气体的主要途径，健康动物每小时嗳气 18～20 次。嗳气常见病理变化有：①嗳气减少，见于瘤胃内微生物活力减弱、发酵过程降低、气体产生减少、瘤胃兴奋性降低、瘤胃蠕动力减弱所致的瘤胃内气体排出受阻，以及严重的前胃收缩力不足或麻痹；②嗳气停止，见于食道阻塞、瘤胃鼓气、积食的后期；③嗳气增多，见于瘤胃鼓气的初期或采食了容易发酵产气的食物时。

(五)检查流涎和呕吐

1. 流涎

除健康牛因唾液分泌旺盛，正常时有少量流涎外，牛流涎量异常增多或其他动物出现流涎均为病理现象，病理变化为流涎增多，见于口炎、咽炎、咽麻痹、食道阻塞、口蹄疫、有机磷中毒等。

2. 呕吐

胃内容物不自主地经口、鼻流出体外称为呕吐。呕吐分为中枢性呕吐和反射性呕吐，前者是由于呕吐中枢受到有毒物质、炎症的刺激引起，见于脑炎、某些中毒；后者是由于咽、食道、胃肠黏膜受到刺激，引起呕吐中枢兴奋性增强所致，见于食道阻塞、皱胃炎、马急性胃扩张(多为预后不良)、猪蛔虫病等。

检查呕吐时还应注意以下问题。

(1)呕吐时间

刚食后即吐出大量食物，见于肉食动物和猪由于采食过量引起。

(2)呕吐频率

频繁多次出现呕吐，为胃黏膜长期受到刺激或呕吐中枢机能紊乱所致，见于皱胃炎、皱胃溃疡、脑炎等。

(3)呕吐物性状

呕吐物呈黄色，且为碱性，为混有胆汁的表现，见于小肠阻塞或变位；呕吐物呈暗红色，为混有血液的表现，见于出血性胃炎、犬瘟热、猪瘟等。

(六)检查口腔

1. 开口方法

开口方法有徒手开口法和器械开口法两种。

(1)徒手开口法

牛的徒手开口法(图 1-41)：检查者站于牛头侧方，先用手轻拍牛的双眼，在其闭眼的瞬间，以一只手的拇指、食指从牛两侧鼻孔同时伸入并捏住鼻中隔(或握住鼻环)向上提举，另一只手拇指、食指、中指由口角伸入口内，将牛舌向外拉出即可。如牛骚动不安，可用绳索先固定牛角或头部。

马的徒手开口法(图 1-42)：通常是以一只手食指、中指两指从马一侧口角伸入并横向对侧口角方向，握住舌体后拉出口外，另一只手拇指从他侧伸入并顶住上腭即可使口张开。

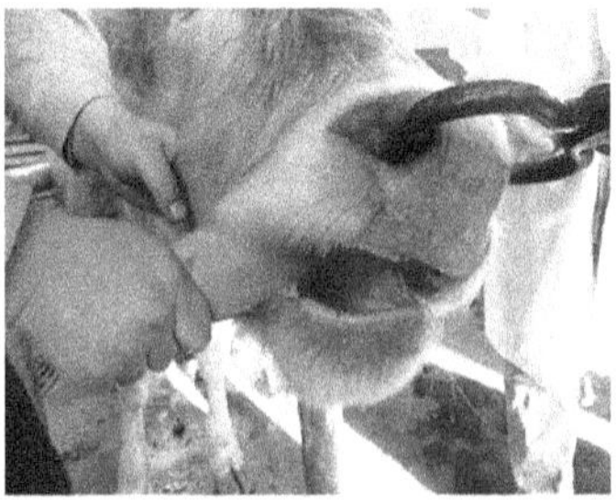

图 1-41 牛的徒手开口法

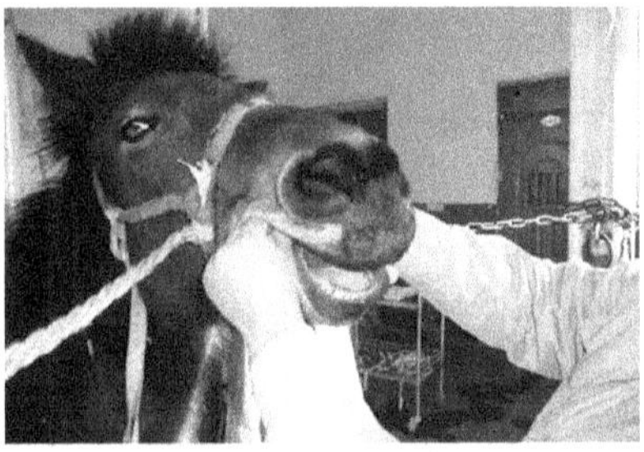

图 1-42 马的徒手开口法

羊的徒手开口法：两手拇指、中指分别自羊口的两侧将上下唇自口角压入齿列间，同时上下用力拉开口腔即可。

犬的徒手开口法：检查者以左手握住犬的两侧口角内压，右手下拉下颌打开口腔。

(2)器械开口法

猪的开口器开口法：由助手紧握猪的两耳进行保定，检查者将开口器平直伸入猪口内，待开口器前端达到口角时，将把柄用力下压，即可打开口腔。

犬的开口器开口法：由助手紧握两耳进行保定，检查者将开口器平直伸入口内，待开口器前端达到口角时，将手柄用力下压，即可打开口腔。

马的开口器开口法(图 1-43)：可应用蹬式开口器，首先应妥善地进行动物的头部保定，检查者将开口器及其齿板嵌入上、下门齿之间，同时保持固定，由另一只手迅速转动螺旋柄，渐渐随上、下齿板的离开而打开口腔。

牛的开口器开口法(图 1-44)：将开口器送至牛的口角内，再将把柄旋转，即可打开口腔。

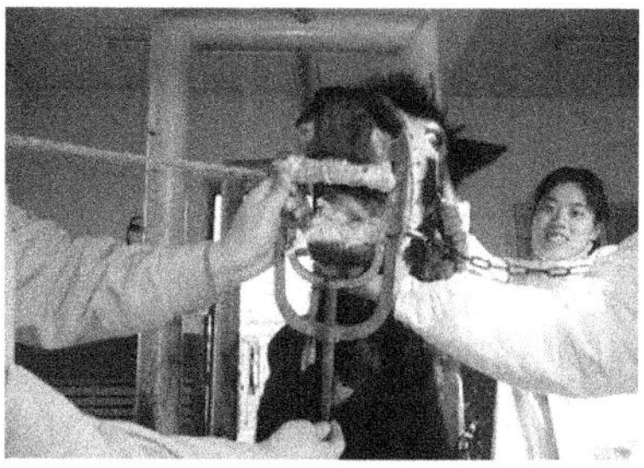

图 1-43 马的开口器开口法

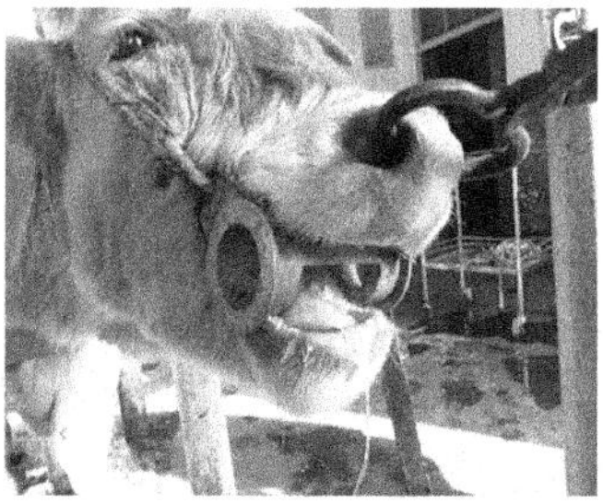

图 1-44 牛的开口器开口法

2. 检查内容

检查口腔的内容包括口腔气味、口唇、口腔温度、口腔湿度、口腔黏膜色泽、口腔黏膜状态、舌及牙齿的变化，一般用视诊、触诊、嗅诊等方法进行。

(1)口腔气味

口腔酸臭，见于口炎、胃肠炎、肠阻塞、瘤胃积食等；口腔有腐败臭味，见于齿槽骨膜炎；口腔有类似烂苹果味，见于牛醋酮血病。

(2)口唇

口唇下垂，见于面神经麻痹，如马霉玉米中毒、狂犬病、唇舌损伤和炎症、下颌骨骨折、齿间嵌入异物等。唇歪斜，见于一侧性面神经麻痹(如果一侧面神经麻痹，则唇歪向健康的一侧)。双唇紧闭，见于破伤风、脑膜炎等。唇部肿胀，见于口黏膜的深层炎症、马血斑病、马传染性脑脊髓炎、饲料中毒、蜂窝组织炎等。唇部疹疱，见于牛和猪的口蹄疫等。

(3)口腔温度

口温升高，见于发热性疾病；口温降低，见于肠痉挛、严重的贫血、濒死期动物。

(4)口腔湿度

口腔过于湿润、流涎，见于口炎、肠痉挛、有机磷中毒、口蹄疫等；口腔干燥，见于发热性疾病、肠阻塞、瓣胃阻塞以及脱水性疾病的过程中。

(5)口腔黏膜色泽

口腔黏膜潮红见于口炎、发热性疾病。口腔黏膜发绀为机体缺氧的表示，见于严重的呼吸器官疾病、心脏疾病、中毒性疾病。口腔黏膜苍白见于各型贫血。口腔黏膜黄染见于各型黄疸。

(6)口腔黏膜状态

口腔黏膜出现疱疹、结节、溃疡，在牛、羊见于口蹄疫、传染性口炎；口腔黏膜损伤，见于牙齿疾病等。

(7)舌

①舌苔：舌苔为覆盖在舌体表面上的一层脱落不全的上皮细胞，呈灰白色或黄白色，见于胃肠卡他、胃肠炎等。

②舌体：舌体呈深红色或发绀，见于机体血液循环障碍或机体缺氧时；舌体青紫，见于濒死期家畜；舌体肿胀，体积增大，变硬，见于放线菌病。

(8)牙齿

注意牙齿的长度、形状，有无松动。

(七)检查咽

1. 外部视诊

动物表现吞咽痛苦，头颈伸展，运动不灵活，并见咽部隆起和流涎现象，见于咽炎；动物仅表现吞咽障碍、流涎，而无运动不灵活及痛苦状，见于咽麻痹。

2. 外部触诊

检查者两手拇指放在左右环椎翼的外角上做支点，其余 4 指并拢向咽部轻轻压迫(图 1-45)。健康动物压迫咽部时不引起疼痛反应，如出现明显肿胀、增温并有敏感(疼痛)反应或咳嗽时，多为急性炎症。

图 1-45 触诊咽部

(八)检查食道

当动物有咽下障碍、大量流涎时，则应进行食道检查。视诊和触诊用于颈部食道的检查，而对胸腹部食道的检查则需用探诊。

1. 视诊

检查者站在动物的颈部左侧方进行视诊。病理情况下，左侧颈静脉沟部(颈部食管)出现界限明显的局限性膨隆，见于食管阻塞或食管扩张；出现自下而上的逆蠕动运动，常见于马的急性胃扩张；出现自下而上或自上而下的波浪状食管肌肉收缩，见于食管痉挛。

2. 触诊

触诊食道(图 1-46)时，检查者站在动物的左颈侧方，面向尾方，左手放在右侧颈沟处固定颈部，用右手指端沿左侧颈沟自上而下直至胸腔入口处，进行加压滑动触摸，而对侧的左手也应同时向下移动。当触摸到颈沟处有坚硬物体时，见于食道阻塞；触诊局部时有疼痛反应，见于食道炎；摸到索状物时，见于食道痉挛。

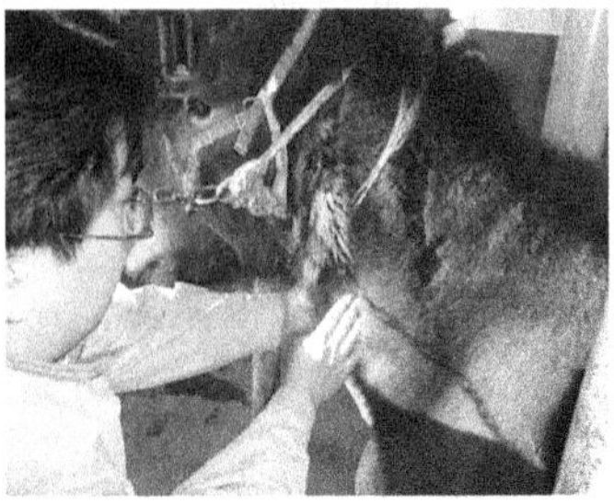

图 1-46 触诊食道

3. 食道探诊

(1)目的

进行食道探诊的同时，也可做胃的探诊，其用于食道疾病和胃扩张的诊断，以确定食管阻塞、狭窄、憩室及炎症发生的部位，也可提示是否有胃扩张的可疑。此方法也是一种常见的治疗手段。

(2)方法

站立保定被检动物，探管(大型家畜采用长 2～2.5 m、内径 10～20 mm、管壁厚度 2～4 mm 的探管；猪、羊采用长约 1 m、外径 12 mm 的弹性胶管)用温水浸泡软之后涂以润滑剂，检查者立于动物头的一侧。检查马时，一只手握住鼻翼软骨，另一只手持胃管，从鼻腔底壁经鼻腔缓缓送入，当达到咽部时，将胃管轻轻前后移动，趁马吞咽之际，将胃管送入食道。检查牛、羊、猪时用开口器打开口腔，胃管经口腔缓缓送入食道。判断探管是否送入食道(或气管)的方法，见表1-5。

表1-5 探管插入食道(或气管)的鉴别要点

鉴别方法	插入食道	插入气管
胃管送入时的感觉	插入时稍感前送有阻力	无阻力
观察咽、食道及动物的动作	胃管前端通过咽部时引起吞咽动作或伴有咀嚼，动物表现安静	无吞咽动作，可引起剧烈咳嗽，动物表现不安
触诊颈沟部	可摸到在食道内有一坚硬探管	—
将胃管外端放在耳边听诊	可听到不规则的咕噜声，但无气流冲耳	随呼吸动作而有强力的气流冲耳
用鼻嗅诊胃管外端	有胃内酸臭味	—
接橡皮球打气或捏扁再接于胃管外端	打入气体时可见颈部食道呈波动状膨起；接上捏扁的橡皮球后不再鼓起	不见波动状膨起；橡皮球迅速鼓起
用嘴吹入气体	随气流吹入，颈沟部可见明显波动	不见波动
将胃管外端浸入水盆内	水内无气泡发生	随呼吸动作，水内有规则地出现气泡

(3)诊断意义

探管送入受阻，用力送入时动物表现疼痛不安，吹气不通，灌水不下，见于食道阻塞；探管能够送入，但动物疼痛不安，见于食道炎；较粗胃管难以送入，较细胃管能顺利通过，见于食道狭窄；胃管抵达一定部位后不能继续送入，而将胃管改变方向后能顺利送入，见于食道憩室。

(九)检查腹部

1. 视诊

(1)腹围

腹围的变化除健康动物因动物妊娠后期生理性的增大外，还受胃肠内容物的数量、腹膜腔的状态和腹壁紧张度的影响；病理状态下，有腹围增大和腹围缩小两类。

①腹围增大，见于瘤胃积食、瘤胃鼓气、马肠鼓气、腹腔积液、犬子宫蓄脓。

②腹围缩小，见于长期消化障碍性疾病、高热性疾病、剧烈腹泻性疾病。腹围卷缩，见于后肢疼痛性疾病、破伤风、腹膜炎等。

(2)腹部病变

检查有无腹壁创伤、局部炎症(脓肿、蜂窝织炎)、血肿、淋巴外渗、腹壁疝、脐疝等。

2. 触诊

判定腹壁的敏感性、紧张度。腹壁敏感性增强，见于腹壁外伤、腹膜炎；腹壁紧张度增大，见于腹膜炎的吸收期。

3. 腹痛

以马的胃肠道疾病所引起的腹痛最为常见。腹痛的分类尚不一致，有按真性腹痛和假性腹痛分类的，前者指胃肠道本身的痉挛、扩张、阻塞、变位、肠系膜紧张牵引、腹膜炎等所致的腹痛；后者指胃肠道以外的器官如肝、脾、肾和母畜子宫等疾病所致的腹痛。

①急性胃扩张：剧烈腹痛病之一，发病率仅次于肠便秘，以春、夏季为多见，分积食型和臌气型。前者由贪食大量精饲料或易鼓胀的谷物所致，后者多因过食多汁、霉烂、易发酵的草料引起。急性胃扩张呈现呕吐或嗳气，腹肌强烈收缩，以强迫驱出胃内容物。

②肠痉挛：又称痉挛性腹痛，腹痛虽剧烈，但死亡率不高。本病与寒冷有关，多见于冬季及气温、气压急剧变化之时；喂饲冷冻饲料或暴饮冷水以及肠道中寄生蠕虫等也易引发。病马表现不安、扒地或倒地打滚，频频排出带水样的稀粪和粪球，然后转入间歇期，腹痛缓和，或逐渐恢复痊愈，或再度发作。

③肠便秘：常见的腹痛病之一，发病率和死亡率都较高，气候寒冷、饲料粗劣、饮水和运动不足或劳逸不匀均是发病因素。其症状视便秘部位而异，有的腹痛程度强烈，可继发胃扩张。直肠检查有助于诊断。

④肠梗阻：由大结肠内逐步形成的肠结石(俗称"马宝")向后方转移至肠道狭窄部(多在小结肠开始部)时引起的阻塞。结石的数量、大小和形态不一，多者可达几百个，大者可达几千克。

⑤肠变位：马的肠管解剖位置改变引起的一种腹痛，常并发腹膜炎，病势急、发展快、病期短、死亡率较高。小肠肠系膜长，大结肠有 3 个肠曲，以及肠管之间的直径差异大是发病素因。突然摔倒、跳跃、急转弯及肠运动机能失调等是发病诱因。肠变位有 5 种类型：一是肠管本身沿纵轴或横轴扭转，称为肠扭转或肠折转。二是一段肠管与另一段肠管伴同其肠系膜扭成一个活结，称为肠缠结。三是肠管被腹腔某些韧带(如肾—脾韧带)绞窄，称为肠绞窄。四是肠管或肠系膜一部分坠入腹腔天然孔，称为肠嵌闭。五是肠管一段伴同其肠系膜套入相连续的另一段肠腔内，称为肠套迭。以上均可使患部肠管发生循环障碍，导致淤血、水肿、坏死、粘连，甚至内中毒等，临床上常呈现持续性腹痛，体温升高，脉搏快速和细弱，以致休克和死亡。

4. 穿刺腹腔

(1)目的

穿刺腹腔的目的主要是判定腹腔有无积液及采取腹腔积液以鉴别其性质，有助于诊断并排出腹腔积液。

(2)部位

牛穿刺腹腔的部位在脐与右膝关节连线的中点；马在剑状软骨突起后 10～15 cm，腹中线左侧 2～3 cm 处；猪在倒数第 2 和第 3 对乳头间，腹中线两侧。

(3)方法

牛、马施行站立保定(猪施行倒立保定)，术部剪毛、消毒，术者右手持套管针或 16 号针头由下向上垂直刺入 3～4 cm，采集积液送检。术后注意消毒。

(4)穿刺液检查[李瓦他(Revalt)氏试验]

取 100 mL 量筒加蒸馏水至刻度，滴加冰醋酸 2 滴，充分搅拌均匀，在液面中央滴入供检穿刺液 1 滴，立即出现白色絮状物并沉淀，如可降到中部以下甚至达筒底，称阳性反应，为渗出液的表示；如白色絮状物未降至中部即逐渐消失，称阴性反应，为漏出液的表示。渗出液和漏出液的区别见表 1-6。

表 1-6 渗出液与漏出液的鉴别方法

鉴别方法	鉴别项目	渗出液	漏出液
物理学检验	颜色	黄色、黄褐色、淡红色或红色	无色或淡黄色
	透明度	混浊	透明
	黏稠度	黏稠	稀薄如水
	凝固性	易凝固	不易凝固
	比重	1.018 以上	1.015 以下
化学检验	李瓦他氏反应	阳性	阴性
细胞学检验	细胞	多量嗜中性白细胞	少量淋巴细胞及间皮细胞
	细菌	(+)	(-)

(5)诊断意义

健康动物腹膜腔内仅有少量微黄色透明液体。穿刺液为渗出液，见于腹膜炎；穿刺液混有脓汁，见于化脓性腹膜炎；若穿刺液呈红色，混有多量红细胞，见于胃肠变位；穿刺液混浊，混有细草，见于胃肠穿孔；若穿刺液为漏出液，见于腹腔积水。

(十)检查牛、羊的胃肠

1. 检查瘤胃

反刍动物瘤胃占左侧腹腔的绝大部分，检查瘤胃部位在左肷部。检查目的是为了判定瘤胃的蠕动机能、内容物的性状。

(1)视诊

正常时左侧肷窝部稍凹陷，牛、羊吃饱后接近平坦。病理状态下出现左侧腹围增大，左肷凸起，见于瘤胃鼓气、瘤胃积食；左侧腹围缩小，左侧肷窝部明显凹陷，见于前胃弛缓过程中。

(2)触诊

检查者站于动物的左侧方，面向动物后方，左手放于动物背部做支点，右手掌或右手握拳放于左肷上部，先用力反复触压瘤胃，以感知其内容物性状，后静置以感知其蠕动力量并计算蠕动次数。健康牛、羊的瘤胃因含有少量气体而有弹性，中部因含有饲草而拳压留痕，随着瘤胃的蠕动可推动检查者的手臂。病理状态下左肷凸起，紧张有弹性，见于瘤胃鼓气；拳压留痕，见于瘤胃积食；左肷明显凹陷，触诊无抵抗力，见于前胃弛缓。

(3)听诊

听诊的目的是根据瘤胃触诊蠕动音的强度、次数和持续时间，判定瘤胃的运动机能状态(图 1-47)。瘤胃蠕动音为“沙沙”音，呈逐渐增强又逐渐减弱趋势，每2 min 为 2～3 次。瘤胃蠕动音减弱或消失，见于前胃弛缓、瘤胃积食、瘤胃鼓气、瓣胃阻塞、皱胃积食以及伴有前胃机能障碍的其他疾病过程中；瘤胃蠕动音增强，见于瘤胃鼓气、瘤胃积食的初期。

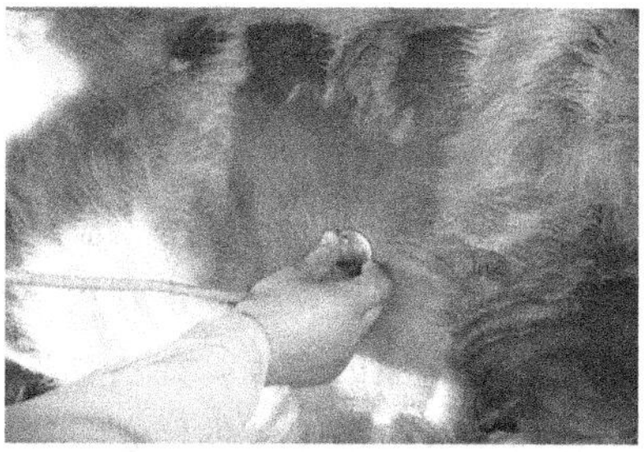

图 1-47 听诊瘤胃

(4)叩诊

健康牛左肷上部为鼓音，由肷窝向下逐渐变为半浊音，下部完全为浊音。浊音区明显扩大，见于瘤胃积食。鼓音区明显扩大，见于瘤胃鼓气。

(5)瘤胃穿刺

当动物瘤胃鼓气严重时，可做紧急排气或注入制酵剂。穿刺部位在髂骨外角与最后肋骨中点连线的中央，一般在左肷部正中央，或选在瘤胃隆起的最高点穿刺。

将牛、羊施行站立保定，术部剪毛、消毒，术者以左手将局部皮肤稍向前移，右后持套管针向对侧肘头方向刺入 12～15 cm(必要时可先用外科刀在术部皮肤做一小切口，易于套管针刺入)，然后固定套管，拔出针芯，使瘤胃内的气体继续、缓慢地排出。如遇针孔阻塞，可用针芯通透，切忌拔出套管针。为了防止臌气继续发展，造成重复穿刺，套管应继续固定，并留置经一定的时间后才可拔出。必要时亦可从套管向瘤胃内注入某些制酵剂。拔套管时应先插回针芯，同时压定针孔周围的皮肤再拔出套管针，然后消毒处理。

2. 检查网胃

网胃位于腹腔左侧前下方，相当于第 6～第 8 肋骨间，前缘紧贴膈肌，与心脏相隔约 1 cm，位于剑状软骨之上。检查网胃的目的是判定网胃区的敏感性。

(1)视诊

让病牛走下坡路或向左侧做急转弯运动并观察，如病牛表现不安、呻吟、躲闪、反抗或企图卧下，或卧地时四肢集于腹下甚至磨牙等，均为网胃敏感疼痛的反应，提示有创伤性网胃炎的可疑。

(2)触诊

①拳压法(图 1-48)：检查者蹲于病畜左侧，右膝屈曲于其腹下，右肘置于右膝上做支点，右拳抵于其剑状软骨，抬高右腿，使拳顶压网胃区，观察病畜反应。

②抬压法(图 1-49)：检查者二人分别站于牛的胸部两侧，各伸一只手于剑状软骨下互握并向上抬举，各将其另一只手放于鬐甲部并向下压，或以一木棒横放于剑状软骨下，两人自两侧抬举，同时抬高后突然放低木棍，并将木棍前后移换位置，以实施对网胃的压迫，然后观察动物反应。

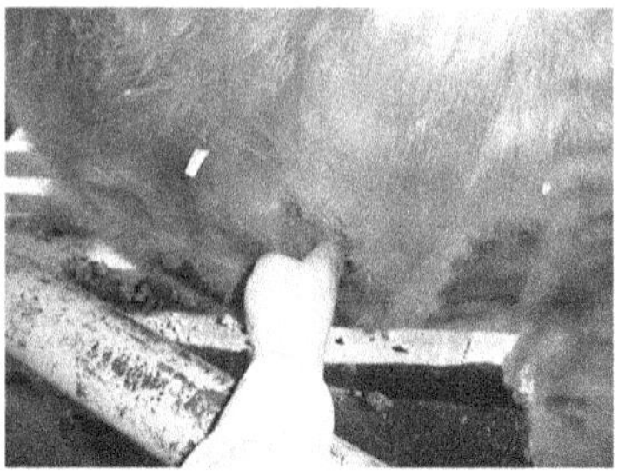

图 1-48 拳压法

图 1-49 抬压法

③捏压鬐甲法(图 1-50)：助手捏住鼻中膈向前、向上牵引，使头的额线与背线呈水平状态，检查者双手提起鬐甲部皮肤并捏压鬐甲，观察病畜反应。健康牛背腰下凹，但不试图卧下，如病牛出现呻吟、躲闪、反抗或试图卧下均为疼痛反应，见于创伤性网胃炎或创

伤性网胃心包炎。

(3)叩诊

叩诊动物网胃区，若动物表现疼痛不安，见于创伤性网胃炎或创伤性网胃心包炎。

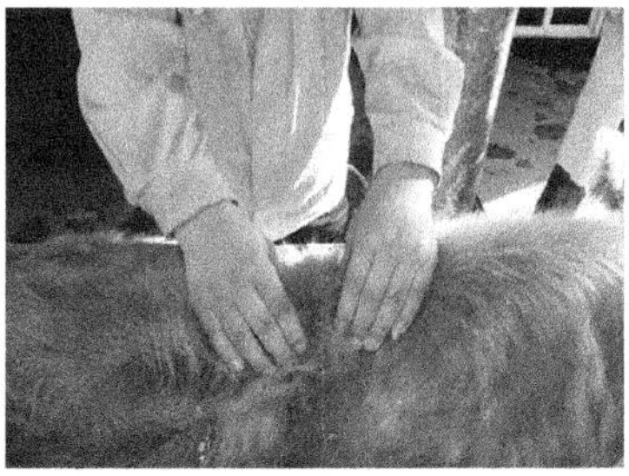

图 1-50　捏压鬐甲法

3. 检查瓣胃

检查瓣胃主要采用听诊、触诊和穿刺方法检查。瓣胃位于腹腔右半部，与右侧腹壁第 7 至第 9 肋间，肩关节水平线上、下各 3～5 cm 的范围内相对应。

(1)听诊

正常瓣胃蠕动时发出细弱的捻发音或“沙沙”声，且在瘤胃蠕动音之后，于采食后更为明显。瓣胃蠕动音减弱或消失，见于瓣胃阻塞、严重的前胃疾病及热性病。

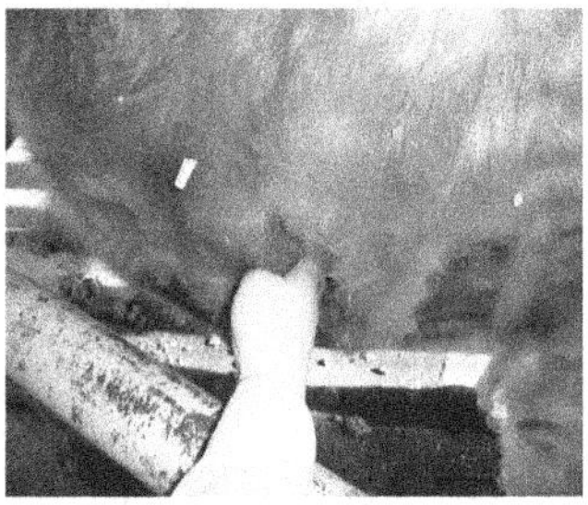

图 1-51　触诊瓣胃

(2)触诊

检查者用并拢的四指尖部进行触压(图 1-51)或用拳冲击，观察动物有无疼痛反应。触诊如果有明显的坚硬或敏感反应，可见于瓣胃的阻塞或炎症。

(3)瓣胃穿刺

在右侧腹壁第 9 或第 8 肋间，肩端水平线的上、下 2 cm 范围内，剪毛消毒，将皮肤稍横向移动，用盐水针头沿第 10 或第 9 肋骨的前缘垂直刺透皮肤后，向对肘关节方向刺入 8～10 cm，注射生理盐水 100 mL，再回抽部分液体，若回抽的液体内混有细的饲草，证明已刺入瓣胃内。

病理变化：向瓣胃内注射生理盐水时，阻力显著增大，见于瓣胃阻塞；阻力显著减小，且其内容物稀薄，或在正常瓣胃穿刺部位穿刺不到瓣胃，见于皱胃变位。

4. 检查皱胃

皱胃位于右腹部第 9 至第 11 肋间，沿肋弓下部区域直接与腹壁接触。

(1)视诊

正常时右侧腹壁皱胃区平坦，如见到右侧腹壁皱胃区向外凸出，左右腹壁显著不对称，提示皱胃严重阻塞和扩张。

(2)触诊

在肋骨弓下方强压触诊(图 1-52)，除动物的保护性反应外，如表现回顾、躲闪、呻吟、后肢蹴腹，表示皱胃区敏感疼痛，见于皱胃炎、溃疡等。如触诊皱胃区感到内容物坚实或坚硬，则为皱胃阻塞的特征。如冲击触诊皱胃有波动感，并能听到击水音，提示皱胃扭转或幽门阻塞、十二指肠阻塞。

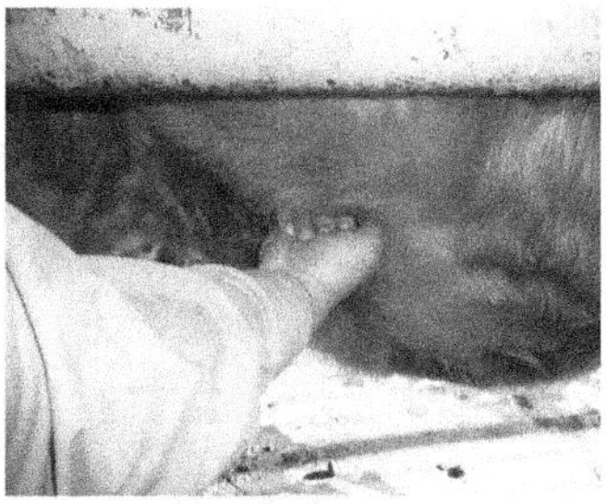

图 1-52　触诊皱胃

(3)叩诊

正常的皱胃区呈浊音，如出现鼓音，提示皱胃扩张。有时也可在左侧或右侧腹壁第 8 至第 12 肋间、肩关节水平线相交的范围内，叩诊结合听诊，有钢管音，见于皱胃变位。

(4)听诊

皱胃蠕动音类似肠蠕动音，呈弱的流水声或含漱声。蠕动音增强，见于皱胃炎、消化不良。蠕动音减弱或消失，见于皱胃阻塞、胃机能减退等。

5. 检查肠管

检查肠管的检查部位在右肷部。检查方法主要是听诊，对成年牛还可用直肠检查，对犊牛和羊可用外部触诊。

(1)听诊

健康反刍动物肠蠕动音短而稀少，声音较弱，小肠音类似含漱音、流水声。病理变化有肠音增强、减弱和消失。

①肠音增强：肠音高朗，连绵不断，持续时间延长，见于肠痉挛、急性肠炎。

②肠音减弱：肠音短而弱，次数稀少，见于热性病及瓣胃阻塞等引起消化道机能障碍的疾病过程中。

(2)直肠检查

通过直肠内触诊，感知肠管和肠内容物的状态。病理状态下如出现直肠内空虚，深部触诊肠管空虚，见于瓣胃阻塞；部分肠管空虚，部分肠管积气、积液，为肠道不通的表现，见于肠阻塞、变位。直肠内空虚干涩，有碎小粪屑，有时有蛋清状黏液，见于肠阻塞；直肠内有少量混血的粪便，见于胃肠变位；骨盆腔入口附近，摸到高度积气、积液的囊状物，见于盲肠扭转；较小体形的牛在右侧最后肋骨的附近摸到充满气体、液体的球状物，见于皱胃扭转。具体检查方法如下。

①检查前准备：六柱栏内保定，加肩绳和腹绳。助手将牛尾提到检查者所在的另一侧。为便于检查，可使动物取前高后低的位置。术者剪短、磨光指甲，穿工作服、胶质围裙和胶靴，充分露出手臂，用肥皂水清洗后，涂以润滑剂(如液状石蜡等)，必要时可带长袖乳胶手套。检查直肠前，病畜如出现一些紧急病情，应立即采取相应的抢救措施，如对腹痛剧烈的病牛应先镇静，若发生肠鼓气，腹围膨大，呼吸急促或困难时，应先行穿肠放气；心脏衰弱，应注射强心剂。一般情况下，先用约 2 000 mL 温肥皂水灌肠，以清除直肠内的蓄粪并使肠管弛缓，便于检查。但发现有直肠穿孔可疑时，切忌灌肠。如果直肠痉挛，过于紧张，可用1%普鲁卡因溶液 20～30 mL 行后海穴封闭，以促使直肠及肛门括约肌发生松弛。

②检查方法：术者站于动物左后方，一般以右手进行检查。术者将检手拇指抵于无名指基部，其余四指并拢，并稍重叠成圆锥形。将液状石蜡倒入掌心后，以旋转动作通过肛门进入直肠。牛直肠内较滑润，一般无须灌肠，检手比较容易通过直肠狭窄部。当直肠内有蓄粪时，应小心纳入掌心后取出。如膀胱内贮有大量尿液而过度充满时，应轻轻按摩或稍加压迫，以促其排空，或进行人工导尿。检手沿肠管方向徐徐深入，进入直肠狭窄部时，按照“努则退(努责时，检手随之后退)，缩则停(肠管强力收缩时，检手停止不动)，缓则进(肠管弛缓时，再继续伸入)”的要领进行操作，尽量使更多肠管套在手臂上。

③检查顺序：肛门及直肠→膀胱及子宫→瘤胃→左肾→腹主动脉→肠。

④常见病理变化：牛的直肠检查常用于妊娠诊断和母牛生殖器官疾病的诊断，此外，对其他器官(如泌尿器官、消化器官)疾病，如肠阻塞、肠套叠及皱胃扭转等的诊断都有一定意义。

a. 肛门及直肠：正常情况下，检手进入直肠后，可感到直肠内充满比较稀软的粪团。

b. 膀胱及子宫：膀胱位于骨盆腔底部，空虚时如拳头大，充满尿液时如排球大且有波动感。膀胱显著膨大，充满骨盆腔，可能是由于尿道结石或尿道痉挛引起膀胱积尿所致。触诊膀胱敏感，膀胱壁增厚，提示膀胱炎；膀胱异常空虚，有时触到破裂口，则提示膀胱破裂。对母畜可触摸子宫及卵巢的大小、性状和形态变化。对公畜可触摸副性腺及骨盆部尿道的变化等。

c. 瘤胃：检手触诊骨盆腔脏器后继续向前移动，首先在骨盆腔前口的左侧能触到瘤胃的后背盲囊，正常时表面光滑，呈面团样硬度，同时能触感瘤胃的蠕动波。当触摸时感到腹内压异常增高，瘤胃的后背盲囊抵至骨盆腔入口处，瘤胃壁紧张、充满气体，表示瘤胃鼓气。当触感瘤胃异常坚实，有疼痛反应，表示瘤胃积食。

d. 左肾：悬垂于腹腔内，位置不固定，决定于瘤胃内容物充满的程度，瘤胃充满时，被挤到正中矢面的右侧；瘤胃空虚时，则大部分回到正中矢面的左侧。其前后活动的范围在第 2 至第 6 腰椎横突的腹侧。

e. 腹主动脉：在椎体下方腹腔顶部，可以触到粗管状具有明显搏动感的腹主动脉。

f. 肠：牛的大小肠全部位于腹腔右半部。在耻骨前缘的右侧可触到盲肠，盲肠尖常抵骨盆腔内，感知有少量气体或软的内容物。在盲肠的上方，即右肷上部，腰椎横突的腹侧有结肠初袢、终袢及十二指肠平行排列，触摸时其彼此界限不易分辨清楚。在盲肠的下方，即右腹中部，可触及圆盘状的结肠盘。空肠及回肠位于结肠盘的下方，正常时不易摸到。肠袢呈异常充满且有硬块感时，多为肠阻塞。如有异常硬固肠段，触诊时有剧痛，并有部分肠管充气，多疑为肠变位。右侧腹腔触之异常空虚，多疑为皱胃左侧变位。

⑤注意事项。

a. 进行直肠检查时，必须严格遵守操作规程和掌握操作要领，注意人畜安全，切忌粗暴或疏忽大意，避免造成直肠损伤或穿孔，导致患畜预后不良的恶果。

b. 要熟悉腹腔和骨盆腔内因诊断需要而可能检查到的器官的正常解剖位置和生理状态，从而有利于判断病理过程中的异常变化。

c. 直肠检查取得的效果，在疾病诊断上能起到应有的作用，在相当程度上有赖于检查者的熟练程度和经验，因此，应在学习和工作中反复练习而切实掌握。

d. 当发现直肠壁有穿孔的可疑时，严禁进行温水灌肠，应尽快确定穿孔性质和部位，采取必要的急救措施。

e. 把直肠检查的结果与临床症状及其他必要的辅助检查、实验室检查等结合起来，进行综合分析，才能得出确切的诊断。

(十一)检查马的胃肠

1. 检查胃

马胃位于腹腔中部偏左侧，其体表投影位置在左侧第 14 至第 17 肋间，髋结节水平线上下的相对处。

(1)胃管探诊

正常状态下，送入胃管仅能排出少量带酸味的气体。当送入胃管排出大量酸臭气体，病情迅速得到缓解，为气性胃扩张的表现；送入胃管导出多量液状胃内容物，病情也能得到缓解，则为液胀性胃扩张的表现；虽有明显的胃扩张症状，但送入胃管仅排出少量酸臭气体，病情也没有得到缓解，则多为食滞性胃扩张的表现；如病情反复加重，能反复导出液状胃内容物，多为继发性胃扩张的表现。

(2)直肠检查

正常状态下，马胃后缘可达第16肋骨，因位置靠前，不易触及。当胃扩张时，通常能触感到脾脏后移，胃壁扩张而紧张(气胀性)，或紧张而有波动(液胀性)，或胃内容物充实而硬，触压留痕(食滞性)，并均有疼痛反应。

2. 检查肠管

(1)听诊

听诊的目的是了解肠音的强度、频率和性质，以判断肠管的运动机能及内容物状态。

①听诊部位：左侧肷部上1/3为小结肠(图1-53)，左侧肷部中1/3处为小肠(图1-54)，左腹部下1/3为左侧大结肠(图1-55)，右侧肷部为盲肠(图1-56)，右侧肋骨弓下方为右侧大结肠(图1-57)，右侧腹股沟部亦为小肠。

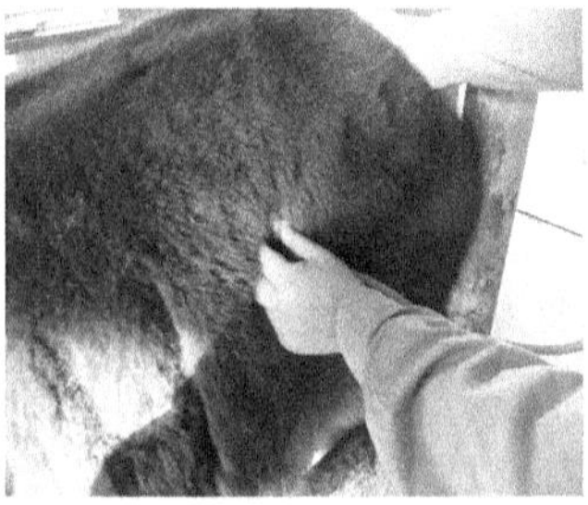

图1-53 小结肠听诊部

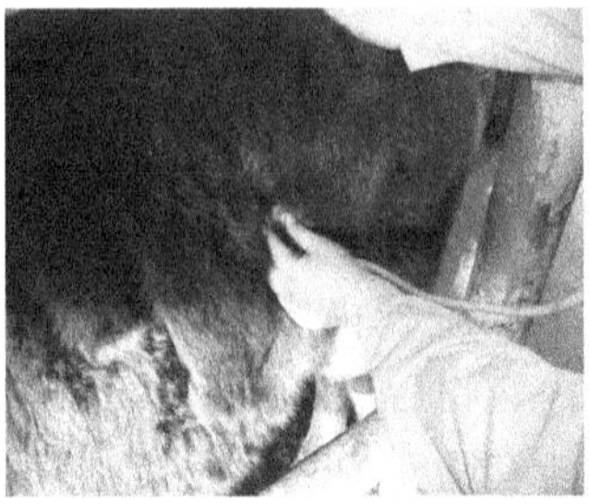

图1-54 小肠听诊部

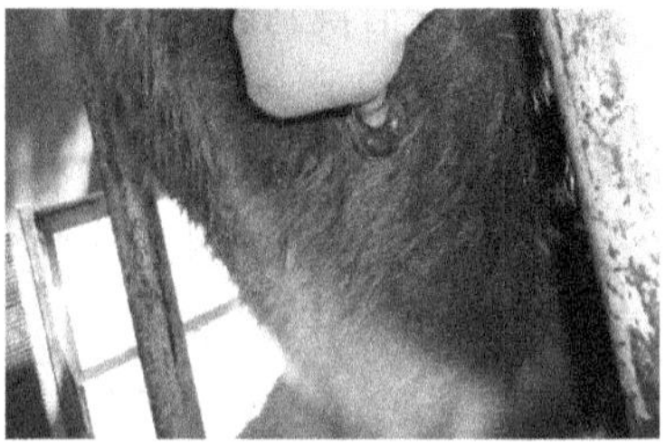

图1-55 左侧大结肠听诊部位

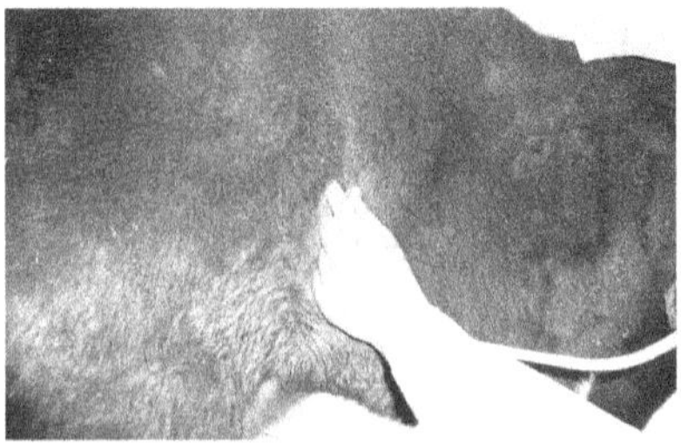

图1-56 盲肠听诊部位

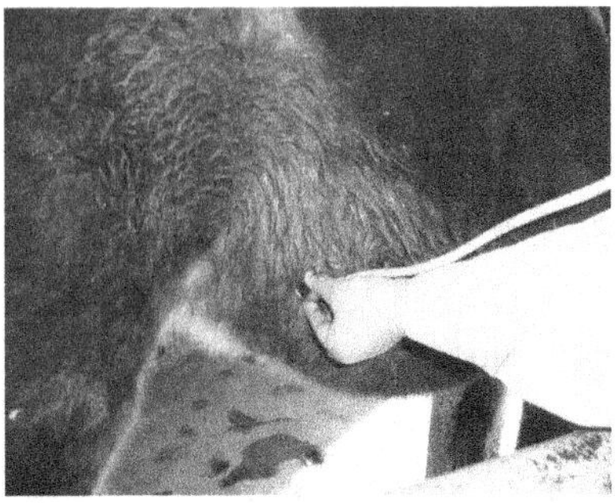

图1-57 右侧大结肠听诊部位

正常肠音：健康小肠音清脆，类似流水音或含漱音，平均每分钟蠕动8～12次；大肠音低钝，类似雷鸣音或远炮音，平均每分钟蠕动4～6次。肠音常因肠管的运动机能、饲料的质量、肠内容物的性状以及使役的强度等而有所不同。

②病理变化。

a. 肠音增强：肠音高朗，连续不断，见于肠鼓气初期、胃肠炎初期及肠痉挛。

b. 肠音减弱：肠音短促而微弱，次数减少，见于重度胃肠炎的后期，以及肠阻塞、热性病、脑膜脑炎、中毒病等。

c. 肠音消失：见于肠麻痹、重度胃肠炎后期、肠便秘及肠变位等腹痛病。

d. 肠音不整：肠音次数不定，肠音时强时弱，时快时慢，持续时间时长时短，主要见于慢性胃肠卡他。

e. 金属性肠音：见于肠鼓气及肠痉挛(健康马骡盲肠底部有时可听到金属性肠音)。

(2)直肠检查(适用于马属动物，检查方法和注意事项与牛的直肠检查基本相同)

①检查顺序：根据被检脏器分布的部位及其相关性可分为5组，按步检查。

第一组：肛门→直肠→膀胱→子宫或腹股沟管内环。

第二组(左腹后组)：小结肠→左侧大结肠→左腹壁。

第三组(左腹前组)：脾→左肾→胃。

第四组(腹中组)：腹主动脉→前肠系膜根→十二指肠。

第五组(右腹组)：胃状膨大部→盲肠→右腹壁。

②常见病理变化。

a. 肛门：首先注意肛门周围是否有污染粪便、血液、寄生虫(如蛲虫、马胃蝇幼虫)等，并检查肛门的紧张度。肛门括约肌紧张度增高，见于各种类型的肠阻塞；肛门括约肌紧张度减弱，见于衰老动物、长期腹泻、脊髓麻痹等。

b. 直肠：感知直肠内容物的多少和性状，以及黏膜的温度及有无创伤等。直肠膨大空虚，表明肠内容物后送停止，见于肠阻塞中、后期；直肠壁紧张，同时有多量浓稠黏液蓄积，提示可能有肠变位并伴发炎症反应；直肠内温度增高，见于直肠炎；检手附有血液，并发现黏膜有裂孔，表明直肠破裂；在直肠内触摸到大量坚固的粪块，常见于直肠阻塞。

c. 膀胱：膀胱位于骨盆腔底部，在直肠下方可感触膀胱，但母马须隔着阴道和子宫颈触摸膀胱。膀胱空虚无尿时，缩成较柔软的梨状物，充满尿液时呈囊状，触之有波动感。触压膀胱如敏感、疼痛，表示有膀胱炎；触压发现囊内有硬块状物体时，可疑为膀胱结石；膀胱高度膨大，充满尿液，提示膀胱括约肌痉挛或膀胱麻痹，尿道结石或阻塞。

d. 子宫：腹股沟管内口母马直肠下方，膀胱的后上方可摸到子宫(包括子宫角，角间沟，子宫体，子宫颈等)，如一侧或两侧子宫角膨大，有波动感，常提示妊娠或子宫蓄脓等。公马耻骨前下方3～4 cm，体中线两侧，距白线11～14 cm处，用手指感触左右侧各一裂隙，正常时可插入1～2指，此为腹股沟管内口。检查时宜注意腹股沟管内口内径大小，有无软体物阻塞，有无疼痛等，如有肠管嵌入，并表现剧痛，提示腹股沟管疝。

e. 小结肠：小结肠大部分位于骨盆口前方，体中线左侧，小部分位于右侧，游离性较大，肠内有鸡卵大粪球，多为串球状排列。如小结肠内有多量硬固，椭圆形粪球或长圆柱状坚硬粪块，并有疼痛反应，提示为小结肠阻塞。

f. 左侧大结肠和左腹壁：左侧大结肠通常位于腹腔左侧，其中左下大结肠较粗，且有纵带和肠袋，位置相当于耻骨水平线的下方；左上大结肠较细，肠壁光滑无肠袋，重叠于左下大结肠之上，或在左下大结肠内上侧，与左下大结肠平行。左下大结肠移行为左上大结肠时，在骨盆前口处弯曲折回形成骨盆曲(比左上、左下大结肠都细，表面光滑，呈游离状态，通常位于耻骨前缘的左侧或体中线处，也有稍偏右侧的)。在骨盆曲的小弯部有10～20 cm的结肠系膜，并由此稍向下伸延就可摸到左下大结肠，据此可将骨盆曲与小结肠区别开。直肠检查时如发现骨盆曲部肠管内充满较硬积粪，呈弧形或圆柱形，约如小臂粗，此时左下大结肠多有大量积粪，骨盆曲因此可能退入骨盆腔，或右移到盲肠底后方，并有疼痛反应，则提示骨盆曲阻塞。越过左侧大结肠再向左，可摸到左腹壁，正常时表面光滑，如呈粗糙感，并有疼痛反应，提示腹膜炎。

g. 脾：沿左腹壁向前，约至最后肋骨部可触知脾脏的后缘，呈扁平镰刀状，与左腹壁紧贴。如先触到左肾，也可在左肾的左前下方触摸脾脏。体格大的马脾脏后缘通常不超过最后肋骨，但有些马，尤其是驴、骡，脾脏可超过最后肋骨，甚至达髋结节下方。脾脏明显后移，同时伴发剧烈腹痛及呼吸迫促等症状，常为急性胃扩张的特征。

h. 左肾：在腹腔后上方，左侧第 2 至第 3 腰椎横突的下方，可触及左肾的后半部，呈半圆形，表面光滑而较坚实的物体。触诊时有压痛，提示急性肾炎。

i. 胃：位于腹腔左前上方(体表投影在左季肋部)，其后缘通常可达第 16 肋骨，因位置靠前，正常情况下难以触摸，但体型短小的马，使其呈前高后低站立姿势时，可以摸到。如触诊胃囊膨大，后移，并伴随呼吸而前后移动，提示胃扩张可疑。

j. 腹主动脉和前肠系膜根：腹主动脉紧贴椎体下方，稍偏左侧，触之呈管状，有明显的搏动感。在直肠检查中可作为体中线的标志，便于寻找前肠系膜根。触摸前肠系膜根的方法是，检手沿腹主动脉向前，当被一下垂的索状物阻挡，手指触感柔软有弹性，且有前肠系膜动脉的搏动，即为前肠系膜根。如触感该部有鸡蛋大的膨大物，具有明显搏动，紧张而有疼痛反应时，多提示有寄生虫性动脉瘤可疑。如触知肠系膜紧张度增加，方向改变，同时伴发剧痛，存在局限性肠管积气，常提示肠变位。

k. 十二指肠：在前肠系膜根的后方，上距腹主动脉 10～15 cm 处，有从右向左横行的十二指肠第二弯曲部。这段肠管的位置比较固定，在触到前肠系膜根后，将检手指腹向上贴近脊椎骨腹面缓缓向后移动，于第 1、第 2 腰椎下可感到横行的十二指肠。如按此法没有摸到十二指肠，可能肠管在检手下方，可将手掌翻转向下，手指微曲，再从前肠系膜根处缓缓后移，即可触到横行的十二指肠。检查时，如发现此段肠管变粗，呈圆柱状，硬固，表面光滑，并有疼痛反应，应疑为十二指肠阻塞。

l. 胃状膨大部：右上大结肠后半部即为胃状膨大部，位于腹腔右侧上 1/3 处，盲肠底的前下方。检查时，检手可从前肠系膜根右侧前伸，进行触感。但健康马骡因胃状膨大部内容物松软或空虚不易摸到。此处如呈半球形或漏斗状坚硬物，并随呼吸运动而前后移动，伴有腹痛症状，可疑为胃状膨大部阻塞。

m. 盲肠：在右肷部，可触及盲肠底和盲肠体，呈膨大的囊状物，其上部有一定量的气体而具有弹性，当气体和内容物少时有空虚的感觉。检手在盲肠的后方，可摸到一条由后上方走向前下方的盲肠腹侧纵带，在此纵带的前方可摸到一条较细的、走向大致相同的盲肠内侧纵带，根据纵带走向，对确定盲肠有重要作用。如在骨盆腔前口的右肷窝部摸到排球大的坚实结粪，同时伴有腹痛症状时，提示盲肠阻塞。

(3)穿刺马、骡盲肠

①目的：马、骡急性盲肠鼓气，伴有窒息危险时，可作为紧急治疗措施。

②方法：穿刺部位在右侧肷窝中心，即距腰椎横突约一掌处或盲肠基部。在特殊情况下，当左侧大结肠鼓气极其明显时，也可在相应的部位进行穿刺排气，但应使用较细套管针或针头，以防穿刺后有肠内容物由针孔流入腹腔，造成继发性腹膜炎。将马、骡施行站

立保定，术部剪毛、消毒，必要时穿刺点先用外科刀切一小口，右手持套管针或16号针头向对侧肘头方向刺入10～12 cm，左手立刻固定套管，右手将针芯拔出，让气体缓慢或继续地排出。必要时，可从套管向盲肠内注入制酵剂，当排气治疗结束时，即可插回针芯，同时压紧针孔周围皮肤，拔出套管针。术后局部消毒。

(十二)检查猪的胃肠

猪胃的容积较大，其大弯可达剑状软骨后方的腹底部；小肠位于腹腔右侧及左侧的下部，结肠呈圆锥状位于腹腔左侧，盲肠大部分在右侧。

1. 方法

猪取站立姿势，检查者自两侧肋弓后开始，渐向后上方滑动加压触摸；或取侧卧，用屈曲的手指进行深部触诊；或用听诊器于剑状软骨与脐中间腹壁听取胃蠕动音，在腹腔左、右侧下部听取肠蠕动音。

2. 病理变化

触诊胃区有疼痛反应，见于胃食滞。当胃食滞时，行强压触诊可感知坚实的内容物或引起呕吐；肠便秘时，深触诊可感知较硬的粪块；胃肠炎时，肠蠕动音增强；便秘时，肠蠕动音减弱；肠鼓气时，叩诊呈鼓音。

(十三)检查犬的胃肠(肝)

1. 检查胃(触诊)

在左前腹部，肋骨弓下方，往前上方触压，可感知胃内容物的多少、性质、有无异物及敏感性，对判断胃扩张、胃内异物、胃炎及胃溃疡等具有重要价值。

当采食大量干燥的食物而不能呕吐引起的急性胃扩张，触诊时可在两侧肋下部摸到胀满、坚实的胃。当胃内有异物时，胃部触诊有疼痛反应，有时在肋下部可摸到胃内的异物。胃扭转时，腹部触诊可摸到一个紧张的球状囊袋。在急性胃卡他、胃炎、胃溃疡时，胃部触诊有疼痛反应。

2. 检查肝(触诊)

肝区正常的肝位于肋骨弓之内，不易摸到。检查时，在右侧肋骨弓下方，往前上方触压。

肝脏肿大、敏感，多提示肝炎。肝脏质地变硬、萎缩，提示中毒性肝病、肝炎的后期。

3. 检查肠管

(1)触诊

检查大型动物用直肠内触诊，小型动物用外部触诊。这对检查肠便秘、肠套叠、肠扭转、肠内异物等具有重要意义(犬以肠套叠和肠内异物较多见)。肠秘结时，触摸到肠道内有一串坚实或坚硬的粪块。肠内异物时，可以摸到肠管内的坚实异物团块，前段肠道臌气。肠扭转时，可以发现局部的触痛和臌气的肠管，有时可以摸到扭转的肠管或扭转的肠系膜。肠套叠时，可以触摸到一段质地如鲜香肠样有弹性、弯曲的圆柱形肠段，触压剧痛，有时可以摸到套入部的圆形末端及鞘部的卷折之处。

(2)听诊

根据胃肠音的强弱、频率、持续时间和音质，可以判定胃肠的运动机能和内容物的性状。健康犬猫肠音似捻发音。病理性肠音包括以下几个方面。

①肠音增强：见于肠鼓气初期，胃肠炎初期及肠痉挛。

②肠音减弱：见于重度胃肠炎，肠阻塞、热性病、脑膜脑炎及中毒病等。

③肠音消失：见于重剧胃肠炎，除肠痉挛以外的多种疝痛病(如肠阻塞、肠变位等)后期以及胃肠破裂的濒死期。

④肠音不整：见于慢性胃肠卡他。

⑤金属性肠音：是肠内充满大量气体或肠壁过于紧张，邻近肠内容物移动冲击该部肠壁发生振动而形成的声音，多见于肠鼓气及肠痉挛。

(3)叩诊

叩诊腹壁的相应部位，根据叩诊音响的性质，推断靠近腹壁较大肠管(结肠)的内容物性状，如呈鼓音，则为肠腔积气；如呈浊鼓音，则为气体与液体混同存在；如呈连片的浊音区，可提示为该段结肠阻塞。

小知识

导胃与洗胃

导胃与洗胃常用于马的胃扩张以及牛的瘤胃积食、瘤胃鼓气或瘤胃酸中毒时排除胃内容物；或排除胃内毒物；或用于胃炎的治疗和吸取胃液供实验室检验等。

导胃用具同马、牛胃管给药，但牛的导胃管较粗，内径应为 2～3 cm。洗胃应用 39～40℃温水，此外根据需要可用 2%～3%碳酸氢钠溶液、1%～2%食盐水、0.1%高锰酸钾溶液等，还应备吸引器。

操作方法基本同“胃管投药”。先用胃管测量到胃内的长度(马从鼻端至第 14 肋骨，牛从唇至倒数第 5 肋骨，羊从唇至倒数第 2 肋骨)并做好标记。装好开口器，固定好头部。从口腔徐徐插入胃管，到胸腔入口及贲门处时阻力较大，应缓慢插入，以免损伤食管黏膜。必要时可灌入少量温水，待贲门弛缓后，再向前推送入胃。胃管前端经贲门到达胃内后，阻力突然消失，此时可有酸臭味气体或食糜排出。如不能顺利排出胃内容物时，可装上漏斗灌入温水，将头低下，利用虹吸原理或用吸引器抽出胃内容物。如此反复多次，逐渐排出胃内大部分内容物，直至病情好转为止。治疗胃炎时，导出胃内容物后，要灌入防腐消毒药。冲洗完之后，缓慢抽出胃管，解除保定。

操作中要注意：使用的胃管要根据动物的种类选定，胃管长度和粗细要适宜；马胃扩张时，开始灌入温水，不宜过多，以防胃破裂；瘤胃积食宜反复灌入大量温水，方能洗出胃内容物。

(十四)检查排粪动作及感观检查粪便

1. 排粪动作

正常状态下，大家畜排粪时，背部微拱起，后肢稍开张并略前伸。犬排粪采取近似坐下的姿势。正常动物的排粪次数与采食饲料的数量、饲料种类，消化吸收机能及使役情况有密切关系。排粪动作障碍主要表现有以下几种。

(1)便秘

便秘是肠管蠕动及分泌机能减弱，内容物在肠道中传送障碍，引起肠道发生完全或不完全的机械性阻塞。其表现为排粪次数减少或屡呈排粪姿势而排出量少，排粪费力，粪便质地干硬而色暗，常呈小球状，表面被覆黏液。这见于热性病、慢性胃肠卡他、肠阻塞、瘤胃积食、瓣胃阻塞等。

(2)腹泻

动物表现频繁排粪，粪成稀粥状、液状甚至水样。腹泻主要是各种类型肠炎的特征，见于侵害胃肠道的传染病(如猪传染性胃肠炎，猪副伤寒和大肠杆菌病，牛副结核病)、肠道寄生虫病及中毒(如有毒植物、汞制剂)等。

(3)排粪失禁

动物不采取固有的排粪动作而不自主地排出粪便，主要是由于肛门括约肌弛缓或麻痹所致，见于顽固性腹泻、腰荐部脊髓损伤。

(4)排粪痛苦

动物排粪时，表现疼痛不安，呻吟，弓腰努责，见于直肠炎和直肠损伤、腹膜炎及牛创伤性网胃炎、髋关节及飞节炎(不敢做排粪姿势)等。

(5)里急后重

动物不断做排粪姿势并强度努责，呻吟(马、牛)，鸣叫(犬、猪)，而仅排出少量粪便或黏液。这是直肠炎的特征，也见于肛门括约肌的痛苦性痉挛。

2. 感观检查粪便

(1)粪便数量、形状和硬度

其与动物采食饲料的数量、种类、质量和含水量等因素有关。正常的马粪为球形，落地后部分能碎裂；牛粪较稀薄，落地后形成轮层状粪堆；羊的粪便如小干球样，落地后能滚动；猪粪黏稠，有时干硬，有时呈液状，因饲料种类不同而有变化；犬和猫的粪便也呈柱状，但较软。

(2)粪便颜色和气味

粪便的颜色与饲料的种类、异物种类有关。放牧或喂青草时，粪便呈暗绿色；饲喂稻草、谷草时为黄褐色。猪的粪便为灰褐色，犬为黄褐色。粪便的气味与饲料种类有关，草食家畜一般无恶臭气味，犬、猪较臭。粪便有腥臭及腐败味时，见于各类型肠炎消化不良。

(3)粪便混合物

粪便中混有未消化的饲料颗粒见于消化不良；粪便中混有黏液，见于胃肠卡他；牛仅排少量胶冻状黏液，见于肠阻塞；粪便中混血，见于出血性胃肠炎；牛仅排少量黑色或褐色粪便，见于肠变位、皱胃变位；粪便中混有脓样液体，见于化脓性肠炎；粪便中混有灰白色，成片状黏膜或伪膜，见于坏死性肠炎、伪膜性肠炎；粪便中混有寄生虫虫体或虫卵，见于寄生虫病。

(十五)消化系统检查结果综合分析

动物饮食减少或废绝，采食、咀嚼、吞咽机能紊乱，腹痛、腹胀、便秘或腹泻等症候群的出现，可提示为消化系统的疾病，应进一步综合分析，初步推断疾病侵害的主要部位、器官及性质，还应考虑侵害消化系统的某些传染病、寄生虫病。

(1)动物流涎、采食、咀嚼及吞咽机能障碍，可提示疾病发生于口腔、咽及食道

①动物采食小心，咀嚼缓慢，口腔过度湿润或流涎，口温较高，口黏膜红肿或有水泡溃疡，但无明显全症状，可提示为口炎。但在偶蹄动物不仅口黏膜上发生水泡而且在趾间、乳房部也发生水泡，并具有重剧全身症状及大流行特征，可疑为口蹄疫。在猪还应考

虑水疱病。

②动物特别是马属动物，呈现咀嚼小心、疼痛甚至吐草团，可提示为牙齿疾患，但还应考虑佝偻病、骨软症及慢性氟中毒等。

③动物吞咽困难，甚至食物饮水从鼻腔逆流而出，触诊咽部敏感疼痛、肿胀，可提示为咽炎，但还应考虑并发咽炎的某些传染病及寄生虫病。

④动物呈现严重吞咽机能障碍，但触诊咽部无热、痛、肿胀，应考虑为咽麻痹。

⑤动物采食过程中突然发病，咽下障碍、探诊不通或在颈部食道触摸到阻塞物，可提示为食道阻塞。

(2)动物反刍、嗳气机能障碍，食欲减退或废绝，鼻镜变干，前胃蠕动音减弱或消失，可提示为前胃疾病

①动物腹围迅速增大，左肷部隆起，呼吸困难，触诊瘤胃紧张而有弹性，瘤胃蠕动音初期短时增强，但很快减弱而消失，可诊断为急性瘤胃鼓气。

②动物腹部胀满，瘤胃内容物充实而硬，压之留痕，缓慢复平，瘤胃蠕动音减弱或消失，可提示为瘤胃积食。

③动物食欲减退，反刍缓慢，瘤胃内容物通常稀软，有时虽感较硬，但量不多，其蠕动音减弱、短促、次数减少，可提示为前胃弛缓。

④病牛常于采食谷物饲料后突然发病，全身症状重剧，具有明显神经症状，排粪稀软或呈水泻，脱水，可提示为瘤胃酸中毒。

⑤长期不明原因的前胃弛缓，并可呈现缓解网胃疼痛的异常姿势，网胃疼痛反应检查有痛感，多为创伤性网胃炎的可能。

⑥前胃疾病的一般症状重剧，粪便干硬，呈算盘珠状，触诊瓣胃区敏感疼痛，其蠕动音消失，可提示为瓣胃阻塞。

(3)反刍动物消化机能障碍，真胃检查异常，多应考虑真胃疾病

如病牛消化障碍，前胃弛缓，真胃区明显膨胀，触诊真胃区敏感疼痛，甚至直肠检查可摸到敏感充实的真胃，可提示为真胃阻塞；病牛消化障碍，口黏膜发黄，舌苔发腻，触诊真胃区敏感疼痛，可提示为真胃炎。

(4)马属动物呈现腹痛症状，饮食欲通常废绝，可提示为腹痛性胃肠病

①病马急剧腹痛，呼吸困难，腹围不大，胃管检查导出多量气体或液状胃内容物，病情得到缓解，直检脾脏后移，可触到扩张胃壁，可提示为急性胃扩张。

②动物间歇性腹痛，排稀软粪便，口色青白，舌津滑利，肠音增强，肠管紧张性增高，可提示为肠痉挛。

③动物呈现不同程度的腹痛起卧，排粪迟滞或停止，口干舌燥，肠音减弱或消失，直检摸到结粪块，可提示为肠阻塞。

④动物腹胀，腹痛不安，肠音减弱或停止，金属音明显，为肠鼓气的特征。

⑤动物重剧腹痛，一般止痛药无效，肠音减弱或停止，直检肠管位置紊乱，常可摸到局限性肠管臌气，腹腔穿刺有血样液体，可提示为肠变位。

(5)动物食欲减退或废绝，呕吐(肉食兽及猪)，腹泻或便秘，肠蠕动音异常，可提示为胃肠卡他或胃肠炎

胃肠卡他的全身症状较轻，体温正常，口色青白或青黄，肠音不整，粪便稀软或呈水

样，混有黏液，不含脓血或伪膜；胃肠炎的全身症状明显，体温升高，口色红燥，舌苔黄厚，肠音在中后期减弱，泻粪腥臭呈粥状或水样，混有脓血或伪膜。这两种疾病常继发于多种传染病、寄生虫病及中毒病，应注意对原发病的诊断。

(6)动物食欲减退，可视黏膜黄染

严重时表现昏睡或昏迷，心动徐缓，触诊肝区敏感，叩诊肝浊音区扩大，肝功能检查明显异常，可提示为肝脏疾病。

(7)动物呈现缓解腹壁疼痛的异常姿势，触诊腹壁紧张，敏感疼痛，体温升高，穿刺腹腔有渗出液，可提示为腹膜炎

四、检查泌尿系统

(一)检查排尿状态

正常时，动物依其性别的不同而采取固有的排尿姿势，并有一定的排尿次数和排尿量。公牛和公羊排尿时不做准备动作，可在行走中或采食时排尿。母牛和母羊排尿时，后肢展开并下蹲、举尾、背腰拱起。母猪排尿动作与母羊相同。公犬、公猫排尿常将一后肢抬起翘在墙壁或其他物体上面将尿液排在该处。母犬和幼犬有时坐位也可排尿。

24 h内健康的牛排尿5～10次，尿量6～12 L，最多达25 L；马5～8次，尿量3～6 L，最多可达10 L；绵羊和山羊2～5次，尿量0.5～2 L；猪2～3次，尿量2～5 L；骆驼总量可达8～12 L；犬3～4次，尿量0.25～1 L，但公犬常随嗅闻物体而产生尿意，短时间内可排尿10多次。排尿状态的病理变化，常见表现有以下几种。

1. 频尿与多尿

频尿表现为屡呈排尿动作，而每次仅见少量尿液排出，多因膀胱或尿道炎症，敏感性增高所致，见于膀胱炎、尿道炎等。

多尿表现排尿次数增多，而每次尿液量不减少，多因肾小球滤过机能增强或肾小管重吸收机能减弱所致，见于慢性间质性肾炎、糖尿病、渗出性胸膜炎的吸收期以及服用利尿剂时。

2. 少尿与无尿

少尿表现为排尿次数减少，而每次排尿量也减少，多因肾小球滤过机能减弱或肾小管重吸收机能增强所致，常见于急性肾炎、严重腹泻、热性病及脱水性疾病过程中。

无尿表现为排尿停止，多因肾功能衰竭、尿液的生成严重障碍，或因尿液的排出障碍所致。前者称为真性无尿，常见于肾功能衰竭时；后者称为假性无尿，常见于输尿管阻塞、膀胱麻痹、膀胱括约肌痉挛、膀胱破裂、尿道阻塞等。

一般真性无尿又称尿闭，其特点是排尿停止，膀胱内也无尿液；假性无尿又称尿潴留，其特点是排尿停止，但膀胱内充满尿液。

3. 尿失禁及尿淋漓

尿失禁是指动物无一定的动作和排尿姿势，不由自主地断续排出尿液，见于脊髓挫伤、膀胱括约肌麻痹及重度脑病时。

尿淋漓是指动物排尿困难，尿液呈点滴状或细流状流出，多是排尿失禁、排尿疼痛和神经性排尿障碍的一种表现。

4. 排尿痛苦

排尿时病畜呻吟、不安，回头顾腹或屡做排尿姿势，但无尿排出或呈点滴状排出，见于膀胱炎及尿道炎、尿道结石等。

(二)检查尿液物理性状

1. 气味

尿液呈现强烈的氨臭味，见于膀胱炎、长期尿潴留；尿带腐败臭味，见于膀胱或尿道有溃疡、坏死或化脓性炎症时；尿液呈现芳香的丙酮气味，见于牛酮血病。

2. 透明度

正常情况下，马属动物尿液浑浊不透明，尤其排尿终末明显，长时间存放后浑浊度增加，静置时尿的表面和底部都会出现一层碳酸钙沉淀。正常反刍动物的新鲜尿液清澈透明，但放置过久即因磷酸盐沉淀而浑浊。肉食动物尿液正常清亮。

马尿的混浊度增加或其他动物新鲜尿液浑浊不透明者，属异常现象，见于泌尿器官、或生殖器官疾病。马属动物的尿变透明呈酸性，除因饲喂精料过多和过劳外，常见于纤维素性骨营养不良、慢性胃肠卡他等。

3. 尿色

新鲜尿液均呈深浅不一的黄色，马尿为较深黄色，黄牛尿为淡黄色，水牛尿和猪尿呈水样外观。陈旧尿均颜色较深。

(1)深黄

尿量减少，尿色变深，见于发热疾病；尿呈深黄色、棕黄色，振荡后产生黄色泡沫，见于各类型黄疸性疾病。

(2)红色

红色的尿也称红尿，是尿中含有血液、血红蛋白、肌红蛋白等所致。

血尿，即尿中混有血液。其特征是浑浊红色，静置或离心有少量红色沉淀，镜检有大量红细胞，为肾脏、尿路出血的表示，见于泌尿器官炎症、结石、败血症等。根据血尿出现的时期大致推断出血的部位。排尿初期呈现血尿，多为尿道出血所致；排尿终末出现血尿，多为膀胱出血所致；排尿全程出现血尿，多为肾脏、输尿管出血所致。

血红蛋白尿，即尿中混有血红蛋白，尿液呈透明红色或暗红色，甚至呈酱油色，静置或离心无沉淀，镜检无红色细胞或仅有少数红细胞，常见于新生仔畜溶血病、牛血红蛋白尿病、犊牛水中毒、血孢子虫病等。

肌红蛋白尿，即尿中混有多量肌红蛋白，尿液多呈暗红色，静置或离心无沉淀，镜检无红细胞，易与血尿区别，而与血红蛋白尿相似。但血红蛋白尿时有严重的贫血症状，如血液红细胞减少，血红蛋白含量下降；而肌红蛋白尿时，具有明显的肌肉病变及其功能障碍。还可用分光镜或电泳法、化学检验等加以区别。肌红蛋白尿常见于马麻痹性肌红蛋白尿病幼畜维生素 E—硒缺乏症等。

检查尿色时，应注意某些药物的影响，如内服呋喃西林、呋喃唑酮后，尿呈深黄色；注射亚甲蓝或台盼蓝后尿呈蓝色；苯酚可使尿变黑色等。

此外，有时可见尿液呈乳白色，镜检有大量的脂肪滴和脂肪管型，为尿中含有脂肪所致，常见于犬脂肪尿病，也可见于肾及尿路的化脓性炎症时。

(三)检查泌尿器官

1. 检查肾脏

(1)位置

肾脏是一对实质性器官，位于脊柱两侧腰下区，包于肾脂肪囊内，右肾一般比左肾稍在前方。

猪的肾脏：左右两肾几乎在相对应的位置，均在第1～第4腰椎横突下面。

羊的肾脏：左肾位于第1～第3腰椎横突的下面，右肾位于第4～第6腰椎横突下面。两肾均表面光滑，不分叶。

禽的肾脏：占体重的1%～3%，嵌入在腰椎两侧横突之间，使肾脏背面形成相当深的压迹，其间有气囊作为缓冲带，将肾脏与椎骨横突隔开。肾脏分为前、中、后三叶，有时还分出一个侧叶。

牛的肾脏：左肾位于第3～第5腰椎横突下面，垂于胸腹中，当瘤胃充满时，可完全移向右侧。右肾呈长椭圆形，位于第12肋间及第2～第3腰椎横突下面。肾分叶。

犬的肾脏：较大，蚕豆外形，表面光滑。左肾位于第2～第4腰椎横突下面；右肾位于第1～第3腰椎横突下面。

(2)方法

动物的肾脏一般可用触诊和叩诊的方法进行检查，大型动物还可以使用直肠触诊。诊断肾脏疾病最可靠的方法是尿液的实验室检验。

①视诊：当肾脏有疾病时，动物表现腰背僵硬，拱起，运步小心，后肢向前移动缓慢；牛有时表现为腰肾区膨隆；马则表现为腹痛样症状。此外，应特别注意肾性水肿，通常多发生于眼睑、腹下、阴囊及四肢下部。

②触诊：大型动物可在腰背处强行加压或用拳捶击，也可进行直肠触诊。小型动物只能进行外部触诊。检查时注意观察动物有无压痛反应。肾脏敏感性增高，则可能表现出不安、拱背、摇尾和避让等反应。直肠触诊应注意检查肾脏的大小、形状、硬度、有无压痛、活动性、表面是否光滑等。

2. 检查肾盂及输尿管

肾盂位于肾窦之中，输尿管是一细长而可以压扁的管道，起自肾盂，终至膀胱。健康动物的输尿管很细，经直肠难以触及。肾盂积水时，可能发现一侧或两侧的肾脏增大，有波动感，有时还可发现输尿管扩张。在牛肾盂肾炎时，直肠触诊肾盏部，患畜可呈现疼痛反应。输尿管严重发炎时，由肾盏至膀胱的径路上可感到输尿管粗如手指、紧张而有压痛的索状物。严重的肾盂或输尿管结石的病例，当直肠触诊时，可发现肾脏的触痛，有时还能在肾盂中触摸到坚硬的结石相互之间的摩擦，间或经直肠触诊到停留于输尿管中的豌豆大至蚕豆大、坚硬的结石，同时病畜呈疼痛反应。

3. 检查膀胱

膀胱为存储尿液的器官，上接输尿管，下和尿道相连。因此，膀胱疾病除膀胱本身原发外，还可继发于肾脏、尿道及前列腺疾病等。

大型动物的膀胱位于盆腔底部。膀胱空虚时触之柔软，大如梨状；中度充盈时，轮廓明显，其壁紧张，且有波动；高度充盈时，可占据整个盆腔，甚至垂入腹腔，手伸入直肠即可触知。

(1)触诊

牛、马大型动物的膀胱检查，只能行直肠触诊；小型动物可伸入直肠内进行触诊，或在腹部盆腔入口前缘行外部触诊。检查膀胱时，应注意其位置、大小、充盈度、膀胱壁的厚度以及有无压痛等。

在病理情况下，膀胱疾患所引起的临床症状表现有尿频、尿痛、膀胱压痛、排尿困难、尿潴留和膀胱膨胀等。直肠触诊时，膀胱可能增大、空虚、有压痛，其中也可能含有结石块、瘤体物或血凝块等。

膀胱增大多继发于尿道结石、膀胱括约肌痉挛、膀胱麻痹、前列腺肥大、膀胱肿瘤以及尿道的瘢痕等，有时也可由于直肠便秘压迫而引起，此时触诊膀胱高度膨胀。当膀胱麻痹时，在膀胱壁上施压，可有尿液被动地流出，随着压力停止，排尿也立即停止。

膀胱空虚除肾源性无尿外，临床上常见于膀胱破裂。膀胱破裂多为外伤引起，或为膀胱壁坏死性炎症所致。膀胱破裂多发于牛、羊、马和猪，此时患畜长期停止排尿，腹部逐渐增大，下腹部向下、向外扩张，腹腔积尿；直肠检查时腹腔完全空虚，膀胱呈现浮动感；腹腔穿刺时，可排出大量淡黄、微浑浊、有尿臭味的液体，或为浊红色浑浊的液体；镜检此液体中有血细胞和膀胱上皮细胞。严重病例，在膀胱破裂之前，有明显的腹痛症状，有时持续而剧烈，破裂后因尿液流入腹腔往往引起腹膜炎和尿毒症，有时皮肤可散发尿臭味。

在膀胱检查中，较好的方法是膀胱镜检查，借此可以直接观察到膀胱黏膜的状态及膀胱内部的病变，也可根据窥察输尿管口的情况，判定血尿或脓尿的来源。此外，小型动物也可用 X 射线造影术进行检查。

(2)膀胱穿刺法

①目的：膀胱穿刺是当尿道完全阻塞时，因有膀胱破裂危险而采取的暂时治疗措施。

②部位：牛通过直肠穿刺膀胱，或在右腹壁进行。猪在趾骨前缘白线侧方 1 cm 处。

③方法：牛施行站立保定，首先灌肠排除积粪，然后将带有长胶管的 12～16 号长针头握于手掌中并使手呈锥形而缓缓伸入直肠，在膀胱充盈的最高处将针头向前下方刺入，并固定好针头至排完尿为止，再将针头拔出同样握于掌中而带出肛门。猪可施行横卧保定，将左或右后肢向后牵引，使术部充分暴露后，将术部剪毛、消毒，于耻骨前缘或触诊波动最明显处向后下方刺入，并固定好针头，至排完尿液为止，然后拔出针头，术部消毒。

④注意事项：防止针头滑脱，进行多次穿刺容易引起腹膜炎和膀胱炎，因此固定好针头特别重要；牛努责严重时，不能强行从直肠内进行膀胱穿刺。

4. 检查尿道

对尿道可通过外部触诊，或通过直肠内触诊和导尿管探诊进行检查。

母畜的尿道开口于阴道前庭的下壁，特别是母牛的尿道，宽而短。检查时可将手伸进阴道，在其下壁可触摸到尿道外口。此外，可用导尿管进行探诊。

公畜的尿道，因解剖位置的不同，位于骨盆腔内的部分，连同储精囊和前列腺可由直肠内触诊；位于骨盆及会阴以外的部分，可行外部触诊。雄性反刍动物和公猪的尿道，因有“S”形弯曲，用导尿管探诊较为困难，但公马的尿道探诊则较为方便。

最常见病理变化是尿道炎，尿道结石，尿道损伤，尿道狭窄，尿道被脓块、血块或渗出物阻塞，有时可见尿道坏死。母畜很少发生尿道结石和狭窄，却多发尿道外口和尿道的炎症性变化。

尿道炎有急性和慢性。急性者表现为尿频和尿痛，同时尿道外口肿胀，且常有黏液或脓性分泌物，并可能出现血尿乃至脓尿。慢性者多无明显症状，仅有少量黏性分泌物。

尿道结石，多见于公牛、公羊、公猪和公犬，结石部位牛多邻近于“S”形弯曲之上的部位，也有的在坐骨弓的下方；绵羊多在尿道凸起的范围内被阻塞；猪多在龟头的尖端。触诊时感到膨大、坚硬，压触时疼痛明显。有的病例，在结石上施加重压时，患畜表现疼痛，后躯发抖，停止触压，发抖现象也随之消失。此外，牛和猪尿道结石时，在其阴鞘周围阴毛上有时可触摸到沙粒样硬固物；阴毛上有白色黏液或被黏着成块者多为尿道炎的象征。

尿道狭窄多因尿道损伤所致，也可能是不完全结石阻塞的结果，临床表现为排尿困难，尿流变细或呈滴沥状，严重狭窄可引起慢性尿潴留；应用导尿管探诊，如遇有梗阻，即可确定。

5. 导尿及膀胱冲洗

导尿及膀胱冲洗用于尿道炎及膀胱的治疗或采取尿液供化验诊断。

(1)用具

根据动物种类备用不同类型的导尿管。用前将导尿管放在0.1%高锰酸钾溶液或温水中浸泡5～15 min，前端蘸液状石蜡；冲洗药液宜选择刺激性或腐蚀性小的消毒、收敛剂，常用的有生理盐水、2%硼酸溶液、0.1%～0.5%高锰酸钾溶液、1%～2%苯酚溶液、0.1%～0.2%依沙吖啶溶液、0.1%苯扎氯铵溶液等，也常用抗生素及磺胺制剂的溶液。备好注射器与洗涤器。

(2)方法

冲洗母畜膀胱或导尿时，将尾拉向一侧或吊起。术者将导尿管握于掌心，前端与食指同长，呈圆锥形伸入阴道10～15 cm(大型动物)，先用手指触摸尿道口，轻轻刺激或扩张尿道口，插入导尿管，徐徐推进，当进入膀胱后，则无阻力，尿液自然流出。排完尿后，导尿管外端连接洗涤器或注射器，注入冲洗药液，反复冲洗，直至排出药液透明为止。

冲洗公马膀胱或导尿时，先于柱栏内固定好两后肢，术者蹲于马的一侧，将阴茎拉出，左手握住阴茎前部，右手持导尿管插入尿道，徐徐推进，当到达坐骨弓附近时，则感有阻力，推进困难，此时助手在肛门下方可摸到导尿管的前端，辅助向上转弯，术者同时继续推送导尿管，即可进入膀胱导出尿液。冲洗方法与母畜相同。

(3)注意事项

识别母畜尿道口有困难时，可用开膣器开张阴道；插入导尿管时，防止粗暴操作；冲洗药液的温度要与体温相等；要注意清洗消毒和人畜安全。

(四)泌尿系统检查结果综合分析

排尿状态的异常，尿液物理性状的变化往往提示为泌尿系统疾病，应结合对泌尿器官的检查、尿液的化学检验及尿沉渣检查结果，综合分析，初步判断疾病的发生部位、器官及性质。

①动物排尿量减少，甚至呈现无尿，具有较明显的全身症状，触诊检查肾脏敏感疼痛，尿液检查有多量的肾上皮细胞及管型，可提示为急性肾炎。慢性肾炎的临床症状不明显，主要依据尿液检验结果而确诊。

②动物表现频尿，尿液浑浊或混有脓血，触诊膀胱时敏感疼痛，可提示为膀胱炎。

③动物排尿痛苦，有时呈现腹痛，血尿明显，多提示为尿道结石，可进一步通过直肠内触诊方法确定结石存在的部位。

④有肾功能严重障碍的病史和症状，动物由沉郁转为昏迷，食欲废绝，甚至腹泻或呕吐，时常呈阵发性痉挛，应多考虑为尿毒症。

五、检查生殖系统

检查生殖系统主要是针对外生殖器官包括对乳房的检查。检查方法主要有视诊和触诊，其中以触诊较为重要。

(一)检查公畜生殖器官

公畜生殖器官包括阴囊、睾丸、精索、附睾、阴茎和一些副腺体(前列腺、储精囊和尿道球腺)。临床检查中凡是有外生殖器局部肿胀、排尿障碍、血尿、尿道口外有异常分泌物、疼痛等症状时，均应考虑有生殖器官疾病的可能。

检查公畜外生殖器官时应注意阴囊、睾丸和阴茎的大小、形状以及尿道外口炎症、肿胀、分泌物或新生物。

1. 阴囊和睾丸

阴囊内有睾丸、附睾、精索和输精管。检查时应注意睾丸的大小、形状、硬度以及有无隐睾、压痛、结节和肿物等。

(1)阴囊

由于阴囊低垂，组织疏松，最容易发生阴囊及阴鞘水肿，临床表现为阴囊呈椭圆形肿大，表面光滑，膨胀，有囊性感，局部无压痛，压之留痕。如积液明显，可进行阴囊阴鞘穿刺，一般积液为黄色透明的液体，如为血性液体，可提示由外伤、肿瘤及阴囊水肿引起，严重时水肿可蔓延到腹下或股沟内侧，有时甚至引起排尿障碍，多见于阴囊局部炎症，睾丸炎，去势后阴囊积血、渗出、浸润及感染，阴囊脓肿，精索硬肿，阴鞘和阴茎的损伤、肿瘤等。马媾疫时，公马阴鞘、阴囊和阴茎可发生明显水肿。此外，阴囊和阴鞘水肿也可发生于某些全身性疾病，如贫血、心脏及肾脏疾病等。

公马发生阴囊疝时，可见阴囊显著增大，有明显的腹痛症状，有时持续而剧烈，触诊阴囊有软坠感，同时阴囊皮肤温度降低，有冰凉感。阴囊疝也常见于猪仔。

发现阴囊肿大，如为鉴别阴囊疝和鞘膜积液，应将患畜横卧保定再行检查，除嵌顿性阴囊疝外，阴囊肿物可纳还，而鞘膜积液和脓肿则无改变。

(2)睾丸

检查时应注意睾丸的大小、形状、温度及疼痛等。公畜的睾丸炎多与附睾炎同时发生。在急性期，睾丸明显肿大、疼痛，阴囊肿大，触诊时局部压痛明显、增温，患畜精神沉郁，食欲减退，体温增高，后肢多呈外展姿势，出现运步障碍。如发热不退或睾丸肿胀和疼痛不减时，应考虑有睾丸化脓性炎症的可能。此时全身症状更为明显，阴囊逐渐增大，皮肤张紧发亮，阴囊及阴鞘水肿，且可出现渐进性软化病灶，以致破溃。必要时可行睾丸穿刺以助诊断。猪患布氏杆菌病时，睾丸肿大明显。马鼻疽时可有鼻疽性睾丸炎的类型。

(3)精索

精索硬肿为去势后常见的并发症，可为一侧或两侧，多伴有阴囊和阴鞘水肿，甚至可引起腹下水肿。触诊精索断端，可发现大小不一、坚硬的肿块，有明显的压痛和运步故障；有的可形成脓肿或精索瘘管。

(4)包皮

公羊和公猪最易发生包皮炎。猪的包皮炎，在其包皮的前端部形成充满包皮垢和浊尿的球形肿胀，同时包皮口周围的阴毛被尿污染，包皮脂和脓秽物黏在一起，致使排尿发生故障，此种变化可见于猪瘟。公牛多发生包皮红肿，阴茎肿胀。

2. 阴茎及龟头

在公畜，阴茎损伤、阴茎麻痹、龟头局部肿胀及肿瘤较为多见。公畜阴茎较长，易发生损伤，受伤后可局部发炎，肿胀或溃烂，尿道流血，排尿故障，受伤部位疼痛和尿潴留，严重者可发生阴茎、阴囊、腹下水肿和尿外渗，造成组织感染、化脓和坏死。如用导尿管检查不能插入膀胱，或仅导出少量血本液体，提示有尿道损伤的可能。龟头肿胀时，局部红肿，发亮，有的发生糜烂，甚至坏死，有多量渗出液外溢，尿道可流出脓性分泌物。

公畜的外生殖器肿瘤，多见于马、骡、驴和犬，且常发生于阴鞘、阴茎和龟头部，阴茎及龟头部肿瘤多呈不规则的肿块，常溃烂出血，有恶臭分泌物。

(二)检查母畜生殖器官

1. 检查外生殖器

母畜生殖器官包括卵巢、输卵管、子宫和阴门。母畜外生殖器主要指阴道和阴门。检查时可借助阴道开张器扩张阴道，详细观察阴道黏膜的颜色、湿度、损伤、炎症、肿物及溃疡，同时注意子宫颈的状态及阴道分泌物的变化。这对于诊断某些泌尿生殖器官疾病有重要意义。

健康母畜的阴道黏膜呈淡粉红色，光滑而湿润。母畜发情期阴道黏膜和黏液可发生特征性变化，此时，阴唇呈现充血肿胀，阴道黏膜充血，子宫颈及子宫分泌的黏液流入阴道，黏液多呈无色、灰白色或淡黄色，透明，其量不等，有时经阴门流出，常吊在阴唇皮肤上或黏着在根部的毛上，变为薄痂。

在病理情况下，较多见者为阴道炎，反刍动物特别是牛最容易发生且多为产后感染所致。如难产时，因助产而导致黏膜损伤，继发感染。胎衣不下而腐败时，也常引起阴道炎。患畜表现拱背、努责、尾根翘起、时做排尿状，但尿量却不多，阴门中流出浆液性或脓性污秽腥臭液，甚至附着在阴门、尾根部变为干痂。阴道检查时，阴道黏膜敏感性增高，疼痛，充血，出血，肿胀，干燥，有时可发生创伤、溃疡或糜烂。假膜性阴道炎时，可见黏膜覆盖一层灰黄色或灰白色坏死组织薄膜，膜下上皮缺损，或出现溃疡面。在马媾疫时，可见到母马阴道和阴唇水肿，有小结节和溃疡。

母畜子宫扭转时，除明显的腹痛症状外，阴道检查可提供很重要的诊断依据。阴道黏膜充血呈紫红色，阴道壁紧张，其特点是越向前越变越窄，而且在其前端呈较大的明显的螺旋状皱褶，皱褶的方向标志着子宫扭转的方向。

当阴道和子宫脱出时，可见阴门外有脱垂物体，在母牛产后胎衣不下时，阴门外常吊挂部分的胎衣。

2. 检查乳房

乳房检查对乳腺疾病的诊断具有很重要的意义。在动物一般临床检查中，尤其是泌乳母畜，除注意全身状态外，应重点检查乳房。检查方法主要用视诊、触诊，并注意乳汁的性状。

(1)视诊

视诊时注意乳房大小、形状，乳房和乳头的皮肤颜色，有无发红、橘皮样变、外伤、隆起、结节及脓包等。牛、绵羊和山羊乳房皮肤上出现疹疱、脓疱及结节，多为痘疹、口蹄疫等。

(2)触诊

触诊可确定乳房皮肤的厚薄、温度、软硬度及乳房淋巴结的状况，有无脓肿及其硬结部位的大小和疼痛的程度。

检查乳房的温度时，应将手贴于相对称的部位进行比较。检查乳房的皮肤厚薄和软硬时，应将皮肤捏成皱襞或由轻到重施压来感觉。触诊乳房实质及硬结病灶时，须在挤奶后进行。注意肿胀的部位、大小、硬度，压痛及局部温度，有无波动或囊性感。

乳房炎时，炎症部位肿胀、发硬，皮肤呈紫红色，有热痛反应，有时乳房淋巴结也肿大，挤奶不畅。炎症可发生于整个乳房，有时仅限于乳腺的一叶，或仅局限于一叶的某部分。因此，检查应遍及整个乳房。乳房淋巴结显著肿大，形成硬结，触诊常无热痛。

乳汁感观检查，除隐性型病例外，多数乳房炎患畜乳汁性状都有变化。检查时，可将各乳区的乳汁分别挤入手心或盛于器皿中进行观察，注意乳汁颜色、稠度和性状。如乳汁浓稠，内含絮状物或纤维蛋白性凝块，或浓汁、带血，可为乳房炎的重要指征。必要时进行乳汁的化学分析和显微镜检查。

3. 冲洗阴道与子宫

(1)目的

冲洗阴道与子宫用于阴道炎和子宫内膜炎的治疗，主要为了排出阴道或子宫内的炎性分泌物，促进黏膜修复，尽快恢复生殖机能。

(2)方法

①准备：冲洗子宫的输液瓶(或连接长胶管的盐水瓶，长胶管与漏斗也可)或小型动物灌肠器(末端接以带漏斗的长胶管)，冲洗溶液为微温生理盐水、0.1%依沙吖啶溶液及0.1%～0.5%高锰酸钾溶液等，还可用抗生素及磺胺类制剂。

②操作：充分洗净外阴部，术者手及手臂常规消毒。而后术者手握输液瓶或漏斗所连接的长胶管，徐徐插入了宫颈口，再缓慢导入子宫内，举高输液瓶或漏斗，药液可通过导管注入子宫内，待输液瓶或漏斗中的冲洗液快流完时，迅速把输液瓶或漏斗放低，借虹吸作用使子宫内液体自行排出。如此反复冲洗2～3次，直至流出的液体与注入的液体颜色基本一致为止。阴道的冲洗，即把导管的一端插入阴道内，提高漏斗，冲洗液即可流入，借病畜努责冲洗液可自行排出，如此反复洗至冲洗液透明为止。阴道或子宫冲洗后，可放入抗生素或其他抗菌消炎药物。

(3)注意事项

①防止操作粗暴。

②遵守消毒规则。

③积脓或积水时，应先将子宫内积液排出后再进行冲洗，不得应用强刺激性或腐蚀性的药液冲洗。

④注入子宫内的冲洗药液尽量充分排出，必要时可通过直肠按摩子宫促进排出。

(三)生殖系统检查结果综合分析

①公畜睾丸肿胀、硬结，伴有热痛反应，运步时后肢强拘，常伴有全身症状，为睾丸炎的特征。

②母畜阴道分泌物增多，或混有脓汁和血液并有恶臭，阴道黏膜潮红、肿胀或有溃烂，可提示为阴道炎。

③阴道内流有脓性分泌物，子宫颈口弛缓甚至开张，子宫体积增大并有波动感，全身症状明显，可提示为化脓性子宫内膜炎或子宫蓄脓症。

六、检查神经系统

检查内容主要包括精神状态、运动机能、感觉机能与感觉器官、反射机能、头盖及脊柱和植物性神经机能的检查，必要时要有选择地进行脑脊液穿刺诊断、X射线、CT、MRI(核磁共振)、眼底镜、脑电图等辅助诊断。

(一)检查精神状态

除通过问诊外，注意观察和检查动物的面部表情、眼、耳、尾、四肢及皮肌的动作，身体姿势，运动节奏。健康动物姿态自然，动作敏捷而协调，反应灵活，病理状况下可出现精神兴奋和精神抑制。

1. 精神兴奋

精神兴奋是中枢神经机能亢进的结果，临床上表现不安、易惊，对轻微刺激即产生强烈反应，甚至挣扎脱缰，不顾一切地前冲、后退，有时攀登饲槽或顶撞墙壁，暴眼凝视，不服从饲养人员管理，乃至攻击(咬、踢)人、畜，有时癫狂、抽搐、摔倒而骚动不安。依据其程度不同，可将兴奋依次分为恐怖、异常敏感、不安、躁狂和狂乱。兴奋发作，与外界影响无关，相反，在发作时可见病畜对外来刺激的感受性降低。兴奋发作时，常伴有心率增快、节律不齐，呼吸粗粝、快速等症状。

精神兴奋多提示为脑膜充血、炎症，颅内压升高，代谢障碍，以及各种中毒病(如微生物毒素、化学药品或植物中毒及自体中毒等)，日射病或热射病，各型流行性脑脊髓炎，反刍动物酮病、急性铅中毒、猪食盐中毒、水牛猪屎豆中毒、狂犬病等。

2. 精神抑制

精神抑制为中枢机能障碍的另一种表现形式，乃大脑皮层和皮层下网状结构占优势的表现，多因神经组织的代谢障碍所致，如各种热性病、脑水肿、脑损伤、贫血、出血、压迫(如多头蚴病)、脑膜脑炎，马流行性脑脊髓炎、各种微生物感染性疾病及中毒性脑病，营养代谢性疾病(反刍兽酮病、低血糖、生产瘫痪等)，肝脏、肾脏机能衰竭或某些中毒(如酒精、吗啡、一氧化碳、四氯化碳、有毒植物、催眠剂)等。根据程度不同精神抑制可分为以下几种。

(1)沉郁

精神沉郁为最轻度的抑制现象。动物对周围事物注意力减弱，反应迟钝，离群呆立，头低耳拢，眼半闭或全闭，行动无力。牛常卧地，头颈弯向胸侧；猪常卧于黑暗处；鸡常两翅下垂，垂头缩颈，闭目呆立或独自呆于僻静处。但患畜对外界刺激，如有人接近或检查时，尚易做出有意识的反应。沉郁通常是由于一定程度的缺氧或血糖降低以及脑组织受毒素作用所致，是最常见的一个症状。

(2)嗜睡

嗜睡为中度抑制的现象。动物重度萎靡，将鼻、唇抵在饲槽上或倚墙或躺卧而沉睡，给以强烈刺激才能产生迟钝和暂时的反应，但很快又陷入沉睡状态，见于脑炎、颅内压增高等疾病。

(3)昏迷

昏迷为高度抑制的现象。患畜意识完全丧失，对外界刺激全无反应，表现卧地不起，呼唤不应，全身肌肉松弛，反射消失，甚至瞳孔散大，粪、尿失禁，非强刺激不能引起反应，仅保留自主神经系活动，心搏和呼吸虽仍存在，但多变慢而节律不齐。重度昏迷常为预后不良征兆，见于颅内病变如脑炎、脑肿瘤、脑创伤、代谢性脑病以及由于感染、中毒引起的脑缺血、缺氧、低血糖等。

此外，临床上尚有一种晕厥现象，又称昏厥，其与昏迷不同，是突然发生的、短暂的意识丧失状态。

(二)检查运动机能

1. 共济失调

共济失调指大脑皮层、小脑、前庭和脊髓传导神经损伤及其反射性调节机能障碍后，导致动物体位和运动的各种性质的改变，表现为体躯失去平衡，肢体运动不协调，犹如醉酒步样，见于脑炎、脑脊髓炎、中毒、传染病、寄生虫病(如脑脊髓丝虫病)等，是大脑、小脑、前庭和脊髓受损所致。

2. 强迫运动

强迫运动指不受意识支配和外界环境影响而出现的不自主运动。

(1)圆圈运动

动物按同一方向做圆圈运动，见于牛羊多头蚴病、脑炎、脑脓肿、脑肿瘤及李氏杆菌病、传染性脑脊髓炎等。

(2)盲目运动

动物做无目的的运动，有时直冲或后退。直冲时，有时头顶障碍物而呆立不动，见于脑炎、牛羊多头蚴病、猪的传染性脑脊髓炎及食盐中毒等。

3. 痉挛(指肌肉做不随意的急剧收缩)

(1)阵发性痉挛

阵发性痉挛指肌肉做短暂、快速、重复的收缩，收缩与弛缓交替出现，常突然发作又迅速停止，见于脑炎、化学物质(如士的宁、有机磷、氯化钠)或植物中毒、低血钙症等。具体有以下两种表现形式。

①抽搐：又称惊厥或搐搦，是指发生全身性的阵发性痉挛。

②纤维性痉挛：又称战栗，是指单个肌纤维束轻微地收缩与松弛，不扩及整个肌肉，也不影响运动。

(2)强直性痉挛

强直性痉挛指肌肉做长时间的持续性收缩，无弛缓和间歇，见于破伤风、脑炎、脑脊髓炎、有机磷农药及士的宁中毒等。

(3)癫痫

癫痫是突然发生、为时短暂、反复发作的一种痉挛形式，先强直性痉挛，而后代之以阵发性痉挛。发作时，感觉和意识也暂时消失，可见于脑炎、尿毒症及仔猪副伤寒、仔猪水肿病、犊牛副伤寒、维生素 A 缺乏症等。

4. 瘫痪(麻痹)

瘫痪指随意运动机能减弱或消失，根据病变部位不同可分为中枢性瘫痪和末梢性瘫痪。

(1)中枢性瘫痪

其特点是瘫痪范围大，肌肉紧性增高，腱反射增强，皮肤感觉机能减弱并常伴有意识障碍，但肌肉萎缩现象轻微，见于狂犬病、马流行性脑脊髓炎及某些重度的中毒病。

(2)末梢性瘫痪

其特点是瘫痪范围局限，肌肉紧张性降低，腱反射减弱或消失，瘫痪部位肌肉易发生萎缩，但意识清楚，饮食正常，见于颜面神经麻痹、肩胛上神经麻痹等。

根据瘫痪范围其又可分为单瘫、偏瘫和截瘫。单瘫指某一肌肉和肌群瘫痪，多属于外周性瘫痪，见于颜面神经麻痹。偏瘫指躯体一侧性瘫痪，见于脑病。截瘫指身体两侧对称性瘫痪，见于腰部脊髓挫伤、骨折及钙缺乏症等。

(三)检查感觉机能

1. 检查皮肤感觉

检查皮肤感觉主要包括触觉和痛觉的检查。

(1)检查方法

检查前遮盖动物的眼睛。检查触觉时，用细木棒、手指尖等轻触鬐甲部被毛或肷部或肘后部皮肤；检查痛觉时，用消毒的细针头，由臀部开始向前沿脊柱两侧直至颈侧，或从四肢远端逐渐向上而至于脊柱部轻刺皮肤，以观察动物的痛觉反应。健康动物被毛及皮肤受到刺激时，出现相应部位被毛颤动、皮肤和肌肉收缩，并见回头、竖耳、躲闪、鸣叫或四肢骚动等。

(2)病理变化

①感觉减弱或消失：局限性感觉减弱或消失，见于支配该区域的末梢感觉神经受损害的结果。全身性皮肤感觉减弱或消失，常见于各种疾病所引起的精神抑制或昏迷时。

②感觉过敏：是因对刺激的兴奋阈降低，轻微刺激即可引起强烈反应(但应注意，有力的深触诊反而不能显示感觉过敏点)，见于局部炎症、脊髓膜炎、牛的神经型醋酮血症等。

③感觉异常：指不受外界刺激影响而自发产生的感觉，如痒感、蚁行感、烘灼感等，表现为对感觉异常部位反复啃咬、摩擦、搔抓等，见于伪狂犬病、狂犬病、牛酮血症、多发性神经炎等。

2. 检查深部(本体)感觉

(1)检查方法

可人为地使动物肢体取不自然的姿势，如将其两前肢交叉或广为分开站立等。健康动物在除去人为力量后能立即恢复。

(2)病理变化

深部感觉障碍时，较长时间不能恢复自然姿势，可见于慢性脑室积水、脑炎、脑脊髓炎等。

(四)检查感觉器官

1. 检查视觉器官

观察动物的眼睑、眼球、角膜、瞳孔的状态，必要时检查瞳孔对光的反应。检查视力时用手指在动物眼前轻轻晃动，观察其闭眼反应。

(1)眼睑

注意有无眼睑擦伤、肿胀、下垂等。眼睑肿胀，可见于外伤、马流行性感冒、牛恶性卡他热、猪瘟、猪水肿病及血斑病等；眼睑下垂，可见于颜面神经麻痹、脑炎及某些中毒病。

(2)眼球

注意眼球有无下陷、不正及震颤等。眼球下陷为脱水的表示；眼球萎缩，见于周期性眼炎、瞎眼等；眼球不正(斜视)，为一侧眼肌麻痹或一侧眼肌过度牵张所致，为支配该眼肌的神经核或神经受损伤的表示；眼球震颤，为动眼肌痉挛所致，可提示小脑、脑干及前庭神经损伤，常见于症候性癫痫、脑炎及食盐中毒等。

(3)角膜

角膜浑浊或形成角膜翳，可见于角膜炎、周期性眼炎、流行性感冒、牛恶性卡他热及角膜受伤等。

(4)瞳孔

瞳孔散大，可见于脑炎，脑脊髓炎、脑肿瘤、多头蚴病及阿托品类毒物中毒时；瞳孔缩小，可提示脑内压中等程度升高，或能使副交感神经兴奋或交感神经抑制的毒物中毒，可见于脑水肿、脑炎、有机磷农药中毒等；两侧瞳孔大小不等，变化无常，并伴有对光反射迟钝或消失，以及昏睡或昏迷，为脑干受损伤的特征。

(5)眼底

注意视网膜及视神经乳头的状态及变化。

(6)视觉

先天性失明，常见于犊牛，可能与近亲繁殖有关；后天性失明，可由重症眼病所致，也可见于急性硒中毒、食盐中毒及维生素 A 缺乏症等。

2. 检查听觉器官

用不同音量或在不同距离发出声响，观察动物的反应，检查时应遮盖眼睛，以避免视觉干扰。听觉机能障碍表现为以下几个方面。

(1)听觉过敏

听觉过敏即对音响敏感，动物表现不安，易惊，对轻微声响即做出强烈反应，耳的动作特别灵活，多见于脑和脑膜疾病、反刍动物酮病早期时。

(2)听觉减弱或丧失

听觉减弱或丧失多见于中耳、内耳疾病或大脑皮层颞叶受损伤时。

(五)检查反射机能

1. 反射种类及检查方法

(1)浅表反射

①鬐甲反射：轻轻触及鬐甲部皮肤，则肩部及鬐甲部皮肌收缩抖动。反射中枢在第 7 颈髓第 1～第 2 胸髓段。

②肛门反射：轻触肛门皮肤，肛门括约肌立即收缩。反射中枢在第 4～第 5 荐髓段。

③蹄冠反射：用针轻刺蹄冠，动物立即提肢或回缩。前肢蹄冠反射中枢在颈膨大部，后肢蹄冠反射中枢在腰膨大部。

④角膜反射：用羽毛或纸片轻触角膜时，则立即闭眼。反射中枢在脑桥。

(2)深部反射

①膝反射：动物横卧保定，使上侧后肢肌肉保持松弛状态，当叩击髌骨韧带时，由于股四头肌牵缩而下腿伸展。反射中枢在第4～第5腰髓段。

②跟腱反射：动物横卧保定，叩击跟腱，则引起跗关节伸展与球关节屈曲。反射中枢在荐髓段。

2. 病理变化

(1)反射机能增强

反射机能增强见于脊髓膜炎、脊髓损伤、破伤风、有机磷农药中毒、硝酸士的宁中毒等。

(2)反射机能减弱

反射机能减弱见于脊髓背根、腹根及脑、脊髓的灰、白质受伤或昏睡(如生产瘫痪)、昏迷(如休克)时。

(六)检查头颅及脊柱

检查头颅及脊柱常用视诊、触诊；对头颅配合叩诊进行检查。

1. 检查头颅

应注意其形态和大小的改变，温度、硬度以及叩诊有无浊音等。头颅部叩诊，在小型动物可用指端或弯曲的中指背部，在大型动物可用叩诊锤的背部直接叩击。叩诊力量大小，依动物种类及头盖骨厚薄而不同。头颅叩诊浊音或半浊音，见于脑肿瘤、多头蚴病和骨软症等。当骨质变薄时(如骨软症)，则抵抗明显降低。局部隆突，可见于局部外伤、脑肿瘤、脑包虫病及副鼻窦蓄脓；异常增大，多见于先天性脑室积水、骨软症和佝偻病；骨骼变形，多因骨质疏松、软化、肥厚所致，常提示某些骨质代谢疾病，如骨软症、佝偻病、纤维性骨营养不良等；局部增温，除局部外伤、炎症所致外，常提示热射病、脑充血、脑膜和脑的炎症，如猪乙脑、马传染性脑脊髓炎、牛结核性脑膜炎、恶性卡他热等；头颅部压疼见于外伤、炎症、肿瘤及多头蚴病；头盖部变软，提示多为多头蚴病或颅壁肿瘤，但也见于副鼻窦炎或积脓。

2. 检查脊柱

脊柱变形是临床上较为重要的症状。脊柱变形主要有脊柱上弯、下弯和侧弯，由支配脊柱的上、下或左、右肌肉不协调引起，最常见的原因为脑膜炎、脊髓炎及破伤风以及骨软症等骨质代谢障碍疾病或骨质剧烈疼痛性疾病所致。脊柱下弯，主要见于骨软症，是由于骨质疏松变软的结果；脊柱侧弯，常见于脊髓炎、脊髓脱臼；颈部脊柱下弯侧弯，甚至造成身体翻转的，见于鸡维生素 B_1 缺乏症和新城疫；颈部脊柱向后弯曲(角弓反张)，见于脊髓疾病和某些中毒；脊柱局部肿胀、疼痛，常为外伤所致，如骨折；脊柱僵硬，为椎间隙骨质增生或硬化所致，见于破伤风、番木鳖碱中毒、腰肌风湿症、肾炎、肾虫病等。

(七)检查植物性神经机能

植物神经机能障碍的症状表现有以下三种。

1. 交感神经紧张性亢进

交感神经异常兴奋，可表现为心搏动亢进，外周血管收缩，血压升高，口腔干燥，肠蠕动减弱，瞳孔散大，出汗增加(马、牛)和高血糖等症状。

2. 副交感神经紧张性亢进

副交感神经紧张性亢进可呈现与交感神经紧张性亢进相拮抗的症状，即心动徐缓，外周血管紧张性降低，血压下降，腺体分泌机能亢进，口内过湿，胃肠蠕动增强，瞳孔缩小，低血糖等。

3. 交感、副交感神经紧张性均亢进

交感神经和副交感神经两者同时紧张性亢进时，动物会出现恐怖感，精神抑制，眩晕，心搏动亢进，呼吸加快或呼吸困难，排粪与排尿障碍；子宫痉挛，发情减退等。当植物神经系统疾病时，动物发生运动和感觉障碍，主要表现为呼吸、心跳的节律，血管运动神经，吞咽，呕吐，消化液，肠蠕动，排泄及视力调节异常等。

任务工单 1

<table>
<tr><td>任务名称</td><td colspan="3">检查心血管系统</td></tr>
<tr><td>任务描述</td><td colspan="3">认知系统检查，能对动物进行心血管系统的检查，能说明心血管系统的检查方法、病理变化及诊断意义</td></tr>
<tr><td>准备工作</td><td colspan="3">1. 在动物诊疗实训室准备进行心血管系统检查用的实习动物。
2. 在实验室内准备仿真听诊仪、心血管系统检查的多媒体资料、保定用具、听诊器、叩诊槌板、医用手套、医用口罩等</td></tr>
<tr><td>实施步骤</td><td colspan="3">1. 在动物诊疗实训室利用实习动物和仿真听诊仪进行心血管系统的检查，明确心血管系统的检查方法、病理变化及诊断意义。
2. 通过互联网搜索、学习在线开放课相关内容，明确心血管系统检查的方法、病理变化及诊断意义</td></tr>
<tr><td rowspan="5">考核评价</td><td>考核项目</td><td>评分标准</td><td>分值</td></tr>
<tr><td>检查心搏动</td><td>能对实习动物进行心搏动的临床检查(方法正确得 10 分)。能说明心搏的病理变化和诊断意义(正确得 10 分)</td><td>20 分</td></tr>
<tr><td>检查心脏</td><td>能对实习动物进行心脏的临床检查(方法正确得 20 分)。能说明心音的病理变化及诊断意义(正确一项得 10 分)</td><td>70 分</td></tr>
<tr><td>检查浅表静脉</td><td>能对实习动物进行颈静脉充盈状态和搏动的临床检查，说明病理变化和诊断意义(正确得 10 分)</td><td>10 分</td></tr>
<tr><td colspan="2">合　　计</td><td>100 分</td></tr>
</table>

任务工单 2

任务名称	检查呼吸系统
任务描述	认知系统检查，能对动物进行呼吸系统的检查，能说明呼吸系统的检查方法、病理变化及诊断意义
准备工作	1. 在动物诊疗实训室准备进行呼吸系统检查用的实习动物。 2. 在实验室内准备仿真听诊仪、呼吸系统检查的多媒体资料、保定用具、听诊器、叩诊槌板、额带反射镜或手电筒、一次性医用手套、医用口罩等
实施步骤	1. 在动物诊疗实训室利用实习动物和仿真听诊仪进行呼吸系统的检查，明确呼吸系统的检查方法、病理变化及诊断意义。 2. 通过互联网搜索、学习在线开放课相关内容，明确呼吸系统检查的方法、病理变化及诊断意义

续表

任务名称	检查呼吸系统		
考核评价	考核项目	评分标准	分值
	检查呼吸运功	能对实习动物进行呼吸运动的检查，能说明正常状态、病理变化及诊断意义(正确一项得5分)	20分
	检查呼出气、鼻液及咳嗽	能对实习动物进行呼出气体、鼻液、咳嗽的检查，说明正常表现、病理变化和诊断意义(正确一项得5分)	20分
	检查上呼吸道	能对实习动物进行上呼吸道检查，说明有关病理变化和诊断意义(正确得10分)	10分
	检查胸廓	能对实习动物进行胸廓检查，说明有关症状的判定标准和诊断意义(正确得10分)	10分
	检查胸肺	能对实习动物进行胸肺的叩诊和叩诊检查，说明正常表现、有关病理变化和诊断意义(正确一项得10分)	40分
	合　　计		100分

任务工单3

任务名称	检查消化系统		
任务描述	认知系统检查，能对动物进行消化系统的检查，能说明消化系统的检查方法、病理变化及诊断意义		
准备工作	1. 在动物诊疗实训室准备进行消化系统检查用的实习动物。 2. 在实验室内准备仿真听诊仪、消化系统检查的多媒体资料、保定用具、听诊器、叩诊槌板、穿刺针、开口器、胃导管、剪毛剪、套管针、一次性医用手套、消毒药、润滑剂(液状石蜡)、橡皮球、20 mL 注射器、无菌纱布、手术刀片、生理盐水、医用口罩等		
实施步骤	1. 在动物诊疗实训室利用实习动物和仿真听诊仪进行消化系统检查，明确消化系统的检查方法、病理变化及诊断意义。 2. 通过互联网搜索、学习在线开放课相关内容，明确消化系统检查的方法、病理变化及诊断意义		
考核评价	考核项目	评分标准	分值
	检查食欲与饮欲	能对实习动物进行食欲与饮欲的临床检查，能说明有关病理变化和诊断意义(正确一项得5分)	10分
	检查口腔、咽、食道	能对实习动物进行口腔、咽、食道的临床检查，能说明有关的病理变化和诊断意义(正确一项得5分)	25分

续表

任务名称	检查消化系统		
考核评价	检查腹部、胃肠	能对实习动物进行腹部和胃肠道的检查，能说明有关的病理变化和诊断意义（正确一项得10分）	65分
	合　计		100分

任务工单4

任务名称	检查泌尿生殖神经系统		
任务描述	认知系统检查，能对动物进行泌尿生殖系统、神经系统的检查，能说明泌尿生殖系统、神经系统的检查方法、病理变化及诊断意义		
准备工作	1. 在动物诊疗实训室准备进行系统检查用的实习动物。 2. 在实验室内准备泌尿生殖系统、神经系统检查的多媒体资料：保定用具、导尿管、阴道开张器、一次性医用手套、消毒药、叩诊槌、针头、医用口罩等		
实施步骤	1. 在动物诊疗实训室利用实习动物进行泌尿生殖系统和神经系统检查，明确泌尿生殖系统和神经系统的检查方法、病理变化及诊断意义。 2. 通过互联网搜索、学习在线开放课相关内容，明确泌尿生殖系统和神经系统检查的方法、病理变化及诊断意义		
考核评价	考核项目	评分标准	分值
	检查泌尿系统	能对实习动物进行泌尿系统检查，能说明泌尿系统的病理变化和诊断意义（正确一项得10分）	40分
	检查生殖系统	能对实习动物进行生殖系统的检查，能说明生殖系统的病理变化和诊断意义（正确一项得10分）	20分
	检查神经系统	能对实习动物进行神经系统检查，能说明神经系统的病理变化和诊断意义（正确一项得10分）	40分
	合　计		100分

项目二
病理诊断

任务一 分析病理现象

目标呼应

任务目标	课程教学目标
熟知疾病、水肿、脱水、酸中毒、缺氧、发热、黄疸的概念及类型	解析常见病理变化、病理现象和临床症状并建立诊断
能说明疾病发生、发展及转归的基本规律	
能分析水肿、脱水、酸中毒、缺氧、发热发生的原因	
能制订脱水的补液原则	

情境导入

动物发生疾病时，患病机体内呈现代谢、机能和形态结构方面的变化，出现相应的病理现象，即水肿、脱水、酸中毒、缺氧、发热及黄疸。通过对机体病理现象的观察和分析，借以阐明疾病发生、发展及转归的基本规律，为疾病的诊断和防治提供科学依据。

知识链接

一、认识疾病

(一)疾病和健康的概念

疾病和健康是一组对立的生命现象，两者间没有明显的界线，但健康不等于没有疾病。

健康是指动物机体处于变化的外界环境中，通过神经-体液的调节，各组织器官相互协调，使机体保持相对平衡，进行正常的生命活动现象。健康是相对的，不是绝对的，随着社会的发展，其内涵也不断变化。

疾病是指动物机体在体内外致病因素的作用下，产生损伤与抗损伤的相互斗争过程。机体内外平衡被破坏，从而使机体的机能、代谢和形态结构发生改变，生命活动出现异常，造成动物的生产能力和经济价值降低。

(二)疾病的基本特征

①任何疾病都有原因。疾病是由致病因素和动物机体相互作用引起的，没有原因的疾病是不存在的，只有查明疾病的原因，才能有效地预防和治疗疾病。目前虽然有些疾病的原因还不清楚，但随着医学科学的发展，迟早会被阐明的。

②疾病过程中始终存在损伤与抗损伤的斗争。疾病是损伤与抗损伤斗争的过程，两者力量对比的变化决定疾病的发展方向。当损伤性变化占优势，疾病就发展、恶化；当抗损伤性变化占优势，疾病就好转。

③疾病是一个发生、发展有规律性的过程。任何疾病都有其发生发展的规律，在其发展的不同阶段有不同的变化，这些变化之间往往有一定的因果联系。掌握疾病的变化规律，才能正确地认识疾病和诊断疾病。

④疾病是以局部变化为主的完整统一机体的反应。致病因素作用于机体，产生损伤与抗损伤的反应是完整机体的反应，并在局部呈现机能、代谢和形态结构的改变，即全身反应在局部的集中表现，也是疾病产生各种临床症状的内在基础。认识疾病和治疗疾病应从整体观念出发，辩证地处理好疾病过程中局部和全身的相互关系。

⑤疾病发生时，机体内各器官系统之间的平衡关系及机体与外界环境之间的平衡关系受到破坏，机体对外界环境适应能力降低，动物的生产能力和经济价值降低，这是动物疾病的标志。

(三)疾病发生的原因

任何疾病发生都有原因，疾病发生的原因统称为病因。研究疾病发生原因和条件的科学称为病因学。病因可概括为外部致病因素(外因)和机体内部因素(内因)。还有对疾病发生起促进作用的条件，称为诱因。

外因是导致疾病发生的重要因素，没有外因很多疾病不能发生。在外因的作用下，疾病是否发生主要取决于机体内部因素。疾病的发生是内因与外因共同作用的结果。

1. 疾病发生的外因

(1)生物性致病因素

生物性致病因素是临床上最常见的致病因素，包括各种病原微生物(如细菌、病毒、支原体、霉形体、立克次氏体、螺旋体、真菌等)和寄生虫(如原虫、蠕虫等)，它们可引起畜、禽各种传染性疾病、感染性疾病和寄生虫性疾病。

生物性致病因素的特点如下。

①有一定的选择性：对感染动物的种属、侵入门户、感染途径和作用部位等有选择性。如马腺疫链球菌对马属动物有致病作用，对牛、羊无致病性；破伤风杆菌只有从破损的皮肤与黏膜创伤侵入机体才有致病性；肠道中沙门氏菌只有从易感动物的口腔进入消化道才有致病作用。

②有一定的特异性：生物性致病因素侵入机体后有规律性的病程、特征性的病理变化和临床症状以及特异性的免疫反应。

③有传染性和一定的持续性：生物性致病素侵入机体，在疾病过程中不断繁殖或毒力不断增强，持续发挥致病作用；有些病原微生物可随渗出物、分泌物和排泄物排出体外，引起易感动物发病。

④有一定的潜伏期：生物性致病因素侵入机体不断繁殖，毒力不断增强，才能对机体产生致病作用。

(2)化学性致病因素

环境中对机体有致病作用的化学物质种类很多：无机毒物有强酸、强碱、重金属；有机毒物有醇、乙醚、氯仿、氰化物、各种农药，植物中的生物碱和配糖体，蛇毒、蜂毒、尸毒等；工业毒物有工业三废中的二氧化硫、硫化氢、一氧化碳等；某些药品使用不当也可引起中毒。化学性致病因素除上述外源性毒物外，还有内源性毒物(机体自身的代谢产生的)，如坏死组织的崩解产物，机体代谢障碍时产生的氧化不全产物等。

化学性致病因素的特点如下。

①有较短的潜伏期：除慢性中毒外，化学性毒物引起的疾病潜伏期短。

②对机体组织器官的致病有一定的选择性：如四氯化碳引起肝细胞坏死；亚硝酸盐使血红蛋白变性；一氧化碳进入机体选择性地作用于红细胞，形成碳氧血红蛋白，引起缺氧；汞主要损伤肾脏等。

③致病作用与毒物的性质、剂量、作用部位、机体状态及毒物蓄积的量有关。如肝脏机能正常，可以减弱或解除毒物的毒性；肝脏被损伤，机体对毒物的耐受性就会降低。

④致病作用较复杂：有的直接损伤组织细胞，有的引起神经系统机能障碍，有的破坏机体酶系统引起机体发病。

(3)物理性致病因素

物理性致病因素包括各种温度、电流、光能、气压、电离辐射、噪声等，这些因素达到一定强度或作用时间较长时，都可引起机体发生物理性损伤。

①温度：高温作用于机体局部可引起烧伤和烫伤，作用于全身可引起日射病或热射病；低温作用于机体局部可引起冻伤，同时低温可使机体抵抗力降低，诱发疾病，如感冒、肺炎等。

②电流：引起电击伤，严重引起死亡。电流对机体的损伤程度取决于电压、电流强度、电流性质(交流或直流)、作用时间及机体的状态。一般电压越高、电流越大，对机体的损伤越重。机体处于疲劳、寒冷等状态时对电流敏感。

电流的致病作用主要是电热作用，即电能转为热能，引起局部烧伤；另外通过电解作用，造成组织细胞损伤。

③光能：紫外线和红外线的光子有较强的穿透力，作用于机体可产生光化反应，导致组织细胞损伤。动物体内有光感物质(卟啉、荧光素、叶绿素)时，在紫外线照射下这些物质处于激发状态，使动物发生感光过敏症。动物若采食含荧光物质的植物(三叶草、荞麦等)，机体对光的敏感性就会增高，在紫外线照射下，体表缺乏色素的皮肤会出现疹块、坏死，严重时可引起机体机能紊乱。

④气压：低气压和高气压对机体均有致病作用，低气压对机体的影响较常见，可引起机体缺氧。

⑤电离辐射：可引起放射性损伤和放射病，如电离辐射会引起遗传基因或染色体改变，从而诱发畸胎、癌变等。

⑥噪声：正常音阈为60～80 dB，当音阈超过100 dB时，对大多数动物都会产生不良影响，使动物交感神经兴奋性增强，引起心血管系统、呼吸系统、消化系统和神经系统机能紊乱，临床上动物表现为兴奋、惊恐、产蛋量或泌乳量下降等；严重时，动物出现行为异常，甚至呈现一种顽固的病态。

(4)机械性致病因素

机械性致病因素指体内外各种机械力的作用。外源性机械性因素有撞击、冲击等，可引起组织发生创伤、骨折、挫伤等各种损伤。内源性机械性因素有肿瘤、结石、寄生虫、异物等，对组织产生压迫或阻塞导致机体发生疾病。机械力对组织的致病无选择性，引起疾病无潜伏期，对机体造成的损伤只与机械力作用的强度、性质、部位及范围有关。

(5)其他致病因素

其他致病因素常见的是动物机体必需物质(如蛋白质、脂肪、维生素、矿物质、微量元素等)缺乏或摄入过多引起相应的疾病。如蛋白质缺乏可引起水肿、贫血和全身性萎缩。

幼龄动物缺铁可发生缺铁性贫血。反刍动物采食过多的豆类，可引起瘤胃鼓胀。鸡日粮中蛋白质添加过多可引起痛风。缺钙会引起骨软症或佝偻病。

2. 疾病发生的内因

外因是疾病发生不可缺少的因素，但疾病是否发生取决于机体内在的因素，即机体的防御功能、免疫功能、反应性、应激机能及遗传性等因素。

(1)机体防御、免疫功能降低

①屏障机能降低：皮肤、黏膜、肌肉、骨骼、血脑屏障和胎盘屏障等都有阻挡和缓和外因的致病作用。完整的皮肤和黏膜能阻止病原微生物的侵入，皮肤角质层的脱落、皮脂腺及汗腺分泌、黏膜分泌的黏液可以清除和杀灭病原微生物。血脑屏障可阻止血液中细菌、毒素进入脑脊液。胎盘屏障可阻止母体某些细菌、有害物质进入胎儿血液循环，保护胎儿不受伤害。当机体的各种屏障结构被破坏或机能下降时，容易发生某些疾病。

②吞噬和杀菌机能降低：病原微生物突破机体屏障进入机体内部，将被吞噬细胞吞噬和杀灭。机体的吞噬细胞存在于各器官组织中，如结缔组织中的组织细胞、肝脏的枯否氏细胞、肺脏的尘细胞、血液中的单核细胞、中枢神经的小胶质细胞等单核巨噬细胞系统，对机体的病原微生物和异物有强大的吞噬能力，并通过胞浆中的溶酶将其杀灭。此外，血液中嗜中性粒细胞、嗜酸性粒细胞也有吞噬作用，唾液、汗液、泪液、胃酸等也能破坏和杀灭病原微生物。当机体的吞噬和杀菌能力减弱时，容易发生感染性疾病。

③解毒机能降低：肝脏是机体最大的解毒器官，进入体内的各种有毒物质经过肝脏氧

化、还原、甲基化、乙酰化、脱氨基，形成硫酸酯和葡萄糖醛酸酯等，从而转化为无毒物质或低毒物，经肾脏排出。当肝脏损伤时，机体解毒机能发生障碍，容易发生中毒性疾病。

④特异性免疫机能降低：特异性免疫反应包括细胞免疫和体液免疫。细胞免疫机能降低时，易发生病毒、真菌和细胞内的某些寄生虫感染，并且易发生恶性肿瘤。体液免疫机能降低时，易发生细菌尤其是化脓性细菌的感染。

⑤排除机能降低：动物的肾脏(泌尿)、消化道(呕吐、腹泻)、呼吸道(咳嗽、喷嚏)等可将各种异物和体内产生的有害物质排出体外。当机体的排除机能发生障碍时，体内有毒物质不能及时排出，可引起相应的疾病。

(2)机体反应性改变

机体反应性是指机体对各种刺激反应的性能。反应性分为种属、品种(或品系)、个体、年龄、性别等不同的反应性。机体的反应性不同，对致病因素的感受性和抵抗力也不相同，并决定动物疾病是否发生和发生程度。

①种属反应性：不同种属的动物，对相同致病因素的反应性不同。如：猪瘟病毒只感染猪而不感染马；鼻疽杆菌只感染马属动物而不感染牛；牛对口蹄疫病毒敏感，而对鼻疽杆菌有抵抗力。

②品种(或品系)反应性：同类动物因品种(或品系)不同，对同一致病因素的反应性也不同。如禽的白血病，某一品种(或品系)的鸡易感，而另一品种(或品系)的鸡对白血病有较强的抵抗力。

③个体反应性：同种动物不同的个体对相同致病因素的反应性也不同。如动物群中发生传染病时，个体间由于体质、神经和内分泌系统的机能状态、营养状态等不同对致病因素的反应性也不同。

④年龄反应性：动物年龄不同，对疾病的反应性也不同。幼龄动物由于神经系统和防御免疫机能发育不完善，易患消化道和呼吸道疾病。老龄动物由于机体各种机能逐渐衰退，易患病并且不易恢复。而成年动物各方面机能发育完善，抵抗力较强。

⑤性别反应性：不同性别的动物，由于器官结构的差异和内分泌激素的不同，对病原因素的反应性也不同。如动物的白血病，雌性比雄性发病率高。

(3)机体应激反应机能降低

应激反应是机体受到一定程度的刺激而处于“紧急”状态，神经、内分泌及机能代谢发生改变，以提高机体对内外环境的适应能力。如动物的这种适应能力降低，就会诱发疾病的发生或引起应激性疾病。

(4)遗传因素的影响

经研究证明，很多疾病的发生与遗传有关。遗传物质基因突变或染色体畸变可以引起遗传性疾病。

3. 诱因

诱因是影响疾病发生的条件因素，可促进疾病的发生。影响疾病的条件主要有社会条件和自然条件。

(1)社会条件

社会条件指社会因素对疾病的影响。不同的社会制度、政策管理、科技水平，对畜牧业的影响是不同的。在中华人民共和国成立前，由于畜禽疾病不能得到及时防治，畜禽传染病终年不断。中华人民共和国成立以后，我国的畜牧业得到较大发展，建立了科学的饲养管理制度和合理的防疫制度，提出了“防重于治”的方针，控制和部分消灭了畜禽的疫病，保障了畜牧业的发展。

(2)自然条件

自然条件指季节、气候、温度、地理环境等因素对疾病的影响。如：夏季气温较高，有利于病原微生物繁殖，消化道疾病易发；冬季寒冷，机体抵抗力降低，易发生感冒和呼吸道疾病；低洼潮湿地区易发生寄生虫性疾病。

(四)疾病发生、发展的基本机理

1. 致病因素对机体的直接作用

有些致病因素侵入机体后直接作用于组织、细胞或选择性地作用于某组织、器官，造成组织细胞的机能代谢障碍，引起相应的疾病或病理变化。如：高温、低温直接引起烧伤和冻伤；强酸、强碱直接腐蚀组织；CO 侵入机体选择性地与血红蛋白结合，引起血红蛋白变性，造成机体缺氧，引起组织细胞损伤。

2. 致病因素改变神经调节机能

致病因素作用于神经系统，引起神经机能改变，产生相应的疾病或病理变化。发生疾病时神经系统的作用分为神经反射作用和神经系统的直接作用。

(1)神经反射作用

致病因素通过神经反射引起相应的疾病或病理变化。致病因素作用于感受器，引起神经反射活动发生改变，所以神经调节机能改变。如缺氧时血液中的氧分压降低，可刺激颈动脉体和主动脉弓化学感受器，反射性地兴奋呼吸中枢，引起呼吸加深加快。饲料中毒时出现呕吐和腹泻也是神经反射的结果。

(2)神经系统的直接作用

致病因素直接作用于中枢神经，中枢神经的调节机能改变引起相应的疾病或病理变化。如中枢神经损伤、脑炎、中毒等直接损伤神经组织，造成神经机能障碍，引起相应的疾病。

3. 致病因素改变体液调节机能

致病因素引起体液质和量的变化，从而导致体液调节机能的障碍造成内环境紊乱引起相应的疾病或病理变化。

体液的变化表现为体液量改变、酸碱度改变、渗透压改变、电解质含量的改变、酶活性的改变、激素水平改变等，这些体液因素的改变可引起机体产生相应的机能代谢和形态结构的变化。如严重的腹泻时，碱性肠液大量丢失，引起机体出现脱水和酸中毒；氰化物中毒引起细胞色素氧化酶的活性降低，机体对氧的利用能力降低导致缺氧；机体在中毒、创伤、缺氧、失血等病因作用下，垂体前叶和肾上腺皮质激素分泌增多，增强机体的抵抗力，提高机体抗病能力。可见体液调节机能的改变，在疾病发生发展中起重要作用。

4. 分子机理

致病因素通过何种途径引起疾病，在疾病过程中都会以各种形式表现出分子水平上大分子多聚体(蛋白质、核酸)与小分子物质的异常，分子水平的异常变化又会不同程度上影响正常的生命活动。这就是近年来出现的分子病理学。由于分子病理学的快速发展，对疾病的研究进入分子水平，从基因水平阐明疾病发生机制。

疾病发生的机理可概括为上述四个方面，它们在疾病发展的不同阶段所起的作用是不同的。只有对疾病进行具体分析，才能做出正确判断，确定各种机制的关系和相互作用，对疾病采取相应的措施。

(五)疾病发展的一般规律

1. 疾病过程中损伤和抗损伤斗争及转化

致病因素作用于机体，引起机体出现损伤变化，即机体的机能代谢和形态结构发生改变；同时也激发机体出现抗损伤反应，即机体出现防御、代偿、适应和修复反应。损伤和抗损伤的斗争贯穿疾病的始终，而且在疾病过程中损伤与抗损伤的对比力量不断发生变化决定疾病的发展方向和结局。当损伤占优势，疾病继续发展恶化，甚至导致动物死亡。反之，当抗损伤占优势时，疾病逐渐好转，乃至康复。例如，创伤性大失血时，机械力一方面破坏组织、损伤血管、引起血液丢失等一系列病理性损伤，同时激起机体的抗损伤反应，动脉血压下降和疼痛可反射性引起交感神经兴奋和儿茶酚胺分泌增多，从而出现血管收缩、心跳加快，心肌收缩力加强、肝脾存储血液释放，有利于维持血压、保证生命重要器官(心、脑)的血氧供给。如果病理性损伤不严重，通过机体的抗损伤反应，加上及时合理的治疗，动物很快康复。如损伤严重，机体失血过多，机体的抗损伤反应不足以对抗损伤变化，病情则恶化，导致机体出现严重的缺氧、失血性休克，甚至死亡。

在疾病发展过程中，损伤变化和抗损伤反应相互依存，相互斗争是推动疾病不断演变的基本动力。但在一定条件下，损伤变化与抗损伤反应可以相互转化。如肠炎时出现腹泻，一方面有利于细菌和毒素的排出，是抗损伤反应。另一方面在腹泻时体液大量丢失，可以引起脱水和酸中毒，对机体造成损伤。所以，在疾病治疗过程中，具体情况应具体分析，正确区分疾病过程中的损害性变化和抗损伤反应，才能做出正确诊断，采取合理有效的措施，引导疾病向抗损伤方向发展，促使机体及早康复。

2. 疾病过程中的因果转化规律

因果转化是疾病发生发展的基本规律之一。在疾病过程中原始病因作用于机体，机体产生一定的病理变化，即原始病因作用产生的结果，这个结果在疾病发展过程中可成为新的发病原因，引起机体产生新的病理变化，又引起新的结果。这样原因与结果交替出现，相互转化，形成链锁式发展过程，即为疾病过程中的因果转化规律。因果转化贯穿疾病的始终，推动着疾病的发展，因果转换可向好的方向发展，形成“良性循环”，动物恢复康复。也可向坏的方向发展，形成“恶性循环”，造成疾病恶化，最后动物死亡。

如机械力作用于机体引起血管破裂，造成创伤性大失血，大失血引起血容量减少，血量减少又可引起心输出量减少和动脉血压下降，血压下降可反射引起交感神经兴奋，皮肤、腹腔内脏小血管收缩，引起外周组织缺氧及微循环障碍，使更多的血液淤积在微循环中，结果回心血量锐减，心输出量进一步减少和动脉血压进一步降低，组织缺氧更加严重，如此发展下去，病情不断恶化，甚至导致死亡。这是创伤性大失血因果转化和恶性循环。

疾病的因果转化过程中，同一个原因可引起几个结果，要注意掌握疾病发展不同阶段的主导环节，采取合理的措施，可防止恶性因果转化，提高机体抵抗力，形成良性转化。如创伤性大失血的主导环节是血容量减少，抓住这个主导环节及时进行补液、补充血容量治疗，就可以阻断上述连锁反应的发展，防止恶性循环出现，形成良性转化，疾病向康复方向发展。所以，正确认识疾病发展过程中的因果转化规律，针对疾病发展不同阶段的主导环节，采取有效的医疗措施，预防其主导环节的发生或打断其恶性循环，可促使病情向着有利于机体的方向发展，使机体恢复健康。

3. 疾病过程中的局部和整体的关系

疾病是以局部变化为主的完整统一机体的反应。疾病过程中局部影响全身，机体的机能状态又影响着局部。如当机体营养不良和蛋白质缺乏，组织细胞的再生能力减弱，创伤愈合较慢。感冒是上呼吸道黏膜的炎症，但在感冒时常出现发热、精神沉郁、食欲减退等全身反应。可见，局部和整体相互影响，二者不可分割。因此在疾病治疗中，进行全面分析处理，局部和整体同时兼顾，才能有效防治疾病。

(六)疾病的经过与转归

疾病从发生到结束的整个过程，称为疾病的经过或疾病的过程。疾病过程中，由于存在着损伤与抗损伤斗争且对比力量不断变化，使疾病常呈现不同的阶段性。由于致病因素不同，有的疾病过程阶段性明显，有的不明显。以生物性致病因素所致传染病，病程经过的阶段性表现明显，分为潜伏期、前驱期、临床明显期和转归期四个阶段性。

1. 潜伏期

潜伏期又称隐蔽期，是指从致病因素作用于机体开始至呈现最初的临床症状为止的阶段。由于机体本身情况不同，各种致病因素的致病力不同，所以不同疾病潜伏期的长短也不一样。炭疽潜伏期是1～5 d，猪肺疫潜伏期是1～5 d，猪瘟潜伏期7～10 d。

潜伏期的特点，机体动员一切防御力量与侵入的致病因素进行斗争，机体的防御力量占优势，则机体不发病。致病因素占优势，则疾病继续发展，进入前驱期。

2. 前驱期

前驱期又称先兆期，是指从疾病出现最初症状到主要症状开始出现为止的阶段。前驱期的特点，损伤与抗损伤作用均加重，并且以损伤变化占优势，使机体的机能活动和反应性均有所变化，于是呈现各种非特异性的临床症状，如精神沉郁、食欲减退、呼吸和脉搏加快、体温升高等。在前驱期一般不出现各种疾病的特征性症状，因此，此期难以对疾病做出确诊。

在此期如机体的防御力量增强或采取适当治疗，消除病因，疾病可停止并好转。否则疾病继续发展进入临床明显期。

3. 临床明显期

临床明显期是指疾病的特异性症状或全部主要症状充分表现出来的时期。疾病不同此期持续的时间长短不同。在此期，致病因素的损伤作用和机体的抗损伤作用都得到进一步的发展，因此疾病的特征性症状出现，对疾病的诊断与合理治疗均有重要意义。

4. 转归期

转归期是指疾病的结束阶段。在此期若机体的防御、代偿适应和修复能力得到发展并占绝对优势时，疾病好转或康复。若病理性损伤加剧并占绝对优势，疾病恶化甚至死亡。

转归有三种可能性，即完全康复、不完全康复或死亡。

(1)完全康复

完全康复又称痊愈，是指病因消除，机体机能代谢和形态结构的损伤完全恢复。此时机体的各器官系统之间及机体与外界环境之间的平衡关系得到完全恢复，动物的生产性能恢复正常。

(2)不完全康复

不完全康复是致病因素对机体的作用已停止，疾病的主要症状也已消失，但机体的机能、代谢和形态结构的损伤却未完全恢复，机体仍遗留某些病理损伤，只能借助机体的代偿活动来维持生命，如心内膜炎后形成的瓣膜闭锁不全，乳腺炎形成的结缔组织增生，皮肤损伤后留下的瘢痕。

(3)死亡

死亡是生命活动的终止。一般可将死亡过程分为三个阶段。

①濒死期：此期机体各系统的功能发生严重障碍，中枢神经系统脑干以上各部位处于深度抑制状态，反射活动迟钝、感觉消失、粪尿失禁、体温降低、代谢紊乱、呼吸困难、心跳微弱、血压降低。濒死期的长短因病而异，有的疾病不经过濒死期而直接进入临床死亡期。慢性疾病，其濒死期一般较长。

②临床死亡期：此期主要标志为心跳和呼吸完全停止。此时反射活动消失，中枢神经系统高度抑制，但组织细胞中仍然保持着微弱的代谢过程。在一般情况下，血液完全停止供给后，大脑所能耐受的缺氧时间为5～6 min，超过这个时间大脑将产生不可恢复的变化，所以临床死亡期持续时间为5～6 min。但在低温的条件下，临床死亡期持续的时间长。濒死期越长，一般临床死亡期就越短。

此期变化是可逆的，由于机体生命重要器官的代谢过程尚未停止，有些急死的动物(如窒息、触电等)，若采取急救措施，抢救及时有复活可能，故此期为死亡的可逆时期。

③生物学死亡期：生物学死亡期是死亡的最后阶段，也是死亡的不可逆阶段。此时从大脑皮层到中枢神经系统及机体各器官系统的代谢活动完全停止，出现不可逆的变化导致真正死亡，随后出现尸斑、尸冷、尸僵及尸体腐败等死后的变化。

判定整体死亡的标志就是脑死亡。判定脑死亡的根据为：①呼吸停止，无自动呼吸；②不可逆昏迷或大脑无反应性；③无瞳孔散大或瞳孔固定；④颅神经反射消失，如瞳孔反射、角膜反射、视听反射等消失；⑤脑电波消失，零电位脑电图；⑥脑血液循环完全停止。

二、水肿与脱水

(一)水肿

水肿是指组织液在组织间隙或体腔内过多蓄积。水肿发生的部位不同，表现的病理变化也不一样，名称也不尽相同。体液在体腔内蓄积过多时，称为积液或积水。水肿发生于皮下组织时则称为浮肿。

1. 水肿发生的原因及机制

不同类型的水肿发生原因和机制不尽相同，但多数都具有一些共同的发病环节，其中主要是组织液生成量与回流量之间的平衡失调以及水、钠在体内潴留引起。

(1)组织间液循环障碍

在生理条件下，组织液与血液不断进行液体交换，组织液的生成和回流处于动态平衡。

这种平衡是由血管内外多种因素决定的，可以归结为两种力量的作用，一种是促使组织液生成的力量(血管内的流体静压、组织液的胶体渗透压)；另一种是促使组织液回流入血管的力量(血浆胶体渗透压、组织液的流体静压)。这两种力量加之血管壁通透性和淋巴回流等因素决定液体的滤出或回流。不能由毛细血管静脉端回流的液体，则经淋巴循环途径回流入血液。这样就可以维持组织间隙内液体的相对动态平衡。在病理条件下，组织液生成与回流间的动态平衡发生了破坏，细胞液生成过多而回流减少，组织液聚积在组织间隙则发生水肿。引起组织液生成增多的因素如下。

①毛细血管和微静脉通透性增高：正常情况下，毛细血管和微静脉的血管壁为半通透性膜，只允许血浆和微量蛋白质滤出，阻止一些大分子物质通过，因此，在毛细血管内外形成了很大的胶体渗透压梯度，维持血浆胶体渗透压的恒定。当毛细血管受到损伤，如细菌毒素、感染、创伤、烧伤、冻伤、化学损伤、缺氧和酸中毒等因素可损伤血管内皮细胞联合处的黏合质，血管内皮及基膜发生变性、液化，使血管壁通透性增高，有较多的血浆蛋白质及液体成分渗出到组织间隙，导致血浆胶体渗透压降低、组织液的胶体渗透压升高，体液的滤出量进一步增多，回流量减少而导致水肿。另外，血管活性物质(组织胺、5-羟色胺、缓激肽等)、某些细菌的毒素(葡萄球菌毒素、产气荚膜杆菌毒素等)和组织代谢及崩解的某些产物(腺苷、乳酸)等，它们可直接损伤毛细血管和微静脉管壁或引起血管内皮细胞收缩，引起细胞间隙扩大使管壁通透性增高，也可引起水肿。

②毛细血管流体静压升高：即静脉压升高。毛细血管内压是促使组织液生成的力量，正常时动脉端较高，组织液滤出，静脉端较低才使组织液回流。当毛细血管流体静压升高时，动脉端有效滤过压增大，组织液的生成增多，而从静脉端回流的液体减少，组织间液生成增多，若超过淋巴回流的代偿限度时即可发生水肿。

造成局部或全身静脉压升高的因素很多，如右心力衰竭时，静脉回流受阻，引起静脉压升高导致心性水肿；肝硬化时门静脉回流受阻引起腹水；静脉血栓、肿瘤或肿胀物压迫静脉等均可引起静脉压增高而导致局部组织水肿。

③血浆胶体渗透压降低：血浆胶体渗透压是使组织液回流入血的主要力量，当血浆胶体渗透压下降时，组织液回流减少，可引起水肿。血浆胶体渗透压主要取决于血浆中蛋白质的含量，当机体发生严重营养不良或肝功能不全时可导致血浆白蛋白合成障碍；慢性消耗性疾病蛋白质消耗过多；肾功能不全时大量白蛋白可随尿丢失，都会引起血浆胶体渗透压降低而发生水肿。

④组织液渗透压增高：组织液渗透压是阻止组织液向血管内回流的力量，也是促使血浆中的液体向血管外滤出的力量。组织液渗透压增高可促进组织液的生成而引起水肿。

造成组织液渗透压升高的因素，如血管壁通透性增高，血浆蛋白渗出可使组织液胶体渗透压增高；组织缺氧、局部炎症及各种损伤时组织细胞变性、坏死，组织分解加剧使大分子物质分解为小分子物质，亦引起局部渗透压增高。

⑤淋巴回流受阻：淋巴回流是维持组织液动态平衡的重要途径。正常情况下，淋巴循环可将部分的组织液和从毛细血管动脉端滤出的少量蛋白质输送回血液循环中。当组织液生成增多时，淋巴循环可代偿增加回流，将增多的组织液排出。当淋巴回流受阻，可引起细胞间液积聚及组织胶体渗透压升高，引起水肿，其水肿液中蛋白质含量也较高。当发生淋巴管炎或淋巴管阻塞，可导致淋巴回流受阻，引起明显的水肿。

(2)水、钠潴留

动物不断从饲料和饮水中摄取水和钠盐。正常情况下，成年动物体内水及钠盐的摄入量和排出量通常保持平衡，这种平衡的维持是通过神经体液的调节得以实现的。肾脏对水、钠的调节起重要作用，肾脏通过肾小球的滤过和肾小管的重吸收作用来维持机体的水、钠平衡。如果肾小球滤过作用减少或肾小管对钠、水的重吸收作用增强，可导致钠、水在体内的潴留。钠、水潴留是水肿发生的物质基础。

①肾小球滤过机能降低：肾小球滤过减少，会导致钠、水在体内潴留。引起肾小球滤过机能降低的病因如下。

a. 肾小球的滤过膜通透性能降低：如急性肾小球性肾炎，肾小球毛细血管内皮细胞增生、肿胀，基底膜增厚，除能减少有效滤过面积外，还使肾小球滤过膜通透性能降低，致使出现少尿或无尿；在慢性肾小球肾炎的病例，则由于肾小球严重纤维化而影响滤过。

b. 肾小球的有效滤过压改变：如创伤、失血、烧伤等原因引起全身血压下降，或者在入球小动脉收缩、阻力加大时，肾小球毛细血管血压随之降低，使有效滤过压减小，原尿生成减少。体内钠、水潴留而发生水肿。

②肾小管重吸收增强：肾小管重吸收增多是决定体内钠、水潴留的主要方面。正常情况下肾小球滤出的水、钠总量中只有0.5%～1%被排出，绝大部分被肾小管重吸收。影响水和钠重吸收的因素如下。

a. 激素：水和钠的重吸收受抗利尿激素、醛固酮等激素的调节。抗利尿激素可促进远曲小管和集合管重吸收水，醛固酮可促进肾小管重吸收钠。任何能使血浆中抗利尿激素或醛固酮分泌增多的因素，都可引起肾小管重吸收水、钠增多。另外，肝功能严重损伤影响抗利尿激素和醛固酮的灭活，也可促进或加重水肿的发生。

b. 肾脏血流的分布：在某些病理情况下(如心力衰竭、休克)可出现肾血流重分布，这时肾血流大部分分配到髓旁肾单位，使较多的钠、水被重吸收，导致钠、水潴留。

2. 水肿的类型

根据水肿发生的原因，水肿可分为以下几种。

(1)心性水肿

心性水肿是因心功能不全而引起的水肿。左心衰引起肺水肿，右心衰可引起全身水肿。患病动物的身体下垂部或皮下组织比较疏松处发生明显水肿，严重时也可出现胸水和腹水等。

(2)肾性水肿

肾性水肿是因肾脏功能不全引起的全身性水肿，如肾病综合征、急慢性肾炎等都可发生水肿。患病动物机体疏松部位出现明显水肿，如眼睑、阴囊和腹部皮下等。

(3)肝性水肿

肝性水肿是因肝脏疾病引起的体液异常积聚，常形成腹水，也可见皮下水肿。

(4)营养不良性水肿

营养不良性水肿又称恶病质性水肿，因营养物质严重不足引起的全身性水肿。水肿从组织疏松处开始，逐渐发展至全身皮下和低垂部位。

(5)淤血性水肿

淤血性水肿是静脉回流受阻引起毛细血管流体静压升高所致。另外，淤血导致缺氧、酸中毒可进一步引起毛细血管通透性增高，也可促进水肿的发生。

3. 水肿的病理变化

不同组织或器官发生水肿时其形态学变化有所不同。

(1)皮下水肿

外观皮肤肿胀，颜色变浅，失去弹性，触之质如面团，指压遗留压痕。切开皮肤有大量浅黄色液体流出，皮下组织呈淡黄色胶冻状。

(2)肺水肿

眼观体积增大，重量增加，质地变实，肺胸膜紧张而有光泽，肺表面因高度淤血而呈暗红色，肺间质增宽，肺切面呈紫红色，从支气管和细支气管断端流出多量泡沫状液体。

(3)脑水肿

眼观可见软脑膜充血，脑回变宽而扁平，脑沟变浅。脉络丛血管常淤血，脑室扩张，脑脊液增多。

(4)实质器官水肿

肝脏、心脏、肾脏等实质性器官发生水肿时，器官的肿胀比较轻微，只有进行镜检才能发现。

(5)浆膜腔积水

当浆膜腔发生积水时，浆膜小血管和毛细血管扩张充血，浆膜面湿润有光泽，浆膜肿胀，腔内蓄积有多量水肿液。

4. 水肿对机体的影响

水肿的影响因水肿的类型、发生部位、程度和持续时间长短而不同。

一般轻度水肿对机体无大影响，但重度持久水肿，尤其重要器官的水肿可引起严重后果。水肿对机体的影响主要表现在以下两方面。

(1)有利的影响

当血容量明显增加时，大量液体转移到组织间隙，可缓解或减轻循环系统的负担。炎性水肿可稀释局部有害物质，输送抗体到炎症部位；水肿液中的纤维蛋白形成网状结构能阻止病原微生物或有害物质扩散，有利于吞噬细胞的吞噬。

(2)有害的影响

水肿液压迫细胞、组织导致功能障碍。此外，因水肿液的存在，使氧和营养物质从毛细血管到达组织细胞的距离增加，增加了物质交换的困难，导致组织细胞营养不良，严重时引起损伤。长期水肿，可刺激结缔组织增生，使器官发生硬化。水肿组织因血液循环障碍可引起组织细胞再生能力减弱，水肿部位的损伤往往不易愈合。

(二)脱水

脱水是指由于水的摄入不足或丧失过多，导致体液总量减少的现象。脱水时机体在丧失水分的同时，伴有不同程度电解质的丢失，特别是钠离子的丧失。根据水、钠盐丧失的比例不同，可将脱水分为高渗性脱水、低渗性脱水和等渗性脱水三种类型。这三种脱水在一定情况下可以互相转化，如等渗性脱水时，若动物大量饮水，则可转化为低渗性脱水；等渗性脱水时，由于水分不断通过皮肤和肺蒸发，则可转化为高渗性脱水。

1. 高渗性脱水

失水大于失钠，血浆渗透压及血清钠浓度均升高，故称为高渗性脱水，又称为缺水性脱水或单纯性脱水。

(1)发生原因

①摄水不足：多因水源缺乏、饮水不足、伴有吞咽困难的各种疾病(咽部发炎、食道阻塞、破伤风)及饮水机能丧失(昏迷)时摄入体内水减少而导致脱水。

②失水过多：低渗性体液丢失过多，如排汗过多(过度使役、中暑、疝痛等)、排尿过多(服用利尿剂、高渗葡萄糖溶液等)时因体液丧失过多而导致脱水。

(2)病理过程及其特点

高渗性脱水因失水大于失钠，导致血浆渗透压和血浆钠离子浓度升高，此时机体发生一系列代偿适应性反应，以保水排钠，恢复细胞外液的等渗状态，恢复循环血量。其主要表现如下。

血浆渗透压升高，细胞间液的部分水分被吸收入血液，血浆中的部分钠盐进入组织间液，使血浆得以补充水分并降低钠，血浆高渗得到缓解。

血浆渗透压增高，直接刺激丘脑下部视上核的渗透压感受器，一方面反射性地引起患病动物产生渴感，可从外界摄水；另一方面可使垂体后叶释放抗利尿激素(ADH)增多，加强肾小管对水分的重吸收，减少水分的排出，故临床尿量减少。

另外，血浆钠离子浓度升高，引起 Na^+/K^+ 比值升高，肾上腺皮质分泌醛固酮减少，肾小管对 Na^+ 重吸收减少，钠离子随尿排出增多，以降低血浆钠离子的浓度，故尿钠增多。

经上述调节，可使血浆渗透压有所降低，循环血量有所恢复。如脱水过程继续发展，机体的代偿适应能力逐渐降低，进入失代偿阶段，可对机体造成较大影响。

如脱水持续发展，组织间液的水分不断吸收入血，血浆中的部分钠盐进入组织间液内，组织间液的渗透压升高，导致细胞脱水。细胞脱水时，细胞皱缩，细胞内氧化酶活性降低，引起细胞内物质代谢障碍，酸性代谢产物堆积导致酸中毒。严重脱水时，细胞外液得不到补充，血液黏稠，血容量减少，发生血液循环障碍，继发肾脏排泄机能障碍，使大量有毒代谢产物不能迅速排出而滞留体内，引起自体中毒。由于机体缺水，各种腺体分泌减少，如唾液腺分泌减少，患畜呈现口干、吞咽困难、影响食欲及消化。皮肤和呼吸器官蒸发的水分相应减少，散热发生障碍，引起体温升高。因脱水所致的发热，称为脱水热。严重脱水，引起中枢神经系统机能障碍，动物出现运动失调、昏迷甚至死亡。

高渗性脱水的病理特点：血浆渗透压升高、血液浓稠、细胞皱缩，患病动物出现口渴、尿少和尿的比重增加、细胞脱水、皮肤皱缩等症状。

2. 低渗性脱水

失钠大于失水，血浆渗透压及血清钠浓度均降低，故称为低渗性脱水，又称缺盐性脱水。

(1)发生原因

①补液不当：最常见的原因是体液大量丧失。如腹泻、剧痛、大量出汗、呕吐、大面积烧伤、中暑等时，只补充水分或5%的葡萄糖溶液，而忽略了补充钠盐引起低渗性脱水。

②失钠过多：肾脏疾病时，肾小管重吸收钠离子的能力降低，钠随尿液排出增多。肾上腺皮质机能低下时醛固酮分泌减少，肾小管对钠离子的重吸收减少，大量钠离子随尿排出体外。此外，连续使用排钠性的利尿药，如速尿、利尿酸、氯噻嗪类等抑制肾小管对钠

离子的重吸收，也会导致钠离子随尿排出，引起低渗性脱水。

(2)病理过程及其特点

低渗性脱水由于失盐多于水，血浆中 Na^+ 浓度减少，故血浆渗透压降低。机体出现代偿适应性反应，以保钠、恢复和维持血浆渗透压。其主要表现为：

血浆渗透压降低，组织间液的部分钠离子可通过毛细血管壁进入血液内，以提高血浆渗透压，同时可导致组织间液的渗透压下降。

血浆渗透压降低，可刺激丘脑下部视上核的渗透压感受器，反射性地抑制垂体后叶释放抗利尿素，使肾小管对水的重吸收减少，尿量增多，并引起血容量减少。血容量减少及血浆钠离子浓度降低引起的 Na^+/K^+ 比值减小，使醛固酮分泌增多，肾小管对钠离子的重吸收加强，以提高血浆渗透压。

通过上述代偿适应性调节，可使轻度的脱水得到缓解而不对机体造成严重的危害。如果脱水不很严重，去除病因、适当治疗之后，病畜可逐渐恢复正常。若脱水过程进一步发展，可能引起一些严重后果。

如果脱水持续发展，组织间液中的钠离子不断进入血浆，造成细胞外液渗透压降低，组织间液渗透压低于细胞内液，于是组织间液中的水分进入细胞内，引起细胞水肿及组织间液显著减少。由于组织间液减少及肾脏排水增多，因而血浆的容量减少，导致循环血量明显减少，血液浓稠，黏度增大，流速减慢，血压下降，引起血液循环障碍。由于血液循环障碍，肾脏的血流量也显著减少，肾小球滤过率降低，尿量急剧减少，血中非蛋白氮浓度升高。严重脱水时，因细胞外液减少、循环障碍、有毒代谢产物在体内蓄积及神经细胞内液低渗，影响细胞内酶系统的活性，引起中枢神经系统机能障碍，出现神经症状。最后，患病动物常因低血容量性休克及自体中毒而死亡。

低渗性脱水的病理特点：血浆渗透压降低，血浆容量及组织间液减少，血液浓稠，细胞水肿，尿量较多，尿液比重降低，动物无渴感，皮肤松弛，四肢无力，后期发生低血容量性休克。

3. 等渗性脱水

水和钠等比例丧失，血浆渗透压基本不变，故称为等渗性脱水，又称混合性脱水。

(1)发生原因

等渗性脱水多发生在体液大量丧失的病理情况，如急性肠炎、剧烈而持续性腹痛及大面积烧伤等疾病。

(2)病理过程

等渗性脱水病初，由于体内的水分和钠盐同时丧失，所以血浆渗透压保持不变。但血浆容量减少，机体通过容量感受器的反射性调节引起 ADH 释放增多及肾素—血管紧张素—醛固酮系统活动加强引起醛固酮分泌增多，促使肾小管对水、钠的重吸收增多，以维持正常的渗透压和补偿血容量。但随着病情的发展，水分不断通过皮肤、肺的蒸发及肾脏排出，从而失水大于失钠，血浆渗透压升高，转变为高渗性脱水，机体出现口渴、尿量减少及保水排钠等一系列反应，以调节血浆渗透压。如果治疗不当，只补水或葡萄糖溶液，可由等渗性脱水转变为低渗性脱水。

等渗性脱水不同于高渗性脱水，其缺盐程度较重，若单纯补水，则缺盐症状就会急速表现出来。等渗性脱水也不同于低渗性脱水，其水分的损失较低渗性脱水为多，故细胞外液处于高渗状态，细胞内液也因之丧失。因此，等渗性脱水具有高渗性与低渗性脱水的综合特征。

等渗性脱水病理特点是：血浆渗透压保持不变，水的丧失比钠盐稍多一些。

4. 脱水的补液原则

脱水是一种常见的病理过程，在控制原发性疾病的基础上，可通过补液进行治疗。补液的基本原则是缺什么补什么，缺多少补多少。

高渗性脱水以失水为主，血钠虽高，但仍有丢失，兽医临床上常用 2 份 5%葡萄糖溶液加 1 份生理盐水进行治疗。低渗性脱水以失钠为主，临床上常用 2 份生理盐水加 1 份 5%葡萄糖溶液进行输液，重度(严重缺钠)脱水应补给高渗盐水，以迅速提高细胞外液渗透压。等渗性脱水时水、钠等比例丧失，临床上常用 1 份 5%葡萄糖溶液加 1 份生理盐水来治疗。

三、酸中毒与缺氧

(一)酸中毒

机体的内环境必须具备有适宜的酸碱度，才能保证动物机体的正常生命活动。当体液酸碱度超过一定范围，会引起物质代谢紊乱，甚至导致动物死亡。动物体在代谢过程中，不断生成酸性产物和碱性产物，同时也有一定量的酸性或碱性物质伴随饲草、饲料进入体内。但通过缓冲系统的作用、肺脏和肾脏的调节以及细胞内外离子交换，使体液的 pH 始终稳定在一个狭窄的正常范围内(7.35～7.45)。机体维持内环境 pH 值恒定的过程称为酸碱平衡。许多因素可破坏这种平衡而引起酸碱平衡紊乱。

酸中毒是指在病理情况下，由于体内酸过多，引起体液酸碱平衡紊乱，使血液 pH 低于 7.35，机体表现出多方面的临床症状。根据病因不同，将酸中毒分为代谢性酸中毒和呼吸性酸中毒两种类型。

1. 代谢性酸中毒

在某些情况下，由于机体内固定酸生成过多或 $NaHCO_3$ 大量丧失而致血浆中碱储发生减少，导致 pH 低于正常时称为代谢性酸中毒。它是临床上酸碱平衡失调最常见的一种类型。

(1)发生原因

①体内固定酸增多：在许多病理过程中，由于缺氧、发热、血液循环障碍、病原微生物及其毒素的作用，使机体内的糖、脂肪、蛋白质的分解代谢加强并伴有氧化不全，生成的乳酸、丙酮酸、酮体、氨基酸等酸性物质增多并大量蓄积，从而导致血浆 pH 下降。

②外源性的酸性物质摄入过多：常见酸或酸性药物摄入或输入过多。如氯化铵、稀盐酸、水杨酸等，使 HCO_3^- 大量消耗。

③酸性物质排出障碍：在急性和慢性肾功能不全或血液循环障碍时，体内许多酸性代谢产物如磷酸、硫酸等均不能经肾脏排出而在体内蓄积，H^+ 浓度增加导致 HCO_3^- 浓度降低，而引起代谢性酸中毒的发生。

④碱性物质丧失过多：常见于严重的腹泻、肠扭转、肠阻塞等疾病，由于肠液分泌加强，吸收障碍，使血液中碱储丢失过多而引起酸中毒。

(2)机体的代偿调节

①血液缓冲系统代偿调节：当血液中酸性物质增多时，首先与血液的缓冲系统发生作

用，细胞外液增多的 H^+ 可迅速被血液缓冲体系中的 HCO_3^- 所中和，形成碳酸和中性盐，碳酸分解为 CO_2 和 H_2O，可通过呼吸道和肾脏排出，以维持体液 pH 的稳定 $H^+ + HCO_3^- \longrightarrow H_2CO_3 \longrightarrow H_2O + CO_2$。

②呼吸代偿调节：由于血液中 H^+ 浓度及 CO_2 分压增高，可刺激延髓化学感受器及颈动脉体和主动脉体的化学感受器，引起呼吸中枢兴奋，导致呼吸加深加快，加速 CO_2 的排出，血液中 CO_2 分压及血浆中 H_2CO_3 含量随之降低。从而使 $NaHCO_3/H_2CO_3$ 的比值重新恢复正常，pH 保持不变。一般来说呼吸系统的代偿是非常迅速的，它可在十几分钟内呈现出明显的呼吸增强作用。因此，呼吸加强是代谢性酸中毒的重要标志之一。

③肾脏的代偿调节：酸中毒时，肾小管上皮细胞内的碳酸酐酶和谷氨酰胺酶活性增强，肾小管上皮细胞排泌 H^+ 和 NH_3 增加，置换原尿中 Na^+ 增多，Na^+ 以 $NaHCO_3$ 的形式回收入血，可使增多的 H_2CO_3 得到代偿，并可补偿血浆中的 $NaHCO_3$。但此时尿液呈酸性，并且铵盐的含量增加。

④组织细胞的代偿调节：代谢性酸中毒时，细胞外液中过多的 H^+ 可通过细胞膜进入细胞内(主要是红细胞)。H^+ 被细胞内缓冲物质如无机磷酸、血红蛋白等所中和，约有 60%的 H^+ 在细胞内被缓冲。H^+ 进入细胞时，细胞内的 K^+ 外移以维持电荷平衡，导致细胞外液中 K^+ 浓度升高。由于肾功能障碍引起的代谢性酸中毒，肾脏纠酸作用不能发挥作用。

酸中毒时，经过上述代偿调节，可使血浆 $NaHCO_3$ 含量有所回升，H_2CO_3 含量代偿性降低，使 $NaHCO_3/H_2CO_3$ 比值恢复 20∶1，血浆 pH 维持在正常范围内(多偏于正常值的下限)，称为代偿性代谢性酸中毒。如果体内固定酸不断增加，碱储被不断消耗，经过代偿后 $NaHCO_3/H_2CO_3$ 比值仍小于 20∶1，pH 低于正常，称为失代偿性代谢性酸中毒。

2. 呼吸性酸中毒

由于呼吸机能发生障碍，使体内生成的 CO_2 排出受阻，或 CO_2 吸入过多，引起血液中 H_2CO_3 浓度原发性增高，pH 降低，称为呼吸性酸中毒。

(1)发生原因

①二氧化碳排出障碍：常见外呼吸通气功能障碍所致的 CO_2 排出受阻。如呼吸中枢受抑制(脑炎、脑肿瘤、麻醉剂过量等)、呼吸肌麻痹(有机磷中毒、重症的肌无力等)、胸廓疾病(胸膜炎、胸部创伤、胸膜腔积液等)、呼吸道阻塞(喉头水肿、异物堵塞气管等)、肺部疾病(肺水肿、肺气肿、肺炎等)等各种病理情况，由于肺的通气和换气不足，CO_2 经肺排出减少，引起呼吸性酸中毒。另外，血液循环障碍时，CO_2 的运输和排出受阻，故血液中 H_2CO_3 浓度升高，也可导致呼吸性酸中毒。

②CO_2 吸入过多：常见厩舍过小，通风不良或畜群过于拥挤时，空气中 CO_2 浓度过高，吸入的 CO_2 量过多，引起机体血浆中 H_2CO_3 浓度升高，发生酸中毒。

(2)机体的代偿调节

呼吸性酸中毒发生的主要环节是呼吸机能障碍，所以呼吸系统往往不能发挥代偿作用。血浆中 H_2CO_3 含量原发性增多，因此血浆中 HCO_3^- 不能发挥缓冲作用，而血浆中的其他缓冲碱含量较低，缓冲 H_2CO_3 的能力也很有限。因此，呼吸性酸中毒时，主要以以下两种方式进行代偿调节。

①细胞内外离子交换和细胞内缓冲：呼吸性酸中毒时，由于细胞外 H^+ 浓度升高，

H^+与细胞内K^+交换，进入细胞内H^+可被蛋白质缓冲，同时血浆的K^+浓度升高；此外，当血液内二氧化碳分压升高时，CO_2可借助分压差弥散入红细胞内，在红细胞内碳酸酐酶的作用下与H_2O结合形成H_2CO_3。H_2CO_3离解为H^+和HCO_3^-，H^+与HHb^-结合生成HHb，而HCO_3^-由红细胞向血浆中转移，血浆内Cl^-则进入红细胞，使血浆中HCO_3^-浓度增高。

②肾脏的调节作用：与代谢性酸中毒时相同。

呼吸性酸中毒时，经过上述代偿调节，血浆中H_2CO_3含量有所下降，$NaHCO_3$含量代偿性增多，使$NaHCO_3/H_2CO_3$比值恢复20∶1，血浆pH维持在正常范围内，称为代偿性呼吸性酸中毒。如果病情继续发展，血液中H_2CO_3不断增加，可引起血浆$NaHCO_3/H_2CO_3$比值及pH降低，称为失代偿性呼吸性酸中毒。

3. 酸中毒对机体的影响

(1)心血管系统的影响

在失代偿性酸中毒时，血液中氢离子浓度增高，可竞争性抑制Ca^{2+}和心肌收缩蛋白结合，从而抑制心肌细胞的兴奋—收缩偶联过程，致使心肌收缩力减弱，心输出量减少；H^+增多还可降低外周血管对儿茶酚胺的反应性，引起血管扩张和血压下降。

酸中毒继发血钾增高时，血钾对心脏的自律性、传导性和收缩性具有抑制作用，可引起心率减慢和心肌收缩力减弱，严重时因心脏传导阻滞可导致心室颤动和心脏骤停，导致患病动物急速死亡。

(2)中枢神经系统的影响

酸中毒时，神经细胞内氧化酶活性受抑制，能量生成减少，脑组织供氧不足；同时由于pH降低，使神经细胞中谷氨酸脱羧酶活性增高，γ-氨基丁酸生成增多，对神经系统具有抑制作用。因此，酸中毒的动物出现精神沉郁，反应迟钝乃至昏迷，严重时可因呼吸中枢和血管运动中枢麻痹而死亡。

呼吸性酸中毒有高碳酸血症，高浓度的CO_2可使脑血管扩张，颅内压升高，导致患病动物精神沉郁和疲乏无力。若CO_2含量不断升高，脑血管更扩张，则可引起脑水肿，致使病畜陷入昏迷状态。

(二)缺氧

缺氧是指机体内氧的供给不足、运输障碍或组织细胞对氧的利用能力降低，从而导致机体的形态结构和代谢功能发生一系列改变，严重时危及生命的病理过程。缺氧是造成细胞损伤的最常见原因，是很多疾病引起死亡最重要的原因。

1. 缺氧的原因及类型

氧的获得和利用是个复杂的过程，包括外呼吸、气体的运输和内呼吸。外呼吸使血液动脉化；血液循环可将氧输送到组织中；内呼吸使组织细胞摄取和利用氧。其中任何环节发生障碍都可能引起缺氧。根据缺氧的原因和血氧的变化特点，一般将缺氧分为以下四种类型。

(1)呼吸性缺氧

呼吸性缺氧又称为低张性缺氧或乏氧性缺氧，是指动脉血氧分压和血氧含量均低于正常，使组织供氧不足引起的缺氧。

①原因。

a. 空气中氧分压过低：如动物从平原进入高原或高山地带，或畜舍密集通风不良等，由于空气中的氧分压低，吸入体内氧不足，使动脉的血氧含量和血氧分压低于正常，呈现低氧血症。此型缺氧又称大气性缺氧。

b. 外呼吸功能障碍：由于肺的通气和换气功能障碍所致，如呼吸中枢抑制、呼吸肌麻痹、呼吸道阻塞、肺脏疾病、胸腔疾病等造成血液氧合作用不足，致使动脉的血氧含量和血氧分压降低，此种缺氧又称呼吸性缺氧。

②病理特征：低张性缺氧时，动脉血的血氧含量、血氧分压和血氧饱和度均降低。毛细血管中氧合血红蛋白浓度降低，还原血红蛋白浓度增加，患畜皮肤、可视黏膜呈青紫色，称为发绀；并反射地引起呼吸中枢兴奋，代偿性呼吸增加。

(2)血液性缺氧

血液性缺氧又称等张性低氧血症，是由于血红蛋白含量减少或性质改变，使动脉血氧含量降低或氧合血红蛋白释放氧不足所致的缺氧。

①原因：一是血红蛋白含量减少，如各种原因引起的贫血，因血液中的红细胞和血红蛋白数量明显减少，血液携氧减少而致组织缺氧；二是血红蛋白性质的改变，如一氧化碳中毒或高铁血红蛋白血症(亚硝酸盐、氨基苯化合物、硝基苯化合物、磺胺等中毒)，血液的运氧能力降低引起的缺氧。

②病理特征：血液性缺氧时血氧含量和血氧容量均降低。贫血引起的缺氧，皮肤和可视黏膜呈苍白色；一氧化碳中毒引起的缺氧，由于碳氧血红蛋白为樱桃红色，所以动物的皮肤及可视黏膜呈樱桃红色；高铁血红蛋白血症(亚硝酸盐中毒)患畜皮肤、可视黏膜呈高铁血红蛋白的咖啡色或类似发绀的青石板色(黑紫色)。

(3)循环性缺氧

循环性缺氧又称低血流性缺氧，是由于组织血流量减少，使组织供氧不足所引起的缺氧。

①原因：一是全身性血液循环障碍，见于休克、心力衰竭、大出血等，因心输出量减少或有效循环血量减少，组织供氧不足引起的缺氧；二是局部性血液循环障碍，见于血栓形成、动脉狭窄、局部血管受压迫、血管病变等，单位时间内从毛细血管流过的血量减少或变慢，弥散到组织细胞内的氧减少而引起的缺氧。

②病理特征：单纯的循环性缺氧，动脉的血氧容量、血氧含量和血氧分压均正常，静脉血氧分压和血氧含量降低。在淤血性缺氧时，血液淤滞在毛细血管床形成了更多的还原血红蛋白，患畜的皮肤、可视黏膜可出现发绀。

(4)组织性缺氧

组织性缺氧是由于组织、细胞利用氧的能力障碍引起的缺氧，又称为氧利用障碍性缺氧。

①原因：一是组织中毒，常见氰化物(氰化钾、氰化钠等)、硫化物(硫化氢)、砷化物(三氧化二砷)等化学物质过量使用引起缺氧，又称为组织中毒性缺氧；二是线粒体损伤，如细菌毒素、大剂量放射线照射、中毒等因素使线粒体损伤，使细胞利用氧的能力降低；三是维生素缺乏，如硫胺素(维生素 B_1)、核黄素(维生素 B_2)、维生素 PP 等缺乏导致呼吸酶合成障碍，致使细胞利用氧障碍。

②病理特征：组织性缺氧时，动脉血氧分压、血氧容量和血氧含量均正常。由于内呼吸机能发生障碍，组织不能充分利用氧，故静脉血氧分压和静脉血氧含量升高，动一静脉血氧含量差减小。

2. 缺氧时机体的机能与代谢变化

缺氧时机体机能和代谢的改变取决于缺氧的发生速度、程度、持续的时间和机体的机能状态。一般来说，轻度缺氧或在缺氧初期，机体呈现一系列代偿适应性反应；急性缺氧或重度缺氧时，机体来不及代偿或超过机体的代偿能力时，导致机体出现代谢和机能障碍，甚至危及生命。

(1)呼吸系统的变化

缺氧时，首先呼吸机能发生代偿。呼吸变化因缺氧的类型和程度而不同，凡是伴有血氧分压降低、二氧化碳分压升高或氢离子浓度增加的缺氧，均可反射性兴奋呼吸中枢，使呼吸加深加快，肺通气量增大，可从外界摄取更多的氧以提高动脉血氧分压。同时，胸廓呼吸运动增强而加大了胸腔负压，促使静脉血回流，增加心输出量和肺血流量，有利于氧弥散入血及在体内的运送。随着缺氧的加重，体内的二氧化碳被大量呼出，血液中二氧化碳减少引起呼吸性碱中毒，呼吸中枢发生抑制，呼吸变浅、变慢，继而发生周期性呼吸困难，严重时呼吸中枢麻痹而引起死亡。

(2)循环系统的变化

缺氧初期，由于交感神经兴奋，引起心率加快，心肌收缩力加强，心输出量增加，以提高全身供氧量，对缺氧有一定的代偿意义。急性缺氧，引起皮肤、腹腔脏器和肌肉的小血管收缩，脑血管和冠状血管扩张，使全身血流重新分布，有利保证生命重要器官的供氧。

严重缺氧时，由于能量代谢障碍和酸中毒，引起心肌变性，坏死，导致心律失常；另外，由于乳酸、腺苷等酸性产物在体内蓄积，引起周围血管的广泛扩张，血压下降，回心血量减少，使组织的供血供氧量减少。

(3)血液的变化

缺氧时红细胞数量增加和氧离曲线右移。急性缺氧时，由于交感—肾上腺系统兴奋，可使脾脏等储血器官的血管收缩，释放红细胞入循环血液，从而引起红细胞增多。慢性缺氧时，由于肾脏释放促红细胞生成素增多，使骨髓的造血机能增强，促进红细胞生成，血液中红细胞数目增多。红细胞增多可提高血液携氧能力，使血氧容量和血氧含量增加，对缺氧有代偿意义。但红细胞过度增加，会引起血液黏稠，血流阻力增大，血流变慢，易形成血栓，加重缺氧。

缺氧时，红细胞内的2，3-二磷酸甘油酸增多，导致氧离曲线右移。血液释放较多的氧供组织利用。但红细胞内过多的2，3-二磷酸甘油酸将妨碍血红蛋白和氧的结合，使血红蛋白的携氧能力降低，从而加重缺氧。

(4)中枢神经系统的变化

中枢神经系统对缺氧最敏感。缺氧时脑血管扩张，血流量增加，具有一定的代偿意义。当血流量增加不能满足脑所需的能量供应时，神经机能发生改变，首先大脑皮层兴奋性过程加强，患病动物出现兴奋不安；随着缺氧的加重，大脑皮层则由兴奋转为抑制，患病动物出现运动失调、痉挛和昏迷症状，最后可因呼吸中枢及心、血管运动中枢麻痹引起死亡。

(5)组织细胞的变化

缺氧时，组织、细胞利用氧的能力和无氧酵解过程增强。慢性缺氧时，细胞内线粒体的数目和膜的表面积增加，氧化酶活性升高，提高组织利用氧的能力。缺氧时，ATP 生成减少，使糖酵解过程加强，以补偿能量的不足。严重缺氧时，细胞、组织因能量供给不足引起机能紊乱，导致细胞变性坏死。

(6)代谢的变化

缺氧时，机体的三大营养物质(糖、脂肪、蛋白质)代谢发生明显的改变。代谢改变的特点是：分解代谢加强，氧化不全产物蓄积，导致代谢性酸中毒和呼吸性碱中毒。

四、发热与黄疸

(一)发热

发热是指机体在致热源作用下，使体温调节中枢的调定点(SP)上移而引起的调节性体温升高，并伴有各器官系统机能和代谢改变的病理过程。

发热不是独立的疾病，是一种基本病理过程，又是疾病发生发展的一个重要信号，是临床诊疗和病例分析不可忽视的重要内容。多数病理性体温升高均属发热，但少数病理性体温升高不是由于体温调定点上移所致，而是体温调节机构失控或调节功能障碍的结果，其本质不同于发热，称之为过热。如脑出血、颅骨损伤、脑肿瘤等直接损害丘脑下部体温调节中枢，使体温调节机能紊乱，体温升高；广泛性的皮肤疤痕，因散热障碍，炎夏可出现体温升高；甲状腺功能亢进造成异常产热，引起体温升高等，均属过热。过热时体温升高是被动性，其升高水平超过调定点水平。

1. 发热原因

(1)致热源和发热激活物

致热源是指能引起体温升高的物质。根据来源不同，致热源分为外源性致热源和内生性致热源两种。致热源是具有致热性或含有致热成分并能直接作用于体温调节中枢的物质。许多的外源性致热源和体内某些产物不能直接作用于体温调节中枢引起发热，而是激活产内生性致热源细胞，使之产生和释放内生性致热源作用于体温调节中枢，再通过某种方式引起机体发热。能使产内生性致热源细胞激活，产生和释放内生性致热源的物质称为发热激活物。发热激活物包括外源性致热源和某些体内产物。

(2)外源性致热源

来自体外的致热物质称为外源性致热源，主要包括各种病原微生物及其代谢产物。

①细菌及其毒素。

a. 革兰氏阳性细菌：是引起发热的常见原因，主要有葡萄球菌、链球菌、肺炎球菌等。这类细菌除了菌体具有致热外，其代谢产物(外毒素)也是重要的致热物质。

b. 革兰氏阴性细菌：典型的菌群有大肠杆菌、伤寒杆菌等。革兰氏阴性细菌的菌壁含有内毒素，它的活性成分是脂多糖，是一种有代表性的细菌致热源，其主要作用是激活产内生性致热源细胞产生和释放内生性致热源引起机体发热。

②病毒：常见的有流感病毒和麻疹病毒等激活产内生性致热源细胞而产生和释放白细胞致热源引起发热，其致热作用与病毒及所含的血细胞凝集素有关。

③其他微生物：如螺旋体、真菌及分枝杆菌等也能引起机体发热。真菌是通过菌体及体内所含的荚膜多糖和蛋白质引起发热；钩端螺旋体内含有溶血毒素和细胞毒因子等引起

机体发热。

(3)体内产物

体内某些产物可以诱导产内生性致热源细胞产生和释放内生性致热源引起机体发热。

①致炎物和炎症灶激活物：各种物理、化学或机械性刺激等所造成的组织坏死，均可引起无菌性炎症，组织蛋白的分解产物在炎灶局部或被吸收入血，可激活产内生性致热源细胞，使其产生和释放内生性致热源引起发热。

②恶性肿瘤：恶性肿瘤细胞生长迅速，常发生坏死，引起无菌性炎症从而导致发热。另外，肿瘤可引起免疫反应，产生的抗原抗体复合物或致敏淋巴细胞产生淋巴因子，均可导致内生性致热源的释放引起发热。

③抗原－抗体复合物：变态反应过程中所形成的抗原－抗体复合物，可激发产内生性致热源细胞产生内生性致热源引起发热。

④类固醇：体内某些类固醇产物有致热作用，如睾酮的中间代谢产物本胆烷醇酮可激活嗜中性粒细胞，产生和释放内生性致热源引起发热。

(4)内生性致热源

产内生性致热源细胞在发热激活物的作用下，产生和释放的能引起体温升高的物质叫内生性致热源。内生性致热源主要有以下几种。

①白细胞介素-1(IL-1)：主要是由单核巨噬细胞合成和释放的一种多肽类物质，具有很强的致热性。

②肿瘤坏死因子(TNF)：是由巨噬细胞分泌的一种蛋白质，有非特异性杀伤肿瘤的作用，并能引起发热。

③干扰素(IFN)：是一种具有抗病毒、抗肿瘤作用的细胞因子。干扰素对人和动物都具有一定的致热效应。

④白细胞介素-6(IL-6)：是一种糖蛋白，主要来源于单核细胞，其他的成纤维细胞和内皮细胞等也能产生，具有明显的致热性。

⑤巨噬细胞炎症蛋白-1(MIP-1)：是一种单核细胞因子，是肝素结合蛋白，皮下注射能引起炎症。

2. 发热机理

发热机制较复杂，学说很多，但主要的或基本环节已比较清楚，可概括为三个环节：首先是内生性致热源的产生和释放；其次是中枢的调节；最后是调温效应器官的反应。

(1)内生性致热源的产生和释放

内生性致热源的产生和释放是一个复杂的细胞信息传递和基因表达调控的过程。这一过程包括产内生性致热源细胞的激活和内生性致热源的产生及释放。

所有的能够产生和释放内生性致热源的细胞都称为产内生性致热源细胞，主要包括单核细胞、巨噬细胞、淋巴细胞、星状细胞等，这些细胞与发热激活物结合后，从而被激活，即可产生和释放内生性致热源，内生性致热源作为发热的“信息因子”，经血液传递到体温调节中枢。

(2)中枢的调节

体温调节中枢的高级部位在视前区一下丘脑前部。体温调节中枢存在温度感受神经元，能感受温度变化，并能将血液带来的温度刺激和外周感受器传入的冲动整合，发出信号并传达到丘脑后部与调节产热和散热有关的神经机构，对体温进行调节。

内生性致热源到达下丘脑后，首先作用于体温调节中枢，引起发热中枢介质释放，继而引起调定点的改变。发热中枢介质可分为两类：正调节介质和负调节介质。引起体温调定点上移的介质为正调节介质；限制调定点上移和体温上升的介质为负调节介质。正调节介质有三种，即前列腺素 E(PGE)、Na^{+}/Ca^{2+} 比值、环磷酸腺苷(cAMP)。负调节介质主要包括精氨酸加压素、黑素细胞刺激素和膜联蛋白。

体温调定点上移的基本过程是：内生性致热源作用于体温调节中枢，改变视前区一下丘脑前部热敏神经元的化学环境，引起中枢发热介质(正调节介质)的释放，中枢发热介质相继作用于相应的神经元，使调定点上移，体温调节中枢对体温重新进行调节。

(3)调温效应器官的反应

体温调节中枢的调定点上移后，血液的温度低于此调定点的感受阈值，它就发出信号，对产热和散热过程进行调整，即通过交感神经引起皮肤血管收缩，流经皮肤的血流量减少，因而散热减少；同时对寒战中枢的抑制减弱，皮肤温度降低又可刺激皮肤的冷觉感受器，导致骨骼肌紧张度增加，甚至引起寒战，这样骨骼肌分解代谢加强，产热增加。此外，内脏器官的分解代谢和内分泌腺的活动均增强，产热也增加。由于机体的产热增加和散热减少，因而体温升高。当血液的温度升至体温调节中枢的新调定点水平时，产热和散热在高的体温水平上达到新的平衡，并使体温保持在相应高度。

3. 发热经过和热型

(1)发热经过

发热时根据体温的变化，大致可分为三个阶段，即体温上升期、高热持续期和体温下降期。每个时期有各自的临床症状和热代谢特点。

①体温上升期：这是发热的第一阶段，又称为升热期，在此阶段由于体温调节中枢的调定点上移，血液的温度低于调定点的温度感受阈值，使体内的产热大于散热，体温不断升高。体温升高的速度因疾病不同而不同。如猪丹毒、猪瘟等，体温升高快；非典型腺疫体温上升缓慢。此期患病动物表现为精神沉郁，食欲减退或废绝，呼吸和心跳加快，皮温降低，被毛竖立，畏寒战栗等症状。

②高热持续期：为发热的第二阶段，又称为高热期，此阶段由于体温升高到新的调定点水平时，便不再继续上升而维持在较高的水平上。此期的特点是：体内产热和散热在较高水平上维持平衡，体温保持在较高水平，此时机体的产热较正常增多，散热也相应加强。此时患病动物血管扩张、血流量增加，表现为皮肤温度上升，眼结膜充血潮红、口唇干燥、呼吸和脉搏加快、尿量减少等。因病情不同，高温持续的时间不同，如牛传染性胸膜肺炎时，高热期可长达 2～3 周，而牛流行性感冒的高热期仅为数小时或几天。

③体温下降期：为发热的第三阶段，又称为退热期，此时由于体温调节中枢的调定点恢复到正常水平，血液的温度高于调定点的感受阈值，产热减少，散热增强。此期的特点是散热超过产热，高热不断下降。患病动物机体表现为体表血管舒张、排汗显著增多，尿量也增加，体温下降。

体温下降的速度因病情不同而不同。体温迅速下降称热骤退；体温缓慢下降，经数日恢复到常温称为热渐退；在兽医临床上要谨防动物体温骤退，因为在热骤退过程中，体表血管扩张、大量出汗可造成脱水和循环血量减少、血压下降、甚至急性循环衰竭而造成动物死亡。

(2)热型

热型根据体温升高的程度，可分为低热(超过正常体温1℃)、中热(超过正常体温1～2℃)和高热型(超过正常体温2℃以上)。也可根据热型曲线的波形来分类。热型曲线是指将不同时间测得的体温值标在体温单，各体温值连起来形成的体温曲线。根据曲线图形，可将热型分为以下几种。

①稽留热：指高热持续数日不退，昼夜温差不超过1℃，临床常见于大叶性肺炎、急性猪瘟、猪丹毒、流感、猪急性痢疾等急性发热性传染病。

②弛张热：体温升高后，昼夜温差超过1℃，但体温又不降至常温，临床常见于小叶性肺炎、胸膜炎、败血症、严重肺结核。

③间歇热：发热期与无热期有规律地交替出现，即高热持续一定时间后，体温降至常温，间歇较短时间后再升高，如此有规律地交替出现，临床常见于血孢子虫病、锥虫病、化脓性局灶性感染等。

④回归热：与间歇热相似，高热期与无热期有规律地交替出现，但间歇时间长，无热持续时间与发热时间大致相等，临床常见亚急性和慢性马传贫。

⑤消耗热：长期发热，昼夜温差在3～5℃，临床常见于慢性或严重的消耗性疾病，如重症结核等。

4. 发热时机体的代谢及机能变化

(1)物质代谢的变化

发热时机体物质代谢的变化的特点是：分解代谢加快。体温每升高1℃，基础代谢率提高13%，所以发热动物的营养物质消耗增多。如果持久发热，引起营养物质摄入不足和大量消耗，会导致患病动物消瘦，体重下降。

①糖代谢：发热时由于交感神经兴奋，甲状腺素和肾上腺素分泌增多，使机体内的糖原分解加强，血糖升高。另外，发热时，由于耗氧量和基础代谢率增高，相对氧供给不足，糖的无氧酵解过程加强和氧化不全，结果血液和组织内乳酸增多。

②脂肪代谢：发热时由于糖原存储减少或耗尽，使脂肪分解明显加强，脂库内脂肪大量消耗，机体消瘦，血液中脂肪酸含量增加。因脂肪氧化不全，有时出现酮尿。

③蛋白质代谢：发热时随糖原和脂肪大量分解，蛋白质分解也加强。由于蛋白质分解加强，尿氮比正常增加2～3倍，可出现负氮平衡，引起体内蛋白质总量减少。持续发热，由于蛋白质消耗过多或摄入不足，可致蛋白质性营养不良，实质器官及肌肉发生萎缩、变性，组织修复能力减弱，以至机体衰竭。

④维生素代谢：长期发热时，由于参与酶系统组成的维生素消耗过多，加之摄取和吸收减少，常发生维生素缺乏，特别是B族维生素和维生素C缺乏。因此，对长期发热或高热患畜应适当补充维生素。

⑤水、电解质代谢：发热的体温上升期和高热期，由于分解代谢加强，氧化不全产物堆积，尿量减少，引起水、钠在体内潴留。退热期由于大量排汗，排尿加速，体内的水和钠大量排出。若排出过多，可导致水分大量丢失，严重者可引起脱水。此外，发热时分解代谢加强，酸性的氧化不全产物增多，加上肾脏排泄功能降低，故可引起代谢性酸中毒。

(2)机能的变化

①中枢神经系统机能变化：发热初期，中枢神经系统兴奋性增强，动物表现为兴奋不安，狂躁；高热期，由于高温血液及有毒产物的作用，中枢神经系统呈现抑制，动物精神沉郁，甚至昏迷和抽搐。此外，在体温上升期和高热持续期，交感神经兴奋性增强，退热期，副交感神经兴奋性增高。

②循环系统的机能变化：发热时心跳加快，体温每上升 1℃，每分钟心跳增加 10～15 次。但长期发热时由于体内氧化不全的代谢产物和微生物毒素对心肌有直接损害作用，可引起心肌变性，心跳变慢。另外，发热初期，由于交感神经兴奋，外周血管的收缩，血压略有升高；高温期和退热期因外周血管舒张，血压略有降低。此外，当高温骤退时，特别是用解热药引起体温骤退，可因大量出汗而致虚脱、休克甚至循环衰竭，应予注意。

③呼吸系统的机能变化：发热时，由于高温血液和酸性代谢产物刺激呼吸中枢，引起呼吸加深加快。深而快的呼吸有利于氧气的吸入和机体散热。但长期高热，呼吸中枢受抑制，动物出现呼吸浅表甚至周期性呼吸。

④消化系统的机能变化：发热时，因交感神经兴奋，消化液分泌减少，胃肠蠕动减弱，动物消化吸收功能降低，动物表现为食欲减退或废绝，口腔黏膜干燥，肠内容物发酵和腐败，可诱发腹胀、便秘，甚至自体中毒。

⑤泌尿系统的机能变化：发热初期和高热期，由于交感神经兴奋，流经肾脏血流量减少，因而尿量减少。退热期，由于副交感神经兴奋，肾脏血液循环得到改善，因而尿量增加。

⑥防御机能的变化：一定程度的发热时，机体内单核-巨噬细胞系统的吞噬活动增强，抗体形成增多，肝脏解毒功能增强，有助于机体对致病因素的清除。这是发热对机体有利的一面。但是，当体温过高或持续发热时，机体的分解代谢加强，营养物质过度消耗，酸性代谢产物蓄积，各系统发生机能障碍及实质器官的营养不良，又导致机体的抵抗力降低。这些是发热对机体不利的一面。

(二)黄疸

黄疸又称高胆红素血症，是由于动物体内胆红素代谢障碍，血浆胆红素浓度增高，而引起皮肤、巩膜、黏膜、浆膜、大部分组织、实质器官及某些体液黄染的一种常见病理变化。某些疾病的过程中主要临床表现是可视黏膜的黄染，较多见于肝脏疾病和引起机体溶血的疾病。

1. 胆红素的正常代谢途径(图 2-1)

胆色素包括胆红素、胆绿素、胆素原和胆素。胆红素的正常代谢途径是：动物体内大量的胆红素来源于衰老红细胞(红细胞生成后进入血液循环，在体内存活大约 120 d)，少部分来源于其他的酶类、肌红蛋白，血液循环中衰老的红细胞经骨髓、脾和肝的单核巨噬细胞吞噬、破坏后，血红蛋白分解为珠蛋白和血红素。珠蛋白作为生成血红蛋白的原料被机体重新利用。血红素在细胞内血红素氧化酶作用下产生铁、一氧化碳和胆绿素。铁和一氧化碳进入其他代谢，胆绿素由细胞液中胆绿素还原酶的作用而形成胆红素。这种胆红素难溶于水，称间接胆红素。血浆中的清蛋白与之结合形成间接胆红素－清蛋白结合体，间接胆红素－清蛋白结合体随血流的运行到肝细胞表面，该结合体分离，间接胆红素进入肝细胞与载体蛋白结合，在滑面内质网处由葡萄糖醛酸基转移酶作用下转变成直接胆红素(溶于水)。

直接胆红素是胆汁的一种成分，在肝细胞内被排泄到胆管，经胆管排入十二指肠，在肠道内，大量直接胆红素在细菌的作用下产生无色的胆素原，大部分胆素原随同肠内容物以粪便的形式排出体外，粪胆素原在空气中被氧化成粪胆素，使粪便带有黄褐色色彩。还有10%～20%胆素原由肠管吸收入血液，经门静脉进入肝脏，其中大部分又重新转变成胆红素，再参加胆汁合成和排入肠道，这个过程称作胆色素的肝肠循环。还有10%的直接胆红素进入机体内血液循环，随血流到达肾脏，随肾脏所形成的尿液排出体外形成尿胆素，正常的尿液呈微黄色。

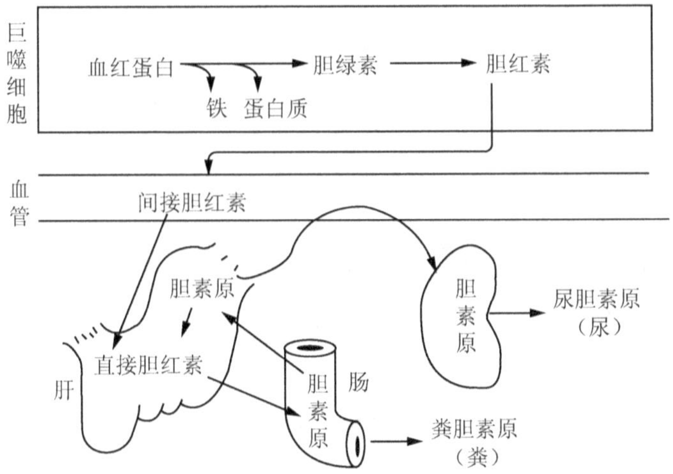

图 2-1 胆色素的正常代谢过程模式图

检验直接胆红素和间接胆红素(凡登白试验)：将直接胆红素与重氮试剂反应，混合液变为紫红色。间接胆红素与重氮试剂混合后不见有颜色变化，当加入酒精或尿素后显现紫红色。所以，直接胆红素又称酯型胆红素，间接胆红素又称非酯型胆红素。

正常血清总胆红素含量在1 mg/100 mL以下，动物在正常生理情况下，体内胆红素的生成、转运、肝细胞内的转化、肠道中的氧化和排泄，维持着动态平衡，所以血液中胆红素的含量水平是相对恒定的。但在某些疾病时，由于各种原因造成胆红素生成过多、在肝脏内转化障碍以及胆汁的排出受阻，破坏了这种平衡，最终导致血液中胆红素的含量增多，当每超过2 mg/100 mL时，临床上出现黄疸。当达到一定浓度后，临床上就出现黄疸的一系列全身病理症状。

2. 黄疸的类型及发生过程

根据胆红素的代谢途径、引起黄疸的原因，将黄疸分为溶血性黄疸、实质性黄疸和阻塞性黄疸三类。

(1)溶血性黄疸(肝前性黄疸)

溶血性黄疸是由于红细胞被大量破坏，导致血浆胆红素含量升高而引起的黄疸。其有先天和后天两方面因素。常见的有免疫性因素(血型不合的异型输血、溶血病、自身免疫性溶血性贫血或某些药物致敏)、生物性因素(细菌、病毒、某些毒蛇咬伤等可致溶血)、物理性因素和化学性因素等。

①发生过程：红细胞大量被破坏后，循环血液中胆红素生成过多，超过了肝细胞的转

化处理能力，血浆中胆红素蓄积，而引起组织器官黄染。

②病理特征：溶血性黄疸时，由于血浆中非酯型胆红素含量增加，凡登白试验呈间接阳性反应。同时由于肝细胞转化代偿机能加强，导致直接胆红素生成也相应增多，随粪便排出的也相应增多，故粪便颜色加深而呈深黄色。另外，由肝肠循环进入血液循环的增多，因此，由尿液排出的胆素原也增多，故尿液的颜色也加深(图 2-2)。

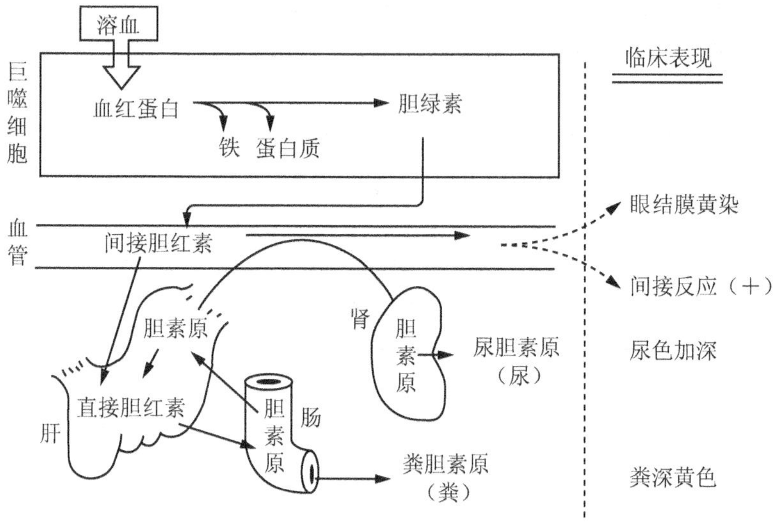

图 2-2 溶血性黄疸机理与临床表现

(2)实质性黄疸(肝性黄疸)

实质性黄疸是间接胆红素在肝细胞转化降低，导致血浆间接胆红素含量升高而引起的黄疸。常见于某些败血症、传染病(如钩端螺旋体病、马传染性脑脊髓炎和肝炎等)、中毒(如锑、砷、磷、汞、磺胺类等)、真菌毒素(如黄曲霉毒素)、缺乏维生素 E 和硒以及肝淤血等。

①发生过程：由于肝细胞出现物质代谢障碍，出现变性、坏死。导致肝细胞对胆红素的摄取、转化和排泄障碍。此时机体胆红素生成量正常，肝细胞的处理能力下降，不能把间接胆红素全部转化为直接胆红素，血中间接胆红素潴留。同时已经被转化的直接胆红素，从损坏的毛细胆管又渗漏到血窦，最后进入血液循环，血浆中直接胆红素也增多。两种胆红素同时增多并导致黄疸。

②病理特征：实质性黄疸时，由于血浆中间接胆红素和直接胆红素同时增多，凡登白试验呈双向反应阳性，肝分泌障碍，随胆汁进入肠内的直接胆红素减少，粪胆素原也少，故粪色变淡。但血浆中直接胆红素可透过肾小球毛细血管从尿液排出，随尿液排出的尿胆素原增多，故尿色变深(图 2-3)。

(3)阻塞性黄疸(肝后性黄疸)

阻塞性黄疸是机体内直接胆红素排出障碍，导致血浆中直接胆红素含量增多引起的黄疸。常见于寄生虫(猪蛔虫、牛羊肝片吸虫等)、胆道结石、肿瘤、肿大淋巴结压迫、胆管炎和十二指肠炎症等

①发生过程：胆道受压或阻塞，使胆汁排泄障碍，受阻塞的胆管胆汁不断蓄积，胆管内胆汁如持续增多，胆管扩张，渗透压升高，甚至引起小胆管和毛细胆管破裂，胆汁逆流

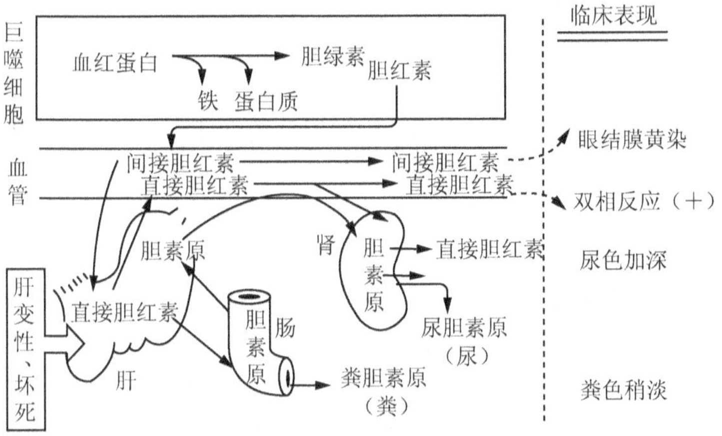

图 2-3 实质性黄疸(肝性黄疸)机理与临床表现

入肝细胞索周围淋巴间隙和血窦，最后都进入血液循环，血浆中直接胆红素含量增多而发生黄疸。

②病理特征：阻塞性黄疸时，因大量直接胆红素进入血液内，凡登白试验呈直接反应阳性。血液循环中的直接胆红素，可经肾小球滤过随尿液排出，故尿液颜色加深。由于胆道阻塞，排入肠腔的直接胆红素减少或断绝，肠内胆素原明显减少或缺乏，因此粪便呈灰白色，具有腥臭味。阻塞性黄疸时，整个胆汁成分进入血液循环，血液中除含有多量直接胆红素外，还含有胆固醇、胆酸盐等成分在体内大量蓄积，持续的阻塞性黄疸可导致肝衰竭、腹水等病理过程(图 2-4)。

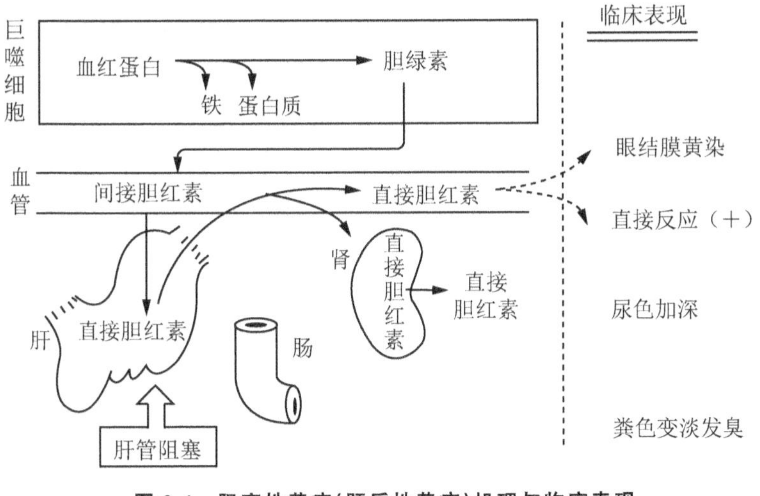

图 2-4 阻塞性黄疸(肝后性黄疸)机理与临床表现

3. 黄疸对机体的影响

(1)间接胆红素对机体的影响

血浆中间接胆红素含量增多引起组织器官黄染，由于间接胆红素有很大的毒害作用，当缺氧等病理过程破坏了血脑屏障时，它能与神经细胞的线粒体结合，抑制脑组织的氧化磷酸化过程，严重影响脑组织的正常活动，甚至出现如新生幼畜溶血病时的肌肉震颤、角弓反张、抽搐、痉挛、运动失调和瘫痪等一系列神经症状及全身性变化，往往导致幼畜的迅速死亡。

(2)直接胆红素对机体的影响

血浆中直接胆红素含量增多，除能引起组织器官黄染外，还可透过各种生物膜，尤其对神经细胞的作用较明显。由于大量直接胆红素从肾脏排出和胆酸盐的刺激，肾小管上皮发生变性和坏死(胆汁性肾病)，尿液色泽变深，并出现蛋白质和管型。

(3)胆酸盐对机体的影响

阻塞性黄疸时，由于大量胆酸盐进入血液循环，胆酸盐在体内大量蓄积，不但引起黄疸的临床表现，还会出现明显的全身症状。

①神经系统症状：胆酸盐刺激感觉神经末梢，引起皮肤瘙痒。对中枢神经系统的刺激和毒性作用，病畜先是兴奋，以后转变为抑制，精神沉郁，萎靡无力。

②心血管系统症状：胆酸盐作用于心血管系统，主要临床表现是：a. 直接对心脏传导系统起作用，引起心肌收缩迟缓；b. 直接作用于血管壁，使血管扩张，血压下降。

③消化系统症状：在阻塞性黄疸时，由于胆汁进入肠道减少或缺乏，对消化系统的影响主要表现在以下几个方面。

a. 影响肠管对脂肪的分解和吸收。

b. 降低对脂型维生素的吸收，如维生素 K 吸收减少，血液不易凝固。

c. 肠蠕动变慢，有利于细菌的繁殖，肠道内容物的腐败和发酵过程增强。

d. 易发生消化不良。

④血液系统症状：胆汁进入血液，除了血液中直接胆红素和胆固醇含量增高外，由于胆酸盐使红细胞曲脆性增加，容易发生溶血。

⑤肝硬化症状：肝脏本身由于胆汁淤滞和营养不良，发生变性和局灶性坏死，时间长后，导致胆汁性肝硬化。

任务工单

任务名称	分析病理现象		
任务描述	认知疾病、水肿、脱水、酸中毒、缺氧、黄疸、发热，能描述疾病、水肿、脱水、酸中毒、缺氧、黄疸、发热的概念，能说明疾病发生、发展及转归的基本规律，能够在病例中分析出水肿、脱水、酸中毒、缺氧、发热发生的原因，并能制订脱水的补液原则		
准备工作	在实验室内准备疾病、水肿、脱水、酸中毒、缺氧、发热、黄疸的多媒体资料以及脱水、水肿、酸中毒、缺氧、发热的病例资料		
实施步骤	1. 在实训室内分析动物发生疾病的临床病例资料，通过互联网搜索、学习在线开放课相关内容，明确疾病发生的原因、疾病发生发展及转归的基本规律 2. 在实训室内分析水肿及脱水的临床病例资料，通过互联网搜索、学习在线开放课相关内容，明确水肿发生的原因及机制、脱水的类型及补液原则 3. 在实训室内分析酸中毒及缺氧的临床病例资料，通过互联网搜索、学习在线开放课相关内容，明确酸中毒及缺氧的类型及发生原因 4. 在实训室内分析发热及黄疸的临床病例资料，通过互联网搜索、学习在线开放课相关内容，明确发热及黄疸的概念、类型、发热的热型		
考核评价	考核项目	评分标准	分值
	分析疾病的临床病例	分析教师提供的病例，能说明疾病发生的原因(正确得 10 分)；能说明疾病发生发展的基本规律(正确得 10 分)	20 分
	分析水肿的临床病例	分析教师提供的病例，能说明水肿发生的原因(正确一项得 10 分)	20 分
	分析脱水的临床病例	分析教师提供的病例，能说明脱水发生的原因、能制订脱水的补液原则(正确一项得 10 分)	20 分
	分析酸中毒及缺氧的临床病例	分析教师提供的病例，能说明酸中毒的类型、发生原因；缺氧的类型、发生原因(正确一项得 5 分)	20 分
考核评价	考核项目	评分标准	分值
	分析发热的临床病例	分析教师提供的病例，能说明发热发生的原因(正确得 20 分)	20 分
	合　　计		100 分

任务二 识别病理变化

目标呼应

任务目标	课程教学目标
熟知充血、淤血、出血、贫血、血栓、栓塞、梗死、萎缩、变性、坏死、代偿、修复、炎症、肿瘤的概念及病理变化	解析常见病理变化、病理现象和临床症状并建立诊断
能识别充血、淤血、出血、贫血、血栓、栓塞、梗死、萎缩、变性、坏死、代偿、修复、炎症、肿瘤的病理变化	

情境导入

血液循环是指血液在心脏、血管系统中周而复始的流动，它受神经—体液的调节，与机体的各器官系统间存在相互依存、相互制约的关系。血液循环发生障碍时，引起相应组织、器官发生机能、代谢和形态结构的改变，动物机体出现相应的病理变化(如组织细胞的变性、坏死、炎症等)。认识血液循环障碍、组织细胞损伤与代偿修复、炎症、肿瘤时器官的病理变化，为疾病的诊断和防治提供科学的依据。

知识链接

一、血液循环障碍

血液循环是动物体在正常生命活动过程中不可缺少的重要环节，通过血液循环能将氧、营养物质、激素以及保护性物质，不断运送到各种组织和器官，同时，还能运走二氧化碳和代谢产物。即循环系统维持着动物体的体液平衡和正常的物质代谢过程。正因如此，一旦血液循环发生障碍，则引起相应器官的代谢紊乱、机能失调和形态改变。所以，血液循环障碍又与其他各种基本病理过程有着密切的联系。

血液循环障碍分为全身性和局部性两种类型。全身性血液循环障碍发生于心力衰竭及全身性血管功能紊乱(心机能不全、休克等)的情况下，具有弥漫性的特点，常伴有血液量与质的变化。局部性血液循环障碍是指个别器官或局部组织的循环障碍，如局部血量的异常、血液性状和血管内容物的改变和血管通透性或完整性的改变等。全身性与局部性血液循环障碍在具体表现及对机体的影响上虽有不同，但二者之间的关系是十分密切的，而且又相互联系的。例如，局部较大血管的破裂，血液流失，血量急剧减少，可引起全身性贫血与休克；全身性血液循环障碍，如急性心力衰竭常通过肺脏、肝脏等脏器的淤血和水肿表现出来。

血液循环障碍是临床上最常见的病理过程。本任务主要叙述三个方面的内容：①局部血量和血液速度的变化，包括充血、淤血和贫血；②血管壁通透性和完整性的改变，如出血；③血液性质和血管内容物改变及其后果，包括血栓形成、栓塞、梗死及休克。

(一)充血

充血(动脉性充血)是指局部组织或器官内的小动脉及毛细血管扩张，血液灌流量增多，而静脉血液回流量正常，使该组织或器官的含血量增多。

1. 原因及发生机理

充血分为生理性充血和病理性充血。

(1)生理性充血

在生理情况下，组织器官功能活动增强，小动脉和毛细血管扩张而引起充血。如采食后的胃肠道充血，妊娠时的子宫充血，运动时横纹肌充血等。

(2)病理性充血

在致病因素作用下，引起局部组织器官的充血。根据发生原因不同可分以下几种。

①神经性充血：致病因素作用于血管壁的感受器，使调节小动脉管壁平滑肌的两种神经兴奋性发生改变，血管舒张神经兴奋，而血管收缩神经兴奋性降低，动脉血管反射性扩张充血。另外，组织分解产生的生物活性物质(如组织胺、5-羟色胺、激肽、腺苷等)也使血管壁平滑肌的紧张度弛缓，导致血管扩张充血。炎症初期出现的充血属于此种类型充血。

②侧支性充血：动脉内出现血栓、栓塞或被肿瘤、异物等压迫，使动脉管腔狭窄或阻塞，引起血液循环发生障碍，其邻近的动脉吻合支则发生扩张充血，形成侧支循环，代偿受阻血管的供血不足，保证组织血液供应，称为侧支性充血。它具有代偿作用，对减少组织损伤和恢复功能有重要意义。

③贫血后充血：局部组织器官长时间受到压迫发生贫血，当这种压力突然解除后，该部小动脉发生反射性扩张充血，称贫血后充血或减压后充血。例如，牛的瘤胃鼓气或马胃扩张时，由于腹压升高，腹腔内的器官发生贫血。如此时对胃肠进行穿刺快速放气，腹压突然降低，血液大量涌入腹腔器官，腹腔器官由贫血转为充血。由于循环血液大量涌入腹腔器官内，腹腔外器官发生缺血，严重时引起脑组织急性缺血，导致动物死亡。故实施胃肠穿刺放气时，要注意放气减压的速度，应特别注意防止过快。

2. 病理变化

(1)眼观变化

发生充血的组织器官由于动脉血液量增多，血流加快，故充血区呈鲜红色，体积轻度肿大，组织内物质代谢旺盛，产热量增加，温度升高，机能增强，位于黏膜皮肤血管明显可见(图 2-5)。

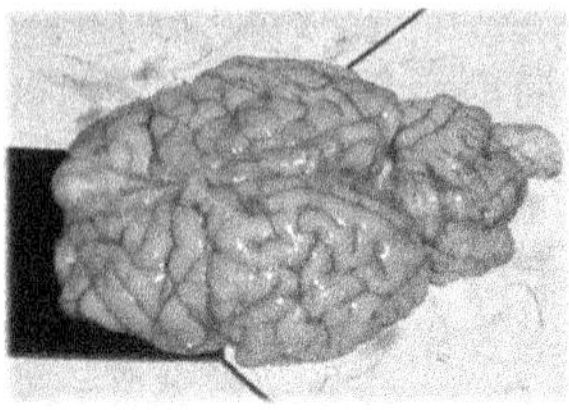

图 2-5 脑充血

(2)镜检变化

充血组织的小动脉和毛细血管扩张，血管内充满红细胞。另外，动物死亡后受两方面因素的影响，局部充血表现不明显。一方面，动物死亡时，血管发生痉挛性收缩，使扩张的小动脉变为空虚状态；另一方面，动物死亡时心力衰竭发生全身性淤血而死亡后发生坠积性淤血，掩盖生前充血现象。

3. 结局和影响

充血是机体的防御、适应性反应。充血能使局部组织血流加快，血量增多，供给局部组织大量的氧、营养物质和抗体，局部组织防御能力增强；同时也加快局部的代谢产物及病理产物的排出，有利于病因清除和受损组织的修复。兽医临床上，常用理疗、热敷等方法治疗动物的某些疾病。充血部位、时间不同对机体的影响不同。短时间充血，消除病因后可恢复，若病因持续作用，充血时间过长，导致血管壁紧张性下降或丧失，血流缓慢，可发生淤血。充血发生在一般的器官影响不大，但脑组织发生充血会引起颅内压升高或脑出血，动物出现神经症状甚至死亡。

(二)淤血

淤血是指静脉血液回流受阻，血液淤积在小静脉及毛细血管内，局部组织或器官的静脉血液量增多。淤血是临床多见的一种病理变化。

1. 原因

淤血分为全身性淤血和局部性淤血。

全身性淤血是由于心脏机能障碍及胸膜和肺脏的疾病时，静脉血液回流受阻而引起的。局部性淤血的原因有以下几点。

(1)静脉血管受压迫

静脉血管受压使其管腔发生狭窄或闭塞，血液回流受阻可导致相应的器官和组织发生淤血，如肿瘤、脓肿、严重水肿、寄生虫包囊等直接压迫引起相应器官淤血；肠扭转、肠套叠对肠系膜静脉的压迫引起相应的肠系膜及肠管发生淤血；治疗骨折时绷带包扎过紧对肢体静脉的压迫，使局部肢体发生淤血；肝硬化时肝静脉分支受增生肝实质结节压迫引起门静脉所属器官发生淤血。

(2)静脉血管阻塞

静脉血管阻塞见于静脉血栓、栓塞或静脉炎造成血管壁增厚，使静脉血管腔狭窄或阻塞，引起相应组织、器官淤血。但是静脉的分支多，只有当静脉腔阻塞而血液又不能充分地通过侧支回流时，才发生淤血。

另外，左心衰竭和二尖瓣狭窄时，可导致肺淤血。

2. 病理变化

(1)眼观变化

淤血器官呈暗红色，皮肤及可视黏膜淤血时呈蓝紫色，称为发绀；淤血使血流缓慢，局部组织缺氧，机能代谢减弱，产热减少，另外，局部温度降低。淤血时局部静脉和毛细血管内压升高，加上管壁缺氧和氧化不全产物大量蓄积，引起血管通透性增强，使血浆外渗造成淤血性水肿，严重时可造成淤血性出血。慢性淤血时，器官由于缺氧可发生坏死，继发结缔组织增生，引起组织器官硬化，称淤血性硬化。

①肺淤血：肺脏呈暗紫红色，体积膨大，被膜紧张光滑，重量增加，切面流出大量暗红色混有泡沫的血样液体。取小块淤血肺于水中呈半沉状态(图 2-6)。

②肝淤血：肝体积肿大，被膜紧张，重量增加，边缘钝圆紫红色，切面流出多量暗红色凝固不良的血液(图 2-7)。

(2)镜检变化

淤血组织内小静脉和毛细血管扩张，充满红细胞，小血管周围间隙及结缔组织间蓄积有水肿液。长时间的淤血，由于可引起血管壁损伤造成出血，导致器官的实质细胞萎缩、变性，甚至坏死及结缔组织的增生。

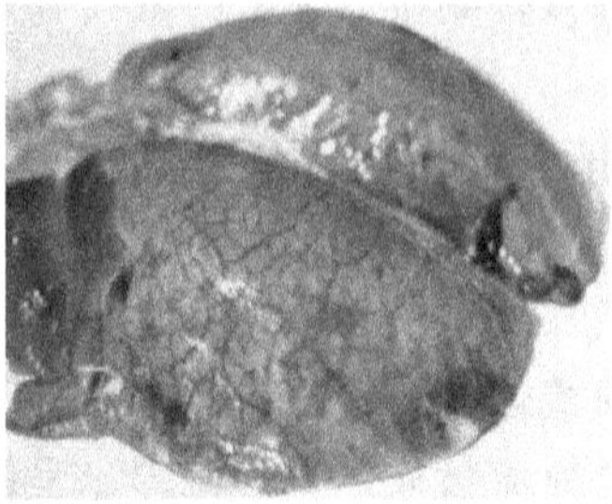

图 2-6　肺淤血

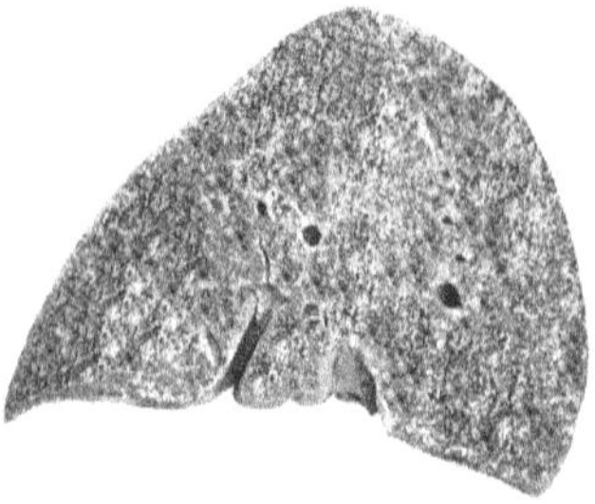

图 2-7　槟榔肝

3. 结局和影响

淤血的时间和发生部位及程度不同，对机体的影响也不一样。短时间淤血，只要除去病因，淤血可以解除，对机体影响不大；如淤血病因持续存在，又不能及时建立侧支循环，局部组织代谢产物蓄积，从而损害毛细血管，使其通透性增强，加上淤血时小静脉和毛细血管内流体静力压升高，导致局部组织发生水肿，严重时甚至发生渗出性出血。长时间的淤血，由于氧和营养物质供应不足和代谢中间产物堆积，还可以引起实质细胞萎缩、变性和坏死，如慢性肝淤血会造成槟榔肝。在实质萎缩的同时，间质细胞增生，引起器官发生淤血性硬化。根据发生部位不同产生的后果不同，如肺淤血严重时，表现呼吸困难，心功能障碍，甚至窒息死亡。

(三)出血

出血是指血液流出心脏或血管之外。血液流出到体表外，称为外出血；血液流入组织间隙或体腔内，称为内出血。

1. 原因及发生机理

根据出血发生原因及机理不同将其分为破裂性出血和渗出性出血。

(1)破裂性出血

破裂性出血指心脏和血管壁的完整性被破坏引起的出血。主要见于以下几种情况。

①血管机械性损伤：如咬伤、刺伤、枪伤、挫伤、擦伤等。

②血管周围病变侵蚀：如肿瘤、炎症、溃疡、酸、碱等腐蚀作用，慢性胃溃疡的溃疡底的血管被病变侵蚀引起胃出血。

③心脏或血管病变：如心肌梗死、脉管炎、血管硬化、血管瘤、静脉曲张等，当剧烈运动或血压突然升高，均可引起破裂性出血。

(2)渗出性出血

渗出性出血指微血管和毛细血管通透性增强，红细胞通过血管内皮细胞间隙和血管基底膜，渗出到血管外。主要有以下几种情况。

①血管壁损伤或缺陷：如细菌和病毒感染、中毒使毛细血管壁损伤；淤血、缺氧等使毛细血管内皮细胞变性；在维生素 C 缺乏的情况下，毛细血管基底膜破裂、毛细血管周胶原减少及内皮细胞连接处分开而致管壁通透性升高；上述因素都可引起血管壁通透性增强而发生渗出性出血。

②血小板减少和功能障碍：血小板在修复受损的毛细血管的内皮、促进止血和加速血液凝固过程中起着重要作用，血小板减少到一定的数量时可引起渗出性出血。如白血病、

再生障碍性贫血可引起血小板生成减少；血管内弥漫性凝血、细菌的毒素等可使血小板过多消耗或破坏，从而引起渗出性出血。

③凝血因子缺乏：如维生素K缺乏、重度的肝炎及肝脏硬化时凝血因子合成障碍，导致凝血障碍引起出血。

2. 病理变化

破裂性出血时，大动脉出血，血液鲜红色，血流速度快、血流量大，不易凝固，呈喷射状；大静脉出血，血液暗红色，血流速度较快，血流量大，不易凝固，呈线状；毛细血管出血呈暗红色，易凝固。血管破裂时，如流出的血液蓄积于体腔内称积血，如胸腔积血、心包积血；如大量血液聚集在组织间隙呈肿块样称血肿。

渗出性出血时，出血灶如有针尖大或米粒大，一般直径在1 mm以内，称为淤点或出血点(图2-8)。出血灶如豆粒大小，直径在1～10 mm内，称为淤斑或出血斑。淤点和淤斑主要见于皮肤、黏膜、浆膜和实质器官。血液弥散于组织间隙，出血灶呈大片的暗红色，称为出血性浸润。当机体有全身性渗出性出血倾向，称出血性素质。

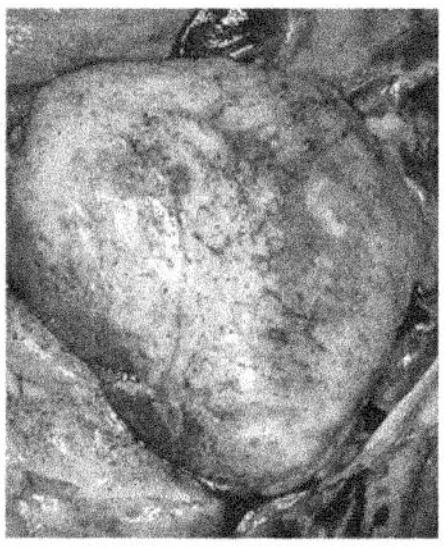
图2-8 心外膜出血

另外，出血部位的颜色随出血时间延长有所改变。新鲜出血灶呈红色；陈旧出血灶呈暗红色；稍后红细胞破坏，血红蛋白被分解，出血部位呈黄褐色；当出血部位的分解产物被吞噬吸收后，出血部位的痕迹消失。

临床常见的出血，如消化道出血，血液经口排出到体外，称为呕血或吐血；血液随粪便排出到体外，称为便血；胃和小肠出血时，粪便为黑色；泌尿道出血时，血液随尿液排出，称为血尿。

注意充血和出血的区别，动物生前或刚死亡不久，充血指压褪色，出血指压不褪色，出血灶界限较明显。

3. 对机体的影响

出血的原因、出血部位、出血量的不同对机体造成的影响不同。一般小血管破裂性出血，由于受损血管可发生反射性收缩使管径变小，同时在血管破裂处血液凝固形成血栓，出血可自行停止，对机体影响不大。破裂性出血时出血迅速快，如在短时间内丧失循环血量的20%～25%时，可引起出血性休克，甚至危及生命。渗出性出血比较缓慢，出血量较少，一般不会引起严重后果。但出现广泛的渗出性出血，如肝硬化时由于门静脉血压升高可造成胃肠黏膜广泛性渗出性出血，一时多量的出血也可导致出血性休克。

但发生在生命重要器官的出血，即使出血量少也可造成严重后果。如心脏破裂引起心包内出血，可导致急性心功能不全；脑出血，如出血发生在脑干，神经中枢受压迫导致死亡；脑内囊出血引起对侧肢体偏瘫；视网膜出血引起视力减退甚至失明。

(四)局部贫血

局部贫血是指局部组织或器官的动脉血液供应不足或断绝。

1. 原因及发生机理

(1)小动脉痉挛性贫血

当机体受寒冷、惊恐、剧痛刺激和某些化学物质(如肾上腺素、麦角碱)作用，使缩血管神经兴奋性增强，小动脉发生痉挛性收缩，管腔变窄，供血减少而发生贫血。

(2)动脉压迫性贫血

局部组织或器官小动脉受到机械性外力的压迫，输入血量减少，引起局部贫血。如大动物发生生产瘫痪，侧卧部血管受到压迫，造成局部组织贫血。动物因肿瘤、腹水、脓肿及绷带包扎过紧等压迫小动脉而引起局部贫血。

(3)动脉阻塞性贫血

动脉内血栓、栓塞、动脉内膜炎及动脉硬化，引起血管腔狭窄或阻塞，局部供血减少而发生贫血。

(4)代偿性贫血

机体某一局部组织发生充血流入的血量增多，其他部位组织器官会出现代偿性贫血。如急速排出胸水或腹水时，胸腔内压或腹腔内压突然降低，血液大量快速流入胸腔或腹腔的脏器内，可引起脑组织的贫血。

2. 病理变化

局部组织器官体积变小，显露出器官固有的颜色，如皮肤、黏膜呈苍白色，肺呈灰白色，肝呈褐色，局部温度降低，质地柔软，被膜皱缩，切面的血液减少。

贫血的组织由于缺氧和营养物质，物质代谢发生障碍，机能降低，那些代谢旺盛对缺氧敏感的组织细胞会发生萎缩、变性、坏死。

3. 结局和对机体的影响

对机体的影响因贫血程度、时间长短和组织器官对缺氧的耐受性、侧支循环建立的情况不同而不同。如短时间轻度贫血，消除病因后可完全恢复；动脉供血完全中断，又不能及时建立侧支循环的器官，因物质代谢障碍和缺氧，细胞则发生萎缩、变性和坏死。

(五)全身性贫血

全身性贫血是指循环血液的总量减少或单位容积血液内红细胞数或血红蛋白含量低于正常。贫血发生原因及类型如下。

(1)失血性贫血

失血性贫血是以丧失大量红细胞为特征的贫血，分为两种：急性失血性贫血和慢性失血性贫血。

①急性失血性贫血：见于创伤、器官破裂和产后子宫大出血等。此种贫血只发生血液总量减少，而单位容积血液内的红细胞数和血红蛋白量仍正常，此时为正色素性贫血。因血液总量减少、血压降低，刺激静动脉窦和主动脉弓压力感受器，引起缩血管神经兴奋，儿茶酚胺分泌增多，引起肝脏、脾脏、肌肉等储血器官内血管收缩，释放血液进入外周循环，再加上组织液大量进入血管内，使循环血液量得到改善，但血液被稀释，红细胞数和血红蛋白量降低，此时为低色素性贫血。急性贫血时，骨髓造血机能增强，在血液中可见发育各阶段的红细胞，如网织红细胞、大小不等的红细胞、多染和淡染及有核红细胞等。

②慢性失血性贫血：见于反复长期失血性疾病。如血吸虫病、肝片吸虫病、犊牛和雏鸡球虫病等；出血性紫癜、胃肠道溃疡等。贫血初期失血量少，可以代偿，贫血症状不明显，以后由于长期反复出血，使铁丧失过多，引起缺铁性贫血。一般为低色素性贫血，红细胞小，大小不均，形态异常。

(2)溶血性贫血

溶血性贫血指红细胞大量破坏发生的贫血。其原因主要有：生物因素，如溶血性链球菌、葡萄球菌、产气荚膜杆菌、钩端螺旋体、焦虫、锥虫、边虫等感染；化学因素，如苯、氯酸钾、酚噻嗪、皂甙、铅、砷、铜等；物理因素，如高温、电离辐射、低渗溶液等；免疫性因素，如异型输血、新生幼驹溶血病、药物免疫性溶血等。这些因素通过不同的作用机理，导致红细胞破坏发生贫血。其变化特点是血液总量无变化，红细胞大量破坏，网织红细胞增多，出现有核红细胞和淡染红细胞；因溶血，血液中胆红素增多，动物发生黄疸和血红蛋白尿。

(3)营养不良性贫血

营养不良性贫血指动物饲养管理不当，或处于长期慢性饥饿及营养物质吸收障碍，特别是造血必需的蛋白质、铁、钴、铜、维生素 B_{12} 和叶酸等物质缺乏而引起贫血。其变化特点为病程长，动物消瘦，血液稀薄，血红蛋白含量低，血液中出现大红细胞和小红细胞。

(4)再生障碍性贫血

再生障碍性贫血是由于骨髓造血机能障碍而发生的贫血。这种疾病多见于苯、苯化合物、重金属盐、氯霉素、磺胺类药物等引起的中毒性疾病；电离辐射、马传染性贫血、牛恶性卡他热、白血病和骨髓瘤等，抑制或破坏骨髓造血机能。其特点为正常红细胞和网织红细胞呈进行性减少或消失，可见异型红细胞，白细胞和血小板减少，引起皮肤、黏膜出血或感染。血清中铁和蛋白质含量增高，骨髓造血组织发生脂肪变性和纤维化。可见肝、脾、淋巴结发生髓外造血现象。

全身贫血时，红细胞数和血红蛋白含量减少，使氧和二氧化碳运输障碍，引起氧的缺乏，使细胞组织发生物质代谢障碍，组织器官萎缩、变性和坏死及酸中毒，神经系统、内分泌系统、心血管系统等功能降低，最后导致动物死亡。

(六)血栓形成

血栓形成是指在活体的心脏、血管内，血液成分发生析出，黏集或凝固形成固形物质的过程。所形成的固形质块，称为血栓。血栓与动物死后的凝血块是不同的，血栓是在血液流动状态下形成的

1. 血栓形成的条件和机理

病理情况下，凝血与抗凝血的动态平衡被破坏，血液在心血管内凝集，形成血栓。血栓形成的条件很多，大致归纳有以下三个方面。

(1)心血管内膜受损

正常情况下，完整的心血管可产生抗凝血作用的酶，有抗凝血作用。同时心血管内皮光滑，可降低血液的黏滞性，阻碍血小板在管壁黏滞，保证血液畅通。当心血管内膜损伤后，一方面，内膜粗糙不平，血小板易于黏集，损伤的内皮细胞和黏集的血小板释放出二磷酸腺苷(ADP)，可促使血小板进一步黏集。另一方面，损伤内膜下胶原纤维暴露，可激活凝血因子 XII，从而激活内源性凝血系统。同时，损伤的内膜可释放组织凝血因子，这样外源性的凝血系统又被激活。机体的凝血系统激活，引起血液凝固，形成血栓。

心血管内膜损伤是血栓形成的基本条件。物理、化学、生物性因素如创伤、反复同部位静脉注射、心内膜炎等都可以造成心血管内膜损伤，促使血栓形成。

(2)血流状态的改变

血流状态改变是指血流缓慢和血流中产生旋涡运动。在正常情况下，血液在血管内流

动分轴流和边流。血小板、血细胞在血管的中央部流动称为轴流。血浆在血管周边流动形成边流，这种规律性的血流，防止血小板与血管壁的接触。当血流缓慢或出现旋涡时，血液轴流和边流的界限消失，血小板从轴流进入到边流，为接触血管内膜和黏附提供了机会。同时，血流缓慢和产生旋涡，被激活的凝血因子和凝血酶不能很快地被稀释和冲走，在局部的浓度升高；血流缓慢能引起缺氧，血管内皮细胞会发生损伤，合成和释放抗凝血因子的能力减弱，又可激活内源、外源性凝血系统，为血栓形成创造了条件。

血流缓慢和产生旋涡是血栓形成的重要条件，因此静脉发生血栓比动脉血栓多，如心力衰竭时，静脉和毛细血管血流缓慢，易形成血栓。心脏和动脉血管的血流较快，不易形成血栓，但在动脉瘤、心血管内膜炎时血流缓慢及出现旋涡时可并发血栓形成。

(3)血液的性质改变

血液的性质改变是指血液的凝固性增高。由于血液中血小板数量增多、凝血因子增多，纤维蛋白原增加等，血液凝固性增高，为血栓形成创造了条件。

上述三个条件，在血栓形成过程中常同时存在，并相互影响，促进血栓形成。但在血栓形成的不同阶段，作用有所不同。

2. 血栓形成过程

血栓形成过程包括血小板、白细胞析出及黏集和血液凝固两个过程。

具备血栓形成的条件后，首先是血小板从轴流不断析出，附着于损伤的血管内膜上，由于血小板表面有黏多糖，与血管内皮下的胶原结合，可使血小板紧密附在血管壁上。血小板逐渐增多，粘集成堆，形成小丘状，并有少量的白细胞附于小丘上。损伤的内皮细胞和黏集的血小板释放出 ADP，从而促进血小板的黏集，血小板丘变大，阻挡血液使之出现旋涡，更多的血小板和白细胞析出并黏附在血管壁上，这样就形成灰白色血栓，即血栓的头部。

血栓头部形成后，血小板继续不断地析出、黏集，血小板丘突入血管腔内，形成有分枝的血小板梁，血小板梁间的血流逐渐变慢，同时凝血系统被激活，纤维蛋白原转变为纤维蛋白，纤维蛋白在血小板梁间形成纤维蛋白网，网罗白细胞和大量红细胞，形成红白相间的表面呈波纹状的混合性血栓，即血栓体部。血栓体逐渐增大并沿着血管方向延伸，血管腔最后完全被阻塞，导致血流停止并在管腔内迅速凝固，形成暗红色的红色血栓，即血栓尾部。

3. 血栓的种类

血栓有以下四种类型。

(1)白色血栓

白色血栓多形成于心脏和动脉系统，由于心脏和动脉的血流速度较快，局部释放的凝血因子被血流迅速运走，血液不易发生凝固，所以形成这种以血小板和白细胞为主要成分的血栓。眼观，呈灰白色，混浊干燥，质地较硬，较牢固地黏附于血管壁上，不易被流速较快的血液冲走(图 2-9)。镜下，主要有血小板，少量白细胞和纤维蛋白。

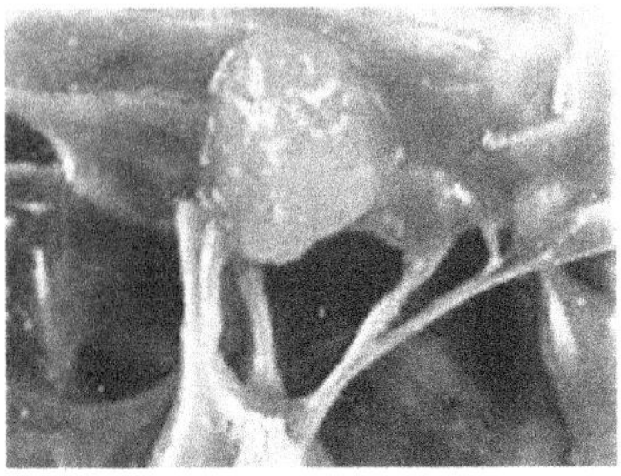

图 2-9　心内膜上白色血栓

(2)红色血栓

红色血栓是以血液凝固为主形成的，多发生于血流缓慢且凝固性高的情况，这样血液可迅速凝固，形成这种暗红色血栓。红色血栓多见于静脉。眼观，呈暗红色，新形成的血栓表面光滑，湿润有弹性。与死后的凝血块相同，很难区别。镜下，主要有纤维蛋白网，大量红细胞和少量白细胞。

(3)混合血栓

混合血栓是血小板析出、黏集和血液凝固反复出现形成的。眼观，红白相间的层状结构，表面呈波纹状。镜下，淡红色无结构的血小板梁和小梁间充满纤维蛋白和多量红细胞。

(4)透明血栓

透明血栓主要发生于微循环的小静脉、微静脉和毛细血管内，是由纤维蛋白沉积和血小板黏集形成的均质透明的微小血栓，只能在显微镜下见到，又称为微血栓(图 2-10)。多见于药物过敏、中毒病、创伤、休克等病理过程中，常出现于许多器官、组织的微循环血管内，引起一系列病变和严重后果。

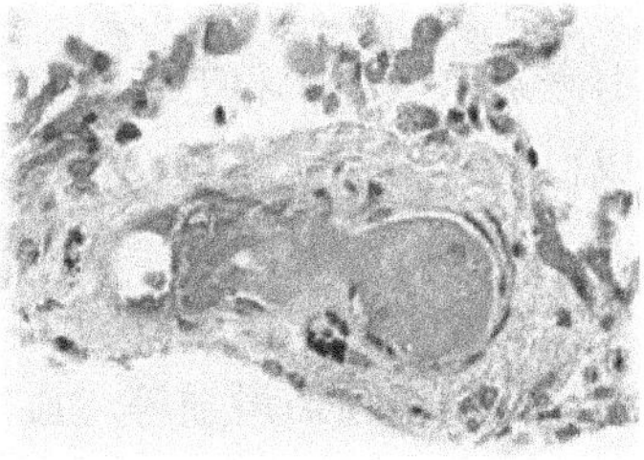

图 2-10 肺内透明血栓

4. 血栓与死后凝血的区别

以血液凝固为主形成的新鲜红色血栓与动物死亡后的凝血块很难区别。但血栓形成一段时间后，血栓内的水分逐渐被吸收和纤维蛋白发生收缩，血栓表面变得粗糙不平、干燥脆弱、失去弹性，牢固附着于心内膜或血管壁上，不易剥离。而动物死亡后的凝血块为暗红色，表面湿润光滑，结构一致，柔软有弹性，与心血管壁不粘连，容易剥离。如果动物的死亡经过较长，凝血块上层出现鸡脂样的淡黄色，可见血栓与动物死后的凝血块是不同的。

5. 血栓的结局

血栓在活体内形成后，会出现如下变化。

(1)血栓软化、溶解

血栓形成后，血栓内的纤维蛋白溶酶系统激活产生的纤溶酶，同时血栓内的白细胞崩解释放蛋白溶解酶，使血栓中的纤维蛋白变为可溶性的多肽，使血栓软化溶解。在血栓软化溶解过程中，较小的血栓可完全被溶解吸收，较大的血栓软化后可脱落形成小的栓子，随血流运行，造成血管阻塞。

(2)血栓的机化和再通

较大的血栓在短时间内不能被溶解，数天后从血管壁新生出肉芽组织向血栓内生长，肉芽组织逐渐取代血栓，称为血栓的机化。机化后的血栓与血管壁紧密相连，不再脱落，有时在血栓机化过程中，由于血栓的溶解和肉芽组织的成熟收缩，使血栓与血管壁间及血栓内部形成裂隙，血管内皮细胞增生覆盖于裂隙形成新的管腔，形成与原血管相通的一个或数个小血管，使阻塞的血管重新部分恢复血流的现象，称为血栓再通(图 2-11)。

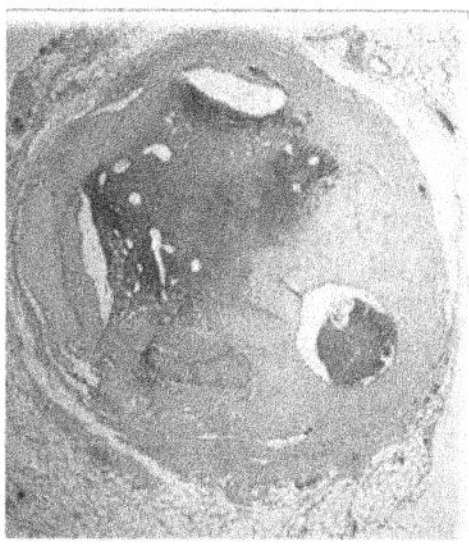

图 2-11 血栓的再通

(3)血栓的钙化

少数的血栓不能发生溶解和机化，由钙盐沉积而发生钙化，形成血管内坚硬的结石。如静脉结石、动脉结石。

6. 血栓对机体的影响

血栓对机体的影响表现在两方面，对机体有利的一面，如血管破裂时，在破裂血管处能形成血栓，可及时止血。另外，在炎症时，炎灶周围形成血栓，可防止病原体扩散。

多数情况下血栓对机体是不利的：①血栓可造成血管阻塞从而阻断血流，如动脉性血栓，血管完全阻塞，引起局部组织缺血性梗死；血管不完全阻塞，局部组织也会由于缺血出现萎缩或变性。静脉性血栓会引起淤血、水肿及坏死。心脑部形成血栓后果严重。②血栓在软化溶解的过程中可以脱落形成栓子，随血流运行，阻塞在较小的血管内造成栓塞。如血栓内有病原体，随栓子的运行可造成病原体的扩散。③心瓣膜上的血栓机化后造成瓣膜的肥厚或皱缩，引起瓣膜口狭窄或瓣膜关闭不全，影响心脏功能。

(七)栓塞

栓塞是指在循环血流中出现不溶于血液的异常物质，随血流运行，阻塞相应血管的过程。阻塞血管的不溶性物质称为栓子。栓子可以是固体、液体或气体。最常见的栓子是脱落的血栓碎片或节段。脂肪滴、气体和癌细胞团块等亦可成为栓子引起栓塞。

1. 栓子运行途径

一般情况下，栓子运行的途径与血流的方向是一致的。根据栓子的来源和血流运行的规律，可初步确定阻塞血管的部位。

①来自肺静脉、左心或大循环动脉系统的栓子，随动脉血流从较大的动脉流入到较小的动脉，在全身各器官小动脉分支处发生栓塞，这种栓塞常发生于脑、肾脏和脾脏。

②来自右心及大循环静脉系统的栓子，随静脉血流运行，经右心室进入肺动脉，在肺动脉的大小分支处形成栓塞。

③来自胃、肠、脾静脉的门脉系统的栓子，随血流经肝门入肝，在肝脏的门静脉分支处形成栓塞。

2. 栓塞种类及影响

(1)血栓性栓塞

血栓性栓塞是血栓在软化过程中脱落引起，是最常见的一类栓塞。这类栓塞对机体的影响，与栓子的大小、数目，阻塞的部位及能否建立侧支循环有密切关系。

(2)空气性栓塞

空气性栓塞是多量空气迅速进入循环血液中形成气泡并阻塞心脏和血管。空气性栓塞多发生于大静脉血管的损伤时，如大量的空气进入静脉，随血流进入右心，在心脏搏动时，可将空气和心脏内的血液搅拌形成大量的泡沫，泡沫状的液体有压缩性，充满心腔，阻碍了心脏血液的回流和排出，造成严重的循环障碍，甚至导致动物死亡。另外，静脉注射时也可误将空气带入血流引起空气性栓塞。

(3)脂肪性栓塞

脂肪性栓塞是脂肪滴进入循环血流并阻塞血管。脂肪性栓塞多发生于骨折或骨手术时，此时会有小静脉和毛细血管的破裂，骨髓中的脂肪滴可侵入破裂的血管从而进入循环血流。

(4)寄生虫性栓塞

寄生虫性栓塞是某些寄生虫虫体或虫卵进入循环血流，引起血管阻塞。如马圆线虫的幼虫经门静脉血流进入肝脏引起栓塞；旋毛虫侵入肠壁淋巴管，经胸导管进入血流，也可引起寄生虫性栓塞。

(5)其他栓塞

组织外伤或坏死的情况下，破损的组织碎片或细胞团可进入循环血流引起栓塞。恶性肿瘤细胞也可侵入血管随血流运行并阻塞血管。机体内感染灶的病原菌，可能以单纯菌团的形式或与坏死组织混杂，进入血液循环引起细菌性栓塞，同时不会导致病原菌的播散。

(八)梗死

梗死是指局部组织或器官因动脉供血中断，引起组织或细胞的坏死。

1. 梗死的原因和发生机理

任何能造成血管闭塞而导致组织缺血的原因均可引起梗死，常见的如下。

(1)血管阻塞

动脉血管阻塞是导致梗死最常见的原因，多见于在动脉内形成血栓和出现栓塞。

(2)血管受压

血管受肿瘤或其他机械性压迫导致管腔闭塞时可引起局部组织梗死。

(3)动脉持续性痉挛

动脉持续性痉挛多见动脉血管有病变基础，同时又发生持续性的血管痉挛，使动脉管腔闭塞引起梗死。

2. 梗死类型及病理变化

根据梗死灶内含血液量的不同，将梗死分为贫血性梗死和出血性梗死。

(1)贫血性梗死

贫血性梗死多发生于组织结致密、侧支循环不丰富的实质器官，如肾、心、脑等。这样的器官发生动脉阻塞时，血流断绝，同时血管分支及邻近的血管发生痉挛性收缩，将局部原有的血液挤出，梗死灶含血量减少，颜色呈灰白色，所以又称为白色梗死。其病理变化如下。

①眼观变化：梗死是局部组织坏死，梗死灶的形状呈锥体形分支，尖端朝向血管阻塞部位，底部位于器官表面，切面呈锥形或楔形，如肾脏、脾脏的贫血性梗死灶都为锥体形(图 2-12)。心脏的梗死灶呈不规则的地图状，由于心冠状动脉分支不规则。肠管的梗死灶呈节段状，由于肠系膜血管呈扇形分支。梗死一般为凝固性坏死，呈灰白色，混浊干燥，结构模糊。形成的初期，由于梗死灶内细胞变性、坏死及含水分较多，使局部肿胀，梗死灶的表面稍隆起。逐渐，梗死灶周围的组织发生炎性反应，在梗死灶与正常组织交界处形成一条明显的充血和出血带。后期，梗死灶发生机化和形成瘢痕组织，质地变坚实致密，表面凹陷。而脑梗死为液化性梗死，梗死灶变软，逐渐液化成囊。

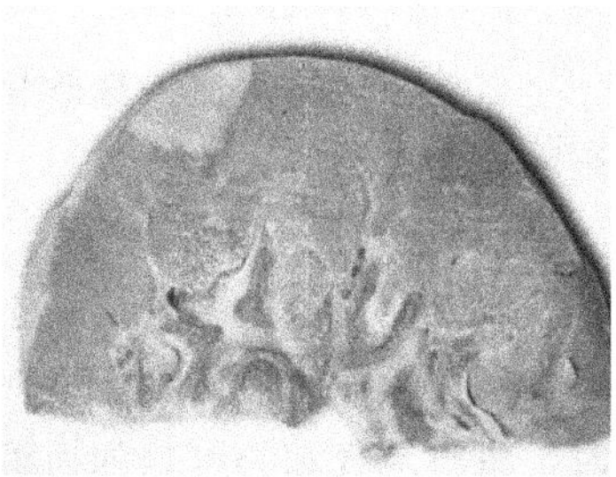

图 2-12　肾贫血性梗死

②镜检变化：梗死组织原组织结构轮廓尚可辨认，但微细结构模糊不清，实质细胞肿胀，胞浆呈颗粒状，胞核浓缩、碎裂、溶解或消失。

(2)出血性梗死

出血性梗死多见于组织结构疏松、血管吻合支丰富的组织器官，如肺脏和肠管等器官。出血性梗死的发生除具备动脉阻塞而引起血流中断外，同时伴有静脉高度淤血，使静脉和毛细血管内压升高，尽管血管吻合支丰富，也难以建立起有效的侧支循环，局部组织会发生缺血性坏死。血液淤积在静脉内，由于缺氧血管壁发生损伤，血管通透性增强，血液由淤血的毛细血管漏出，造成出血使梗死灶呈暗红色，所以又称为红色梗死。如肺脏，有肺动脉和支气管动脉双重血液供应，两者之间有丰富的吻合支，在肺循环正常的条件下，肺动脉分支阻塞就可借助支气管动脉吻合支向该部肺组织供血，不会引起肺脏梗死。但在左心功能不全时，肺脏发生高度淤血，导致肺静脉内压升高，当肺动脉分支阻塞时，凭支气管动脉的压力难以克服肺静脉阻力，侧支循环无法建立，局部肺组织会发生出血性梗死。肠的出血性梗死多见于肠套叠、肠扭转、嵌顿性疝等。其病理变化如下。

①眼观变化：梗死灶呈暗红色，与周围组织界限清楚，早期切面湿润，后期干燥(图 2-13)。

②镜检变化：除有组织细胞坏死外，还有大量红细胞弥散存在。

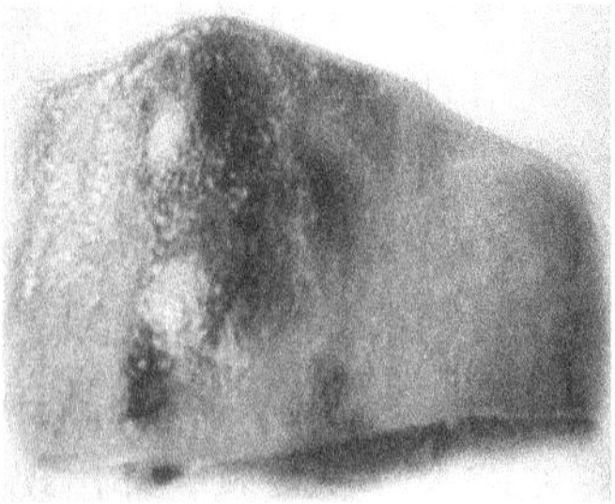

图 2-13　脾出血性梗死

3. 梗死对机体的影响

梗死对机体的影响取决于梗死发生的部位，梗死灶的大小及梗死灶内是否有病原微生物。一般小梗死灶，病灶周围的血管扩张充血，并有白细胞和巨噬细胞渗出，坏死组织可被溶解吸收，病灶被肉芽组织所取代发生机化；大的梗死灶不能完全被肉芽组织取代时，肉芽组织将其包裹。但生命重要器官的梗死，会造成严重的后果。若梗死灶内有病原菌，可引起继发感染。

(九)休克

休克是指机体受到强烈致病因素作用，微循环血液灌流量急剧减少而导致机体重要脏器机能代谢障碍和结构损伤的全身性病理过程。主要表现为血压下降、心跳加快、脉搏细弱、黏膜苍白、皮肤温度下降、尿量减少、反应迟钝、甚至昏迷。

1. 休克的原因和分类

(1)休克的原因

①失血：由外伤或疾病等引起的外出血或内出血所致。如胃溃疡性大出血、产后的大出血等。

②脱水：由急性肠胃炎、肠梗阻等引起大量体液丢失所致。

③创伤：由严重创伤、骨折和挤压伤等所致。

④感染：多由细菌、病毒等微生物严重感染引起。

⑤过敏：由某些药物(如青霉素)、血清制剂或疫苗等引起的一种过敏反应。

⑥心脏疾病：如心肌梗死、急性心肌炎、心包填塞等引起心输出量急剧减少所致。

⑦烧伤：严重的大面积烧伤，因血浆大量外渗，易合并休克发生。

⑧强烈的神经刺激：由剧烈疼痛、高位脊髓麻醉或损伤引起。

(2)休克的分类

①按休克发生的原因分类：有失血性休克、创伤性休克、烧伤性休克、感染性休克、过敏性休克、心源性休克。

②按休克发生的始动环节分类：休克发生的始动环节是血容量减少、心输出量急剧下降及外周血管容量扩大。据此，可将休克分为以下几类。

a. 低血容量性休克：发病的始动环节是血容量减少，如大失血、严重脱水和大面积烧伤等所引起的体液大量丧失均可使血容量急剧减少导致低血容量性休克。

b. 血管源性休克：发病的环节是外周血管扩张导致血管容量扩大。如过敏性和神经源性休克就由于外周小血管扩张，血液淤积在微血管内而导致回心血量明显减少引起休克。

c. 心源性休克：发病的始动环节是心输出量急剧减少。常见于急性心肌梗死、弥漫性心肌炎等引起的休克。

2. 休克的分期及发生机理

根据休克时微循环的变化规律，一般将休克发展的过程分为三个时期。

(1)微循环缺血期(又称缺血性缺氧期或代偿期)

此期为休克发展的早期阶段。虽引起休克的原因不同，休克发生的始动环节不同，但机体的反应是基本一致。例如，创伤、疼痛、失血和感染等引起休克的病因均可引起交感—肾上腺髓质系统强烈兴奋，儿茶酚胺分泌和释放增加，皮肤、腹腔内脏器官的小血管(微动脉、后微动脉、毛细血管前括约肌、微静脉和小静脉)发生收缩，引起微循环灌流量急剧减少，以致微循环出现缺血，因此这期称为微循环缺血期。

但交感—肾上腺髓质系统兴奋时，脑血管并不收缩，冠状血管反而扩张，引起血液在体内的重新分配，以确保重要器官(心、脑)的血液供应，而其他器官(如皮肤、内脏等)则显著缺血。此外，脾脏等储血器官的收缩可以释放存储的血液，微动脉和毛细血管前括约肌收缩使毛细血管内流体静压降低，有利于组织液进入血管中。这些因素起着补充循环血量的作用。以上反应具有一定的代偿意义，故也称为“休克的代偿期”。

该期动物的临床表现为皮肤黏膜苍白、皮肤湿冷、尿量减少、心跳快而有力、血压基本正常或略有升高。

(2)微循环淤血期(又称代偿不全期)

此期为休克的中期阶段。当休克初期动物未能采取及时的治疗，交感—肾上腺髓质系统持续兴奋，导致微循环持续缺血，组织细胞缺氧，引起局部酸性代谢产物增多，发生酸中毒。在酸性环境下，降低了微循环动脉端对儿茶酚胺的反应性，而微循环的静脉端对酸性环境的耐受性较强，故微循环的动脉端开放而静脉端仍处于收缩状态，结果微循环处于灌大于流的状态，大量血液淤积在毛细血管中，从而出现微循环的淤血。

毛细血管内的淤血使毛细血管的流体静压增高，又由于缺氧和酸性代谢产物的蓄积引起血管壁通透性增大，血浆大量外渗，引起血液浓缩和循环血量进一步减少，从而加重组织的缺血、缺氧，使休克不断恶化。

该期动物的临床表现为皮肤和可视黏膜发绀、皮温下降、脉快而弱、血压下降、少尿或无尿、静压萎陷、精神沉郁、甚至昏迷。

(3)微循环凝血期(又称 DIC 期或微循环衰竭期)

此期为休克的最后阶段。由于微循环持续的淤血，组织严重缺氧和酸中毒，可引起小静脉和微静脉麻痹和扩张，对儿茶酚胺的反应性降低，甚至丧失，微循环内血流更加缓慢，微循环中血液黏滞性增高，血小板和红细胞易于聚集；严重的缺氧和酸中毒等因素可启动内源性或外源性凝血过程而导致血液的凝固，引起微血栓形成。

该期动物的临床表现为昏迷，全身皮肤有出血点或出血斑块、四肢厥冷、脉快而弱或不能触及、血压极度下降、呼吸不规则和无尿等。

3. 休克时细胞和主要器官的机能和代谢变化

(1)细胞代谢障碍

休克时细胞的代谢障碍主要表现为糖无氧酵解加强，导致乳酸生成增多和ATP产生不足，引起细胞机能严重障碍。如蛋白质和酶的合成受阻；"钠泵"不能正常运转引起细胞水肿和细胞外液K^+浓度增高；还可引起溶酶体的破裂，使细胞变性和坏死。

(2)肾脏机能变化

肾脏是休克时血流变化最显著的器官。休克早期，肾脏就受到影响，由于肾脏血管收缩，肾血流量减少，肾小球毛细血管动脉压降低，滤过率降低，尿量减少。随着休克的发展，血压逐渐降低，尿液形成减少，导致肾机能不全，休克后期，由于缺血缺氧损伤肾小球和肾小管，加重肾机能不全，出现少尿或无尿。此时，恢复了肾灌流，肾功能也很难恢复。

(3)肺脏机能变化

一般发生在休克后期，出现急性呼吸机能不全，是引起死亡的一个重要原因。由急性呼吸机能不全死亡的肺称"休克肺"，其病理形态变化特点是肺淤血、出血、水肿、局部肺不张、肺血栓及肺泡内有透明膜形成。

(4)心脏机能变化

除心源性休克外，其他各型休克的后期都可能发生心力减弱(或衰竭)的现象。一旦出现心力衰弱，呈现心肌收缩力减弱，心输出量减少、心率加快或失常，会引起循环机能进一步恶化，造成恶性循环。

(5)脑机能变化

休克早期，脑供血相对得到保证，脑的机能障碍不明显。但脑组织对缺氧非常敏感，随着休克的发展，可引起脑组织的缺氧。轻度缺氧时，中枢神经系统呈现兴奋，动物表现为烦躁不安；随着缺氧的加重，中枢神经系统由兴奋转为抑制，动物反应迟钝，反射减弱或消失，甚至昏迷；最后可因生命中枢机能障碍导致死亡。

(6)消化系统和肝机能变化

休克时流经内脏的血量减少，引起胃肠道和肝脏发生缺血、淤血和水肿等变化。肝的解毒机能降低及胃肠道的屏障机能减弱，肠道内有毒物质及微生物可进入血液，引起自体中毒和继发感染，促使休克加重或恶化。

二、组织细胞的损伤与代偿修复

动物机体在体内外各因素的作用下，超过了细胞的适应能力，细胞和组织就会出现代谢、功能和形态的损伤变化，如萎缩、变性、坏死。细胞和组织的损伤是疾病的最基本病理变化。在损伤的同时，机体又可以通过一系列的抗损伤反应如修复、代偿、适应等过程，以达到形态功能和代谢的恢复和适应。总之，损伤和抗损伤贯穿了疾病的整个过程。

(一)萎缩

萎缩是指正常发育的器官、组织在致病因素作用下导致的组织和器官的体积缩小、功能减退的过程。本质是构成该器官组织的实质细胞体积缩小或数量减少。另外、有的组织器官的实质细胞发生萎缩时，经常出现间质(结缔组织、血管内皮细胞、淋巴细胞等)增生，在某些情况下，组织、器官的体积甚至比正常的还大(胸腺、肌肉的萎缩)。

与发育不全、未发育相比，细胞萎缩的特点是：第一，形态结构的变化，是发育到正常体积后，体积减小的结果；第二，物质代谢的变化，蛋白质合成减少而分解增多，可以适应营养水平较低的物质代谢环境。

1. 分类

按萎缩发生的原因，将其分为生理性萎缩和病理性萎缩两类。

(1)生理性萎缩

此类萎缩与年龄有关，是生理功能的减退和物质代谢降低而发生的。在生理状态下，到一定的年龄某些器官就会出现萎缩。如动物性成熟后的胸腺的萎缩；禽的法氏囊性成熟后的萎缩；老龄动物可以见到全身组织器官不同程度的萎缩，如肌肉、皮肤、性腺、乳腺。

(2)病理性萎缩

病理性萎缩是由于致病因子作用下，器官组织出现体积减小、功能减退的过程。

全身性萎缩是由于全身物质代谢障碍引起的。机体摄入蛋白质、糖、脂肪等营养物质不足(劣质饲料、慢性胃肠道疾病等)或长期处于某种疾病状态导致机体营养物质损耗过多(结核、鼻疽、寄生虫病、贫血、恶性肿瘤)。全身器官萎缩顺序：脂肪→肌肉→肝胃脾淋巴结肠→心、脑、分泌腺。

全身性萎缩时，动物表现为全身性衰竭的症候，精神沉郁，反应迟钝，行动缓慢，呈现进行性消瘦、不耐使役、生产能力下降；严重时，贫血、免疫力低下，呈现恶病质状态。

局部性萎缩是由于局部致病因素作用下，使局部组织和器官发生萎缩。

①较长时间动脉血流供给减少，引起该组织发生萎缩，如肾动脉粥样硬化导致肾脏的萎缩。

②长期受压，局部组织发生萎缩。慢性肝淤血时，肝细胞受压迫，肝细胞索出现萎缩；组织器官局部出现脓肿、肿瘤等肿块时，邻近细胞发生萎缩。引起该种萎缩的主要原因是压迫时间长，而不是压力的大小。

③器官等长期不活动所致的萎缩，尤其是经常活动的器官，如四肢骨折治疗时，患肢被石膏、绷带等固定时间过长，患肢不活动导致局部肌肉发生萎缩。

④内分泌功能降低、靶器官缺乏正常刺激而引起的萎缩，如垂体机能降低可引起甲状腺、肾上腺等的萎缩；动物去势后，相应的性腺和性器官出现萎缩。

⑤局部神经受损伤时，可使其支配下的皮肤、肌肉、骨骼发生萎缩，如鸡马立克氏病时，坐骨神经出现炎性增生导致患肢出现瘫痪、肌肉萎缩，呈现“劈叉”现象。

2. 病理变化

(1)眼观

萎缩的器官体积缩小，颜色加深，除局部病变外无形状变化，被膜松弛伴有皱褶，重量变轻，质地变韧。空腔器官壁变薄；脂肪组织萎缩后其空隙由浆液代替，浆液透明、胶冻样。

(2)光镜下

实质细胞体积缩小，染色变深，细胞质中细胞器数目减少，萎缩的心肌细胞及肝细胞胞浆内常可见脂褐素(黄褐色)。退化的细胞器碎片形成的残留小体。

3. 结局和对机体的影响

细胞组织出现萎缩后，原因能及时消除，不论是全身性萎缩还是局部性萎缩，具有可复性，细胞都能恢复原状。

全身性萎缩时，动物机体的抗病能力较低，病因如不能及时清除，动物机体的情况不断恶化，最终导致机体各器官系统功能衰竭而出现危急情况，同时也易出现其他病理情况而死亡。

局部性萎缩时，主要看出现萎缩的器官和部位，如果主要器官的萎缩则出现严重的机能障碍且出现病理过程。如果萎缩的程度较轻，其减弱的功能代谢则由健康部分代偿，机体不会有明显的变化。如果程度较重，病因持续作用，则萎缩的细胞可最后消失，器官功能发生严重机能障碍。

(二)变性

变性是由于物质代谢障碍，胞浆或间质内出现某些异常物质或正常物质明显增多，使细胞出现形态的变化。变性的细胞代谢、功能一般是减弱的。按细胞变性后的形态、性质分为细胞肿胀、脂肪变性、黏液样变、透明变性、淀粉样变、纤维素样变。细胞变性程度较轻时呈现可复性，作用因素消除后，物质代谢和形态结构可恢复正常。

1. 细胞肿胀

细胞肿胀也称细胞水肿，是指胞浆内出现蛋白质颗粒或大小不等的水疱，变性程度较轻。多发于实质器官的细胞，如肝细胞、心肌细胞和肾小管上皮细胞等。其发生是细胞受损，如感染、中毒、发热等病理过程时，细胞膜线粒体受损伤，细胞生物氧化供能出现障碍，细胞膜内外离子转运出现障碍，细胞内钠离子和水增多而引起细胞结构的异常。

(1)病理变化

①肉眼观：颜色变淡，常呈灰白色而混浊，水煮样外观；体积肿大，边缘钝圆，被膜紧张；质地脆弱易碎；切缘外翻，切面隆凸，组织结构模糊不清。例如，发生在皮肤、黏膜时，常表现为疱疹，如鸡痘、口蹄疫见到皮肤黏膜上的水疱、痘疹。

②光镜下：轻度变性，细胞核被挤压到一侧或溶解；严重时，胞浆内出现大小不等的水疱，胞浆淡染、清亮呈气球样变。

(2)结局和对机体的影响

细胞肿胀具有可复性，短期的作用细胞可以通过代偿适应，除去病因，水和钠正常代谢后，可以恢复正常。如病因持续作用后，变性加重，细胞可出现坏死。

2. 脂肪变性

脂肪变性是由于细胞内脂肪代谢障碍，胞浆内出现大量游离脂肪滴的变性。多发生在肝细胞、心肌细胞、肾小管上皮细胞。其发生是由于急性传染病、中毒、败血症等导致细胞内脂肪代谢异常，光镜下见不到的脂肪滴，融合后为大的脂肪滴，能够被镜检。

正常情况下，被机体吸收的各种形式的脂肪，一部分氧化功能，另一部分以脂蛋白的形式存储。当某些病理过程时，脂蛋白被分解、血液中游离脂肪酸过多、脂蛋白合成障碍、脂肪酸的氧化发生障碍等导致脂肪以脂肪滴的形式存储在细胞中，影响细胞的物质代谢，并出现形态改变，发生脂肪变性。

(1)病理变化

①肉眼观：病变初期，眼观变化不明显或稍变黄；变性加重时，呈灰黄色或土黄色；体积肿大；触之松软易碎。发生在肝脏时(图 2-14)，切面肝小叶结构模糊不清，有油腻感；如慢性肝淤血引起的，则呈现槟榔肝的变化。心肌细胞发生脂肪变性时，心外膜及心内膜下可见红黄相间的条纹，似虎皮，称之为“虎斑心”，见于心肌炎。

②光镜下：肝细胞脂肪变性时，细胞核周围有多量的空泡，有的形成大的空泡；心肌细胞脂肪变性时，在细胞核附近有排列呈串珠样、较细小的脂肪滴；肾小管上皮细胞脂肪变性时，细胞的基底部和核的周围聚集大量的脂肪滴。

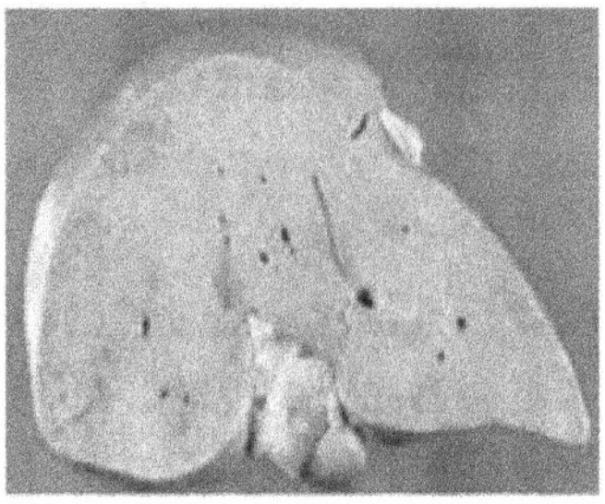

图 2-14 肝脂肪变性

(2)结局和对机体的影响

脂肪变性具有可复性。早期消除病因，脂变器官可恢复正常。严重的脂肪变性可发展为坏死。脂肪变性对机体的影响，发生脂肪变性的器官，生理机能降低，如肝细胞脂肪变性会影响到糖的代谢和解毒机能；心肌细胞脂肪变性导致心肌收缩力减弱，引起全身血液循环障碍及其他代谢和功能障碍。

(三)坏死

坏死是在活体内局部组织细胞的病理性死亡。在疾病过程中，致病因素持续作用机体一定时间或达到一定的强度，使细胞出现严重的物质代谢障碍，并超过机体的代偿能力而出现的一种不可逆的细胞损伤性变化，即坏死。

正常生理条件下，细胞也会出现死亡，属于细胞正常的“生命”结束，如红细胞、白细胞的衰老死亡过程和皮肤角质层脱落过程。

1. 病理变化

(1)肉眼观

坏死组织早期变化不明显，不易识别。一段时间后，坏死组织色泽浑浊，失去正常颜色；弹性降低或消失；失去正常血液供应，如清除坏死组织时不见新鲜血液流出；缺乏正常感觉及机能；坏死组织周围有充血、出血的炎性反应带。

(2)光镜下

细胞核形态变化是确定细胞坏死的主要标志。其变化有核浓缩、核碎裂、核溶解三种形式。胞浆内出现红色的嗜酸性颗粒，是酸性染料伊红着染加深的结果(嗜碱性的核蛋白体减少或消失)。

2. 类型

(1)凝固性坏死

凝固性坏死(图 2-15)是指坏死组织变为干燥、无光泽的固体物质。多发于肾、心、脾等器官的贫血性梗死，梗死灶呈灰白或灰黄色，质地干硬，周围有炎性反应带(充血、出血)。如动物患结核病时，出现特殊的凝固性坏死(干酪样坏死)，坏死灶呈灰白、灰黄色，易碎，形似干酪或豆腐渣；动物体硒—维生素 E 缺乏时，骨骼肌出现蜡样坏死，坏死灶呈灰白、灰黄色条纹或斑块，切面干燥而硬实，肌纤维变细或消失。

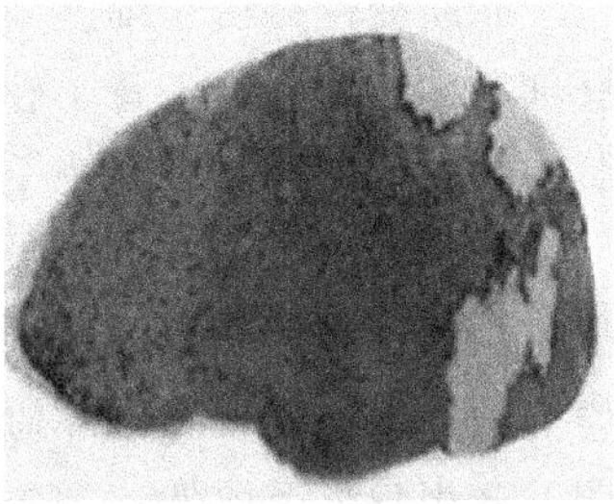

图 2-15 凝固性坏死

(2)液化性坏死

液化性坏死是指坏死组织被溶解呈脓汁样液体。多发于含蛋白质较少的组织。如雏鸡缺乏维生素 E 时，可发生脑软化，坏死灶呈糜状；局部组织化脓，坏死组织被分解液化形成脓汁。

(3)坏疽

坏疽是指坏死的组织因环境的变化和腐败菌感染而引起的变化，常呈黑褐色。

①干性坏疽：多发于体表，如耳边缘、四肢末端、尾尖等。坏死组织黑褐色，质地干硬(图 2-16)。

②湿性坏疽：多发于与外界相通的腔性器官，如肺、肠、子宫、耳等。坏死组织被腐败分解液化，并伴有腐败的恶臭味。

③气性坏疽：多发于组织的深部创伤(合并感染厌氧产气菌)，如肌肉的开放性损伤。坏死组织被分解并产气，形成气泡，肿胀，常呈蜂窝状，棕黑色，有时奇臭，按压有捻发音(图 2-17)。

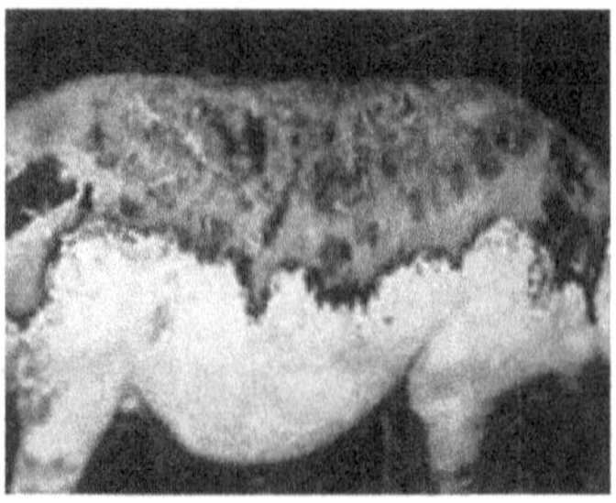

图 2-16 皮肤的干性坏疽

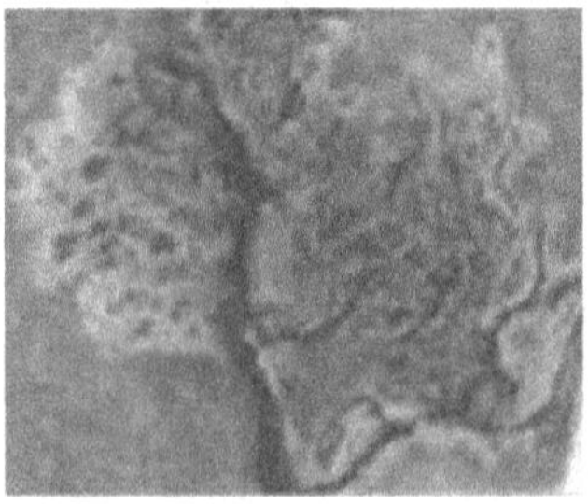

图 2-17 气性坏疽

3. 对机体的影响

①坏死组织对机体的重要性：如心肌细胞、脑细胞坏死后对机体影响较大。

②坏死组织的面积：如肌肉大面积坏死会出现严重运动机能障碍。

③坏死组织的再生能力：如上皮细胞容易再生，坏死组织易得到修复；而心肌细胞不易再生，坏死后基本得不到再生。

④坏死组织所在器官的代偿能力：如成对的器官(肾、肺)较轻坏死不会影响到该器官的功能、代谢。

4. 结局

(1)吸收

坏死组织由坏死灶蛋白分解酶将其分解为小的碎片或液化。液化的被机体吸收，排出体外。小的碎片由巨噬细胞吞噬后排出体外。组织缺损由周围健康组织再生填充，有时没有得到修复则形成空洞；如发生在皮肤和黏膜坏死组织溶解后留下较重的组织缺损称之为溃疡，较浅的损伤则称为糜烂。

(2)机化

坏死组织被肉芽组织取代的过程称为机化。坏死组织未被液化吸收则由坏死组织周围长出肉芽组织加以分解、液化、取代。

(3)包囊

剩余的坏死组织被肉芽组织包裹起来称之为包囊的形成。包囊中的坏死组织干燥并有钙盐的沉积则形成钙化，如结核病时的干酪样坏死灶。

(四)适应

适应是指动物机体在不断变化的内外因素的作用下，机体细胞、组织产生新的特性或功能改变的反应。表现有代偿、肥大和化生。

当致病因素作用于机体时，超过了细胞和组织耐受强度，就会导致细胞物质代谢障碍，组织细胞可能出现损伤，表现为形态结构、代谢和机能改变。一种是由机械力直接作用于组织细胞，引起组织细胞的断裂。另一种是病因作用后以产生物质代谢障碍为主，病因作用产生较轻的损伤时，病因消除后，受损的细胞组织可恢复正常，如萎缩、变性；病因作用产生的损伤严重时，就会出现不可逆的变化，细胞的坏死。

修复是组织缺损后，由周围的健康组织、细胞再生进行恢复、重建的过程。机体的内外环境发生变化时，细胞组织会通过自身积极的改变来适应新环境的改变，这种抗损伤的情况就是适应、代偿和修复。动物这种抗损伤的能力，保证动物机体抵御疾病，清除疾病带来的损伤，使动物机体能生存，以至恢复健康。

(五)代偿

代偿是指机体处于病理过程时，某些组织、器官的功能、代谢减弱或消失的部分由其健康部分或其他组织、器官进行代替补偿的现象。按发生过程分为以下三种类型。

1. 代谢性代偿

代谢性代偿是机体处于物质代谢变化为主的一种代偿方式，如机体处于致病因子刺激时，糖、脂肪和蛋白质代谢会加强。

2. 功能性代偿

功能性代偿是机体通过某器官功能的加强对器官功能减弱进行代偿的一种代偿方式。这种代偿方式多发生于成对的器官，如肾脏等。

3. 结构性代偿

结构性代偿是器官组织功能性代偿基础上，以体积增大的变化为代偿的一种代偿方式。其表现是肥大。

当机体出现机能、代谢改变时，三种代偿方式同时出现。只是代谢性代偿和功能性代偿出现得比较快，显现得较明显，而结构性代偿出现得较迟。经过较长时间的功能性代偿就会引起结构性的变化，结构性代偿又会使功能性代偿加强。如当动物的一个肾脏出现机能障碍时，另一个肾脏就会代谢、功能加强，长期代谢和功能的加强，使健康的肾脏出现肥大。

然而代偿也是有一定的限度的，如果代谢、功能的障碍超过了器官、组织的代偿范围，机体内环境的稳定就受到了新的破坏，这时就会发生失代偿。

(六)肥大

肥大是指细胞、组织、器官体积增大，同时代谢和功能加强。本质是实质细胞数量增多或体积增大。通常二者同时存在。按其发生原因分为两种类型。

1. 生理性肥大

生理性肥大是指正常生理条件下，器官机能加强、体积增大。如妊娠动物的子宫及泌乳期的乳腺的增大；动物经有意识锻炼后肌肉的增大。

2. 病理性肥大

病理性肥大是指经代偿后，器官发生的肥大，实质细胞数量增多、体积增大时称真性肥大。

有时器官或组织体积增大，主要是间质增生所造成的，甚至影响实质细胞的物质代谢，使之发生萎缩，这样的肥大称为假性肥大。该种器官除体积增大外，组织结构发生明显变化，机能降低。

(七)化生

化生是指一种分化成熟的组织在外界因素刺激下形态、功能完全转化为另一组织的过程。

化生经常发生在上皮细胞，间叶细胞有时也发生。化生的种类较多，较常见的是鳞状上皮化生。化生多发生于黏膜组织，如支气管黏膜、胃黏膜、子宫颈的黏膜。

黏膜出现鳞状上皮化生后，其局部抗病能力得到加强，但原有的防御机能降低了，更容易感染；由于长期刺激，有可能导致局部出现癌变，如肺内支气管黏膜发生鳞状细胞癌，胃黏膜发生肠型腺癌。

(八)再生

再生是指组织损伤后，由损伤周围的健康组织细胞分裂增生修复损伤组织的过程。

1. 分类

(1)完全再生

新再生的组织(受损的同种组织)在形态与机能和原损伤组织完全相同称为完全再生。

(2)不完全再生

再生的组织(纤维结缔组织)从形态和机能上与原损伤的组织不完全相同，甚至由肉芽组织取代而形成瘢痕组织称为不完全再生。

修复的结果取决于组织坏死的程度、再生能力。一般坏死细胞的数量少，组织再生的速度较快，结构较完备。但主要取决于组织的再生能力。细胞分化程度低、经常更新的，再生能力较强，如结缔组织细胞、血细胞、小血管、表皮、黏膜、骨、周围神经、肝细胞等再生能力较强，受损后一般能完全再生。如果受损较重则形成瘢痕组织；细胞分化程度高的，再生能力较弱，如骨骼肌、平滑肌再生能力较弱。而心肌细胞再生能力更弱，受损后则形成瘢痕组织。神经细胞没有再生能力，受损后由神经胶质细胞来修复。

2. 各种组织的再生过程

(1)纤维结缔组织的再生(图 2-18)

结缔组织再生能力较强，本身受损后能够形成完全再生，在其他组织缺损时也会有结缔组织的再生进行填充，形成不完全再生。受到损伤刺激时，成纤维细胞可由静止的纤维细胞转变而来，或由未分化的间叶细胞分化而来。

(2)血管的再生

①毛细血管的再生：毛细血管具有较强的再生能力，主要是以出芽的方式进行再生。即由血管的内皮细胞通过增殖分化并向外生长，形成实心的内皮细胞条索，条索在血流的不断冲击下，数小时后形成空腔，诸多的空腔相连接就形成新的毛细血管网(图 2-19)。另外，毛细血管还可通过组织直接化生而形成毛细血管。

②大血管的修复：大血管受损后不具有再生能力，只能进行修复。如大血管断裂后进行手术吻合后，内皮细胞通过分裂增殖，互相连接，内膜得到重建，而肌层不能够再生，由结缔组织增生进行连接，形成瘢痕组织。

完全离断的大血管断端逐渐由结缔组织取代、闭锁；局部组织的血液循环靠侧支循环供给血液。

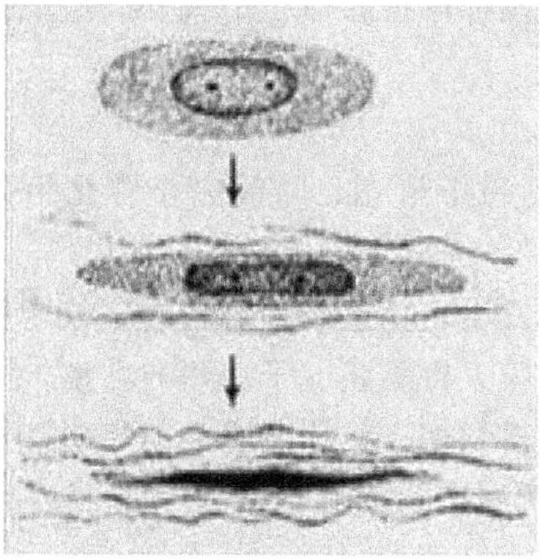

图 2-18 细胞产生胶原纤维并转化为纤维细胞模式图

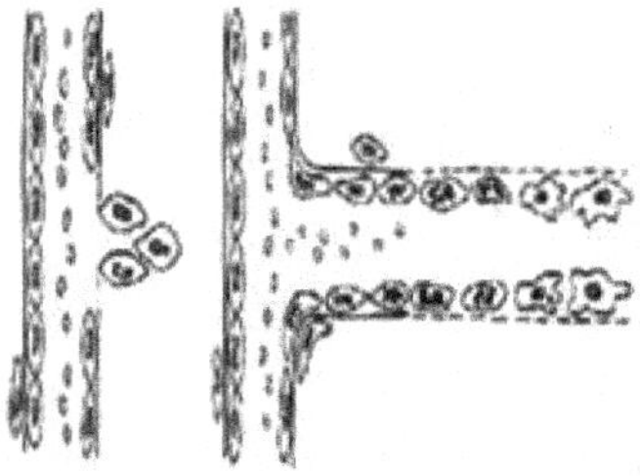

图 2-19 毛细血管再生模式图

(3)上皮组织的再生

①被覆上皮再生：鳞状上皮受损后，由损伤部的基底层细胞分裂增生，先形成单层上皮，向缺损中心延续，后增殖分化为鳞状上皮。黏膜受损后由周围的细胞分裂增殖进行修补，如胃肠黏膜、口腔黏膜等。

②腺上皮再生：腺上皮的再生能力较强，由于损伤程度差异再生结果不同。腺上皮的坏死较轻，可直接或间接分裂而形成完全修复；如果坏死较重，则形成的再生组织结构紊乱，如肝细胞出现严重的坏死时，残留的肝小叶分裂增殖，部分细胞体积增大，同时间质纤维结缔组织和胆管大量增生，从形态上与原肝小叶相似，使肝小叶的基本结构发生变化，质地硬实、被膜凹凸不平呈颗粒状，即形成“假小叶”。

(4)肌肉组织再生

骨骼肌、平滑肌有一定的再生能力，在肌纤维未完全断裂或损伤不大时，能够形成再生；如肌纤维完全断裂或损伤较大时，则由结缔组织进行连接或修复。心肌细胞再生能力很弱，心肌受损后通常由结缔组织增生进行修补，如部分心肌梗死治愈后，其整个心脏收缩力较梗死前减弱。

(5)神经组织的再生

脑和脊髓的神经细胞不具有再生能力，坏死后由胶质细胞及其纤维填充。如大脑缺氧后，脑内的神经细胞坏死后出现不可逆的变化。

周围神经发生缺损时，如果断端能够与原神经纤维保持联系或及时进行手术断端对接缝合，可以完成很好的再生。否则出现不全再生或再生停止。局部形成结缔组织疤痕。

3. 影响再生的因素

(1)全身性因素(营养、年龄、激素、神经系统状态)：如处于营养不良状态的动物，其创伤愈合较慢甚至出现并发症；年龄较小的动物组织、细胞再生比老龄动物过程快且完善；组织损伤后，应用糖皮质激素减缓组织的修复。

(2)局部因素(组织本身的再生能力、局部血液循环状况、处于病理状态、创伤程度)：如受损组织再生能力强、创伤程度较轻、局部血液循环状态良好、无感染、无异物，局部组织修复较快且完善，反之速度慢，可能再生不全。

(九)肉芽组织

肉芽组织是由再生的毛细血管和成纤维细胞构成新生的幼稚结缔组织，同时伴有炎性细胞浸润。

1. 肉芽组织的结构

(1)肉眼观

肉眼观看呈鲜红色，颗粒状，柔软湿润，形似鲜嫩的芽。

(2)光镜下

可见到大量毛细血管并构成毛细血管网，在其周围有许多成纤维细胞，在组织中有大量的渗出液和炎性细胞(巨噬细胞为主，还有嗜中性粒细胞和淋巴细胞)。

2. 作用和结局

肉芽组织具有抗感染，填充创腔或缺损，保护创面，排出坏死组织、炎性渗出物、异物等物质的作用。

组织受损后，周围的健康组织生长出肉芽，填补创口机化异物。经 1 周左右的时间，肉芽组织按生长的先后而逐渐成熟。渗出液和炎性细胞逐渐减少或消失；部分毛细血管闭锁；成纤维细胞成熟为纤维细胞，这时肉芽即成熟为结缔组织，逐渐形成瘢痕组织。

(十)创伤愈合

创伤愈合是指组织在机械力作用下，产生的缺损进行修复的过程。

1. 创伤愈合的基本过程

创口的初期，小血管可自行止血，大血管出血必须人工止血，创口止血不久，创口周围红肿而出现炎症反应。几天后，创口周围组织向其中心收缩。在此过程中，创伤周围生长出肉芽组织，进行填充并清除创口内的异物，最后成为成熟的纤维结缔组织。

2. 创伤愈合的类型

根据损伤程度及有无感染，创伤愈合可分为以下三种类型。

(1)一期愈合(直接愈合)

条件：见于组织缺损少、创缘整齐、无感染、创面对合严密的伤口，如手术切口。

特点：一期愈合的时间短，表皮再生在 24～48 h 内便可将伤口覆盖。肉芽组织在第 3 d 就可从伤口边缘长出并很快将伤口填满，5～6 d 胶原纤维形成(此时可以拆线)，2～3 周完全愈合，留下一条线状瘢痕(图 2-20)。

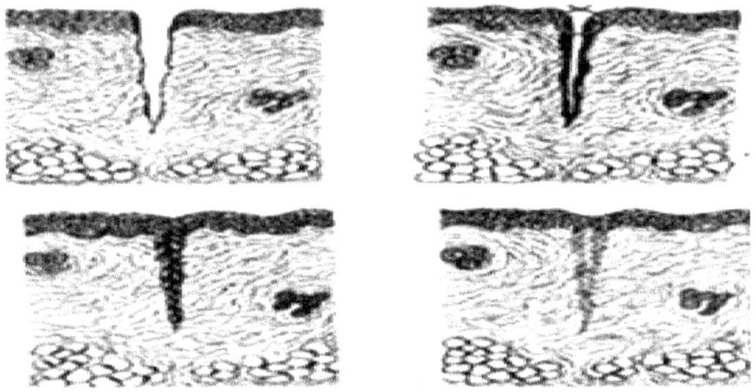

图 2-20　一期愈合模式图

(2)二期愈合(间接愈合)

条件：见于组织缺损较大、创缘不整、无法整齐对合，或伴有感染的伤口。只有等到感染被控制，坏死组织被清除以后，再生才能开始。

特点：伤口大，伤口收缩明显，从伤口底部及边缘长出多量的肉芽组织将伤口填平。愈合的时间较长，形成的瘢痕较大(图 2-21)。

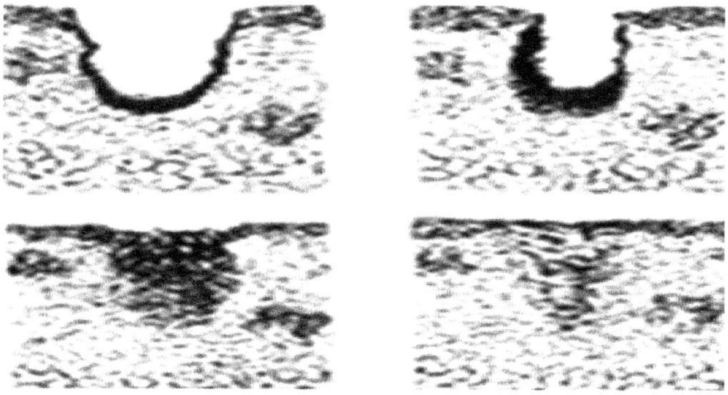

图 2-21 二期愈合模式图

(3)痂下愈合

出血及坏死物质干燥后形成黑褐色硬痂，在痂下进行愈合过程。待上皮再生完成后，痂皮即脱落。痂下愈合所需时间通常较无痂者长。

好处：痂皮由于干燥不利于细菌生长，故对伤口有一定的保护作用。

坏处：如果痂下渗出物较多，尤其是已有细菌感染时，痂皮反而成了渗出物引流排出的障碍，使感染加重，不利于愈合。

3. 影响创伤愈合的因素

(1)全身因素

①年龄：青壮年动物组织再生能力强，创伤愈合速度快；老龄动物则相反，组织再生能力差，愈合慢。

②营养：蛋白质、维生素、钙、磷、锌等的缺乏，影响胶原合成而愈合延缓。

(2)局部因素

①感染与异物：病原微生物能够加重组织的损伤，妨碍创伤愈合；细菌感染、异物、坏死组织等均会加重炎症反应；细菌和坏死组织可释放水解酶和毒素，水解基质和胶原纤维；伤口感染也导致局部张力增加，使伤口裂开，因此应适时施行清创缝合术并进行抗感染治疗。

②局部血液供应：局部血液提供氧和营养，对促进坏死组织的吸收和感染的控制也起重要作用。如动物关节囊部位发生创伤时，该处伤口愈合缓慢。

③神经支配：神经损伤时，局部血液供应发生障碍，影响组织细胞对创伤的修复。

(十一)骨折的愈合

骨折愈合过程有如下几个阶段。

1. 血肿形成

骨组织有丰富的血管，在骨折的两端及其周围有大量的出血，形成血肿，并出现较轻炎症反应。

2. 纤维性骨痂形成

骨折后的2～3 d，骨内、外膜深层的骨膜细胞增生为成纤维细胞，伴随新生的毛细血管，组成肉芽组织，使血肿机化。上述肉芽组织填充断端并将断端互相连接，局部形成菱形膨大，随后发生纤维化。骨折愈合早期，这种局部增生的纤维肉芽组织称临时性骨痂或纤维性骨痂。在骨外膜的骨痂区多见有透明软骨。此时，两断端已连接起来，但不牢固，此期经2～3周。

3. 骨性骨痂形成

纤维性骨痂中的成纤维细胞可向骨母细胞和软骨母细胞方向分化。骨母细胞分泌胶原纤维和基质，同时细胞埋入其中，变为骨细胞，是为骨样组织，经钙盐沉积后成为骨性骨痂，骨性骨痂使断骨的连接进一步加固并具有支持负重功能，此时在骨折后3～6周。此期为2～3个月。软骨组织通过软骨内化骨也形成骨性骨痂。

4. 骨痂改建

骨性骨痂结构不够致密，骨小梁排列紊乱，达不到正常功能需要。骨性骨痂还需进一步改建成板层骨并重新恢复骨皮质和骨髓腔的正常结构，才能实现功能要求。改建过程中，不需要的骨组织由破骨细胞吸收，承受压力最大部位，则由骨母细胞产生更多的骨质，此时骨折愈合过程才算完成。

三、炎症

(一)炎症

炎症是动物机体对各种致炎因素的局部损伤所产生的一种以防御为主的、复杂的、综合性的应答性反应。

炎症是十分常见而复杂的病理过程，大多数常见病多发病都属于炎症性疾病，如日常所见的脓疮、创伤到传染病、寄生虫病、内科病及外科病等，无不伴有炎症过程。因此，正确认识炎症的本质，掌握其发生和发展的基本规律，可以帮助我们了解疾病发生发展的机制，更好进行动物疾病防治工作。

1. 辨识致炎因素

(1)外界致炎因素

①生物性致炎因素：是最常见的致炎因素，如细菌、病毒、支原体、衣原体、真菌等病原微生物和寄生虫(绦虫、线虫)等，它们通过机械性损伤或产生内外毒素使组织损伤，亦可通过诱发免疫反应导致炎症。

②物理性致炎因素：机械力、温度、放射线及紫外线等均可造成组织损伤引起炎症，如温度过高引起局部组织烫伤；机械力作用使局部出现组织断裂。

③化学性致炎因素：化学性物质作用于组织细胞产生炎症。强酸、强碱以及机体内的组织坏死崩解产物、代谢废物等在它接触或排泄的部位引起组织不同程度的损伤而引起炎症，如真菌毒素可引起动物胃肠炎。

④某些抗原性致炎因素：有些抗原物质作用于致敏机体可引起超敏反应和炎症。在皮内注射结核菌素引起的致敏动物的局部皮肤炎症反应，致敏T淋巴细胞再次与相关抗原反应，释放淋巴因子可造成组织损伤和炎症反应。

(2)体内致炎因素

体内致炎因素是主要来源于机体内部产生的具有致炎作用的因子，如坏死组织分解产物(肽类、胺类)、代谢产物(胆酸盐、尿素)、免疫复合物等。

2. 炎症局部基本病理变化

在炎症的病理过程中，呈现不同临床表现和病理形态，但无论任何原因引起的以及发生在任何组织的炎症，其基本病理变化过程包括局部组织细胞的损伤、血管反应及细胞增生，通常概括为变质、渗出和增生三种基本病理变化。在炎症过程中，肉眼观发炎组织病理变化明显程度具有鲜明的先后顺序，一般急性炎症和炎症早期以变质、渗出为主，慢性炎症或炎症后期以增生为主，三者互相联系相互影响。一般地说，变质性变化是致炎因素作用于组织细胞产生的损伤过程，而渗出性变化和增生性变化具有抗损伤的作用。

(1)变质性变化

变质性变化是致炎因素作用于组织细胞，使之出现物质代谢障碍、理化性质改变和形态结构变化的总称。局部组织出现这种病理变化，一方面是由于致炎因素的直接作用；另一方面是由于神经营养机能障碍，使局部组织物质代谢发生改变的结果。另外，发炎组织出现血液循环障碍，加重局部细胞损伤。不同原因的炎症，组织变质的程度也不一样，这取决于致病因素的性质、强度以及机体的反应性，特别是处于过敏状态的机体，组织细胞发生炎症时，往往变质性变化更为明显。

①物质代谢障碍：发炎组织物质代谢变化的特点是分解代谢增强和氧化不全产物的蓄积。炎症初期，局部组织的耗氧量增加，氧化过程增强；以后炎症中心由于血液循环障碍及组织细胞损伤较严重，氧化酶活性降低，无氧酵解增强，故氧化不全产物排除障碍，蓄积增多；而炎区周边物质代谢仍然增强，氧化酶活性升高，耗氧量增高，发生供氧不足，氧化不全的代谢产物也相应增多。故造成大量氧化不全的酸性产物蓄积。

②理化性质改变：由于分解代谢的加强，酸性代谢产物蓄积，pH 下降，细胞组织的损伤崩解，血浆蛋白的渗出，故使炎区局部酸度升高，渗透压升高。

③形态结构变化：在变质性变化时，发炎组织细胞形态结构的变化，主要是发炎组织细胞变性(颗粒变性、脂肪变性)和坏死；间质结缔组织中的纤维肿胀、断裂、溶解；基质解聚或发生黏液样变性、纤维素样坏死等。

(2)渗出性变化

渗出性变化是指炎区组织内发生的血管反应、液体渗出和细胞渗出的过程。在炎症过程中，局部组织的小血管发生短暂的痉挛、扩张和充血，随后血液中的液体成分和细胞成分通过受损的血管壁进入炎区间质、体表、体腔或黏膜表面。

①血管反应：致炎因子作用于局部组织，由于炎区组织内酸性产物蓄积，小血管发生短暂的痉挛收缩，然后扩张充血，随着局部组织病理过程进行转变为炎性充血，之后发生淤血，渗出变得更加明显。同时伴有淋巴淤滞和淋巴栓形成。发炎组织呈现明显的红、肿、热、痛等症状。

血管反应发生机制：主要由于血管神经反射性充血、血管壁通透性升高、血管壁紧张性下降和血管血流停滞导致血管反应。

发炎组织细胞损伤以及出现严重的物质代谢障碍(缺氧)造成酸性环境，使血管内皮细胞肿胀、间隙增宽，血管内血浆渗出，造成血液浓缩，血流变慢、白细胞边流并贴壁，血流阻力增大。同时由于渗出液对血管壁的压迫，血流进一步减慢，加重淤血，最终发展为血管内血液淤滞，更加促进液体渗出和细胞渗出。

②液体渗出：发炎组织充血、淤血后，渗出的液体成分主要是血浆和血浆蛋白，还包括细胞成分(如白细胞)。渗出的液体被称为炎性渗出液，其形态特征与组织间液有明显区别，表现为：肉眼观浑浊不清，有时存在组织碎片或纤维素性絮状物，相对密度在1.018以上，蛋白质(白蛋白、球蛋白、纤维蛋白)含量高，超过4%，细胞含量多(表2-1)。

表2-1　渗出液与漏出液的比较

项　目	渗出液	漏出液
机　制	主要是血管壁通透性增高	主要是静脉回流受阻
外　观	混浊，白色、黄色或红色	澄清，同正常血浆颜色
性　状	浓厚，含有组织碎片	稀薄，不含组织碎片
相对密度	>1.018	<1.015
蛋白含量	高，超过4%	低，少于3%
细胞数	$>0.50\times10^9/L$	$<0.50\times10^9/L$
凝　固	能凝固	不能自凝
醋酸沉淀试验	阳　性	阴　性
与炎症关系	与炎症有关	与炎症无关

渗出液发生机制：主要由于血管壁通透性升高，导致液体渗出。血管内压升高和血管外胶体渗透压升高也是促进液体渗出的因素。

渗出液的作用和影响：首先液体渗出对机体抵御炎症的损伤有积极防御作用——渗出液中含有大量的各种特异性免疫球蛋白、补体、调理素等多种抗菌物质，对病原微生物及其毒素有中和、抑制和稀释的作用。渗出液中的纤维蛋白凝固后转化为具有黏性的纤维蛋白原，交织成网可限制有害物质扩散进入血液并将其限制在炎灶内，因而有利于炎性细胞发挥吞噬作用。渗出液可为炎区组织细胞带来更多的营养物质，供给局部物质代谢加强的需要，减轻局部组织细胞的因物质代谢而产生的损伤作用。但过度的液体渗出对局部组织和机体会产生不利影响：如胸膜炎时，胸腔内渗出液过多可阻碍肺脏呼吸和心脏舒张活动；脑膜炎时，脑组织炎性水肿使颅内压升高引起头痛、神经功能紊乱。所以，炎性渗出对于机体抵御和缓解炎症有帮助意义，过度的渗出又会直接对机体的组织细胞产生损伤作用，加重炎症的程度。

③炎性细胞渗出：在局部组织炎症过程中，不仅有液体渗出，同时还有各种细胞跟随渗出液渗出，各种白细胞由血管渗出到发炎组织间隙中的现象，称为炎性细胞浸润。白细胞渗出时，最先出现游走的是嗜中性粒细胞。其作用是吞噬和降解病原微生物、免疫复合物和组织坏死后残留的碎片，是炎症过程中最主要的抗损伤反应，但其释放的化学物质(酶类和炎症介质)同时也会损伤组织细胞，加快炎症的进程，加重炎症的程度。

白细胞渗出机制：在生理状态下，血管内血液流动可分为轴流和边流。红细胞和白细胞等有形成分组成轴流，而边流的主要是液体成分。炎症时，白细胞的游走在趋化因子的作用下主要分为边移、附壁、游出三个阶段(图 2-22)，最终到达炎症中心，完成游走的过程，起到吞噬作用。

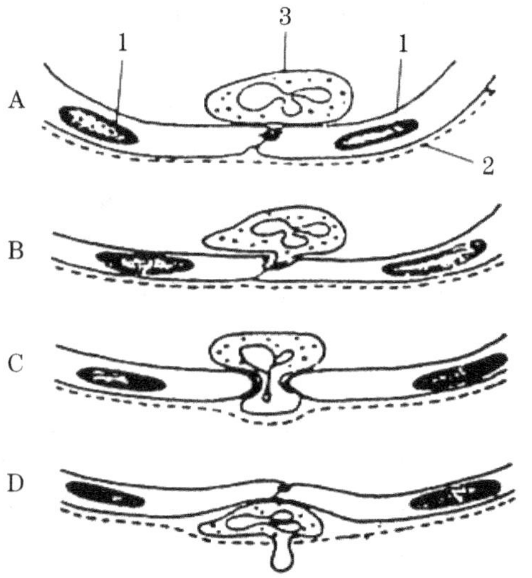

图 2-22 嗜中性粒细胞游出

1-血管内皮细胞核；2-血管外膜；3-中性粒细胞；A-白细胞黏附在血管内膜上；B-白细胞伸出伪足；C-伪足插入血管壁内皮细胞之间；D-伪足已伸出血管外膜

炎性细胞的种类和功能：不同原因的炎症及炎症发展的不同阶段，游出的炎性细胞的种类、数量及形态具有不同特点。对患病动物的血液中白细胞进行分类计数，对确定引起炎症的原因及病理状态具有重要意义。在不同的炎症过程中，渗出的白细胞主要有嗜中性粒细胞、嗜酸性粒细胞、单核细胞、巨噬细胞、浆细胞、上皮样细胞、多核巨细胞、淋巴细胞(图 2-23)。

a. 嗜中性粒细胞。

来源与形态：嗜中性粒细胞起源于骨髓干细胞，成熟细胞的细胞核一般都分成 2～5 叶，核叶之间有细丝相连。幼稚型嗜中性粒细胞的细胞核呈弯曲的带状、杆状或锯齿状而不分叶。HE 染色胞浆内含淡红色中性颗粒。

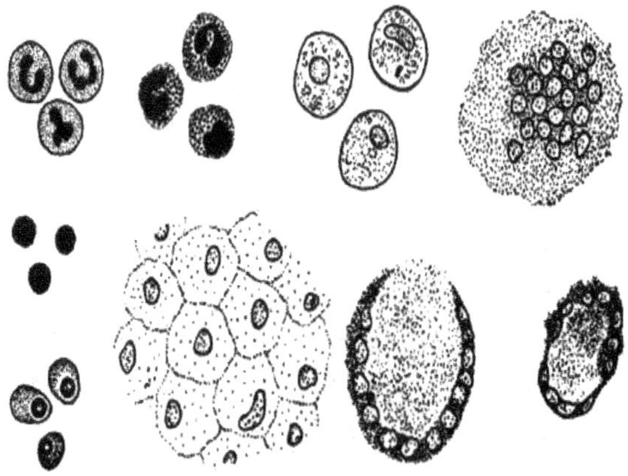

图 2-23 几种炎性细胞形态图

功能：嗜中性粒细胞具有很强的游走运动能力，主要吞噬细菌，也能吞噬组织碎片、抗原抗体复合物以及细小的异物颗粒。其胞浆中所含的颗粒相当于溶酶体，其内含有多种酶，这种颗粒在炎症时可见增多。嗜中性粒细胞还能释放血管活性物质和趋化因子，促进炎症的发生、发展，是炎症时机体抗损伤的主要成分之一。

临床诊断的意义：嗜中性粒细胞多在化脓性炎症和急性炎症初期渗出。在生物性致病因素引起的急性炎症时，外周血液中的嗜中性粒细胞也增多；在一些病毒疾病时，嗜中性粒细胞可能减少。嗜中性粒细胞减少或幼稚型嗜中性粒细胞增多，往往是病情严重的表现。

b. 嗜酸性粒细胞。

来源与形态：嗜酸性粒细胞也起源于骨髓干细胞，细胞核一般分为两叶，各自成卵圆形。胞浆丰富，内含粗大的强嗜酸性颗粒。

功能：嗜酸性粒细胞具有游走运动能力，主要作用是吞噬抗原抗体复合物、抑制变态反应，同时对寄生虫有直接杀伤作用。嗜酸性粒细胞的颗粒主要含有碱性蛋白、阳离子蛋白、过氧化物酶、组胺酶、活性氧等，对寄生虫有直接杀灭作用，对组织胺等过敏反应中的化学介质有降解灭活作用。

临床诊断的意义：嗜酸性粒细胞主要在寄生虫感染和过敏反应引起的炎症时渗出。如反复感染或重度感染时不仅局部组织内嗜酸性粒细胞增多，循环血液中也显著增加。在过敏反应时，嗜酸性粒细胞可占白细胞总数的20%～25%。在非特异性炎症时，炎症组织内出现嗜酸性粒细胞一般是炎症趋向消退或痊愈的结果。流出的血液中，如果嗜酸性粒细胞完全消失，这时机体可能是衰弱或病情恶化。

c. 单核细胞和巨噬细胞。

来源与形态：单核细胞和巨噬细胞均来源于骨髓干细胞，单核细胞占血液中白细胞总数的3%～6%，血液中的单核细胞受刺激后，离开血液到结缔组织或其他器官后转变为多核巨噬细胞。这类细胞体积较大，圆形或椭圆形，常有钝圆的伪足样突起，核呈卵圆形或马蹄形，染色质细粒状，胞浆丰富，内含许多溶酶体及少数空泡，空泡中常含一些消化中的吞噬物。

功能：巨噬细胞具有趋化能力，但其游走速度慢于嗜中性粒细胞，确有很强的吞噬异物的能力，能够吞噬非化脓菌、原虫、衰老细胞、肿瘤细胞、组织碎片和体积较大的异物等，特别是对于慢性感染的细菌性疾病，如结核杆菌、布鲁氏菌和李氏杆菌感染动物机体时，它的吞噬功能产生着重要作用。巨噬细胞还可以识别抗原信息并传递给免疫活性细胞，从而参与特异性免疫反应，巨噬细胞还能产生许多炎症介质，促进调整炎症反应。巨噬细胞可转变为上皮样细胞和多核巨细胞。

临床诊断的意义：巨噬细胞主要出现于急性炎症的后期，慢性炎症和非化脓性炎症(结核、布鲁氏菌感染)、病毒性感染和原虫病，还会出现在机体内存在异物时，如钙化灶周围、寄生虫结节周边等。

d. 浆细胞。

来源与形态：浆细胞是B淋巴细胞受抗原刺激后演变而成。细胞呈圆形，较淋巴细胞略大，胞浆丰富，轻度嗜碱性，细胞核圆形，位于一端，染色质致密呈粗块状，多位于核膜的周边呈辐射状排列，呈车轮状，这是浆细胞独有的特征。

功能：浆细胞主要具有合成免疫球蛋白(免疫球蛋白包括IgG、IgA、IgM、IgD和IgE)的能力，参与体液免疫。

临床诊断的意义：其发生渗出，主要在慢性炎症和病毒感染时。

上皮样细胞和多核巨细胞：在慢性炎症过程中，炎灶内存在某些病原体(如结核杆菌、鼻疽杆菌等)或异物(如缝线、芒刺等)时，巨噬细胞可转变为上皮样细胞或多个巨噬细胞融合成多核巨细胞。

e. 上皮样细胞。

上皮样细胞其形态特征与巨噬细胞相似，呈梭形或多角形，胞浆丰富，内含大量内质网和许多溶酶体。胞膜不清晰，胞核呈圆形、卵圆形或两端粗细不等的杆状，核内染色质较少，着色淡。此类细胞组合后的形态与复层扁平细胞中的棘细胞相似，故称上皮样细胞。上皮样细胞具有强大的吞噬能力，它的胞浆内含有丰富的酯酶，对菌体外表覆有蜡质的结核菌也能消化，主要见于慢性增生性炎症。

f. 多核巨细胞。

多核巨细胞是由多个巨噬细胞融合而成。细胞体积巨大，胞浆丰富，在一个细胞体内含有许多个大小相似的胞核。胞核的排列有三种不同形式：一是细胞核沿着细胞体的外周排列，呈马蹄状，这种细胞又称朗罕氏细胞；二是细胞核聚集在细胞体的一端或两极；三是细胞核散布在整个巨细胞的胞浆中。多核巨细胞可见于结核病、副结核病、鼻疽、放线菌病及曲霉菌病病灶中，也可常出现在坏死组织的边缘。多核巨细胞具有十分强大的吞噬能力，有时出现在异物的周围，如芒刺、缝线等。

g. 淋巴细胞。

来源与形态：淋巴细胞产生于淋巴结及其他淋巴组织，经胸导管进入血液循环。血液中的淋巴细胞的形态大小不一，有大、中、小型之分。因动物种类的不同，三种形态的淋巴细胞比例不同。小型的成熟淋巴细胞占的比例较大，胞核为圆形或卵圆形，常见在核的一侧有小缺痕；核染色质较致密，染色深；胞浆很少，嗜碱性，但在组织切片中常看不见。大淋巴细胞数量占比例较小，是未成熟的，胞浆较多。虽然各型淋巴细胞的形态，在外表看来都很相似，但它们的生理特性有显著区别。根据免疫学的研究，淋巴细胞可分为T细胞(胸腺依赖淋巴细胞)和B细胞(腔上囊依赖淋巴细胞或称骨髓依赖淋巴细胞)。

功能：淋巴细胞主要是产生特异性免疫反应，在炎症过程中，被抗原致敏的T淋巴细胞产生和释放IL-6、淋巴因子等多种炎症介质，具有抗病毒、杀伤靶细胞、激活巨噬细胞等多种重要作用。而B淋巴细胞可产生抗体，参与体液免疫。

临床诊断的意义：主要见于慢性炎症，炎症恢复期及病毒性炎症和迟发性变态反应过程中可见淋巴细胞明显增多。

3. 临床表现及全身反应

(1)局部临床表现

①红：发炎组织变红，表现为炎性充血。主要是炎灶内局部小血管扩张充血，血流加快，局部血液中动脉血量增加所致。初期是动脉性充血，呈鲜红色；持续一段时间后，血流变慢，动脉血转化为静脉血，表现为局部组织淤血，呈暗红色或紫褐色。

②肿：发炎组织肿胀，炎症初期局部的组织充血，过多血液进入局部，继之炎区组织内毛细血管壁通透性高，大量液体渗出形成炎性水肿所致；在炎症的后期及某些慢性炎症时，发炎组织体积的肿大主要是细胞增生所导致的。

③热：发炎组织温度升高。一般皮肤温度低于血液温度，当局部组织发生炎性充血时，大量动脉血液流入，使局部组织温度升高，这是一个因素。此外，发炎组织内动脉血含量增多，使炎区物质代谢增强，局部产热增多，是另一个因素。两个因素共同致使炎灶局部的温度较邻近正常组织温度高。

④痛：炎症局部发生疼痛与多方面因素有关。炎症时由于炎性渗出物在局部蓄积，局

部组织肿胀，可以压迫或牵引感觉神经末梢，引起疼痛。炎症局部炎性病灶内代谢产物(如钾离子、氢离子等)和炎症时炎灶内产生的炎症介质(如5-羟色胺、缓激肽、前列腺素等)刺激也是引进疼痛的原因。在有感觉神经支配的部位发生急性炎症时，常有疼痛；而在植物性神经支配的内脏发炎时，往往没有明显的疼痛，除非炎症波及内脏的被膜(如胸膜、腹膜)才会发生疼痛。

⑤功能障碍：发炎组织表现不同程度的功能障碍。随着局部组织发生肿胀、疼痛、物质代谢障碍、组织细胞变性坏死等，发炎组织、器官的功能会减弱，而出现代谢、机能障碍。四肢肌肉出现损伤时，四肢活动出现功能障碍；口炎时影响动物采食、饮水、吞咽等生理活动。

(2)全身反应

①发热：炎症发生过程中常可伴有体温升高的症状，这也是临床上诊断急性炎症发生原因的重要根据之一。它主要是在某些病原微生物及其毒素和组织细胞分解产物的作用下，使中性粒细胞和单核细胞释放内生性致热原，并随血流作用于丘脑下部的体温调节中枢，使产热增多，散热减少，引起调节性体温升高。炎症时，一定伴有不同程度的体温升高，使机体的物质代谢加强，促进白细胞的吞噬功能和抗体的形成。同时，发热能促进全身血液循环，提高肝、肾等器官的功能，促进机体对炎症时代谢终产物的处理和排泄。所以，适度发热对机体有一定的抗损伤作用。是机体的一种防御反应。若有严重而广泛的炎症而无发热时，往往提示预后不良。体温过高或持续性高热，则引起体内大量营养物质(如糖、脂肪等)短时间内分解，能量储备严重消耗，并产生大量有害物质，加重病理过程对机体的损伤；另外，持续性低热，动物消瘦，使机体抗病力和免疫力降低，动物易感染疾病和生产力下降。由于体温过高和有害代谢产物的影响，可导致中枢神经系统抑制，甚至发生昏迷，引起组织器官机能障碍，必须及时处理。

②白细胞增多：机体出现炎症时，外周循环血液中白细胞的数量往往增多而且细胞核的形态会有明显变化。在急性，尤其是化脓性炎症时，嗜中性粒细胞数量增多；在变态反应性疾病炎症或寄生虫性病炎症时，嗜酸性粒细胞数量增多；在急性炎症的后期、慢性炎症、非化脓性炎症及病毒感染时，可见巨噬细胞数量增多；在慢性炎症和病毒性炎症时，则多见淋巴细胞和浆细胞数量增多。炎症时，白细胞增多是机体的一种重要的防御反应。随着病程的发展，若外周血液中白细胞总数和所占比例趋于正常，是炎症转向痊愈的标志。反之，在炎症过程中，若外周血液中白细胞总数减少，则表示机体抵抗力降低，可能是预后不良。但在某些病毒性疾病中，虽然也是炎症的过程，但白细胞总数有时不见增加，甚至减少。因此，在临床上，检查外周血液中白细胞数目及形态变化，对疾病的诊断或预后的判断有重要意义。

③单核巨噬细胞系统机能加强：炎症时，尤其是在生物性因素引起的炎症时，常见单核巨噬细胞系统机能加强，表现为细胞活化增生，吞噬机能加强。例如，急性炎症和炎症初时，炎灶周围的淋巴结肿胀、充血，淋巴窦内巨噬细胞增生(受到作用时，分裂增殖为成熟的巨噬细胞)，吞噬加强。在全身性感染时，则脾和全身淋巴结都肿大。这种表现有利于吞噬、消化病原微生物和组织崩解产物。

④实质器官变化：严重炎症会向全身各组织器官扩散。由于发热、病原微生物、毒素和体内某些炎性分解产物的作用，细胞出现物质代谢障碍，伴随这种作用程度的加强、持

续可导致心、肝、肾等重要实质器官发生变性、坏死，并出现相应的机能障碍，甚至导致器官功能衰竭。

4. 炎症的分类

按照炎症的发生组织可将炎症分为脑炎、肺炎、肝炎及胃肠炎等；按照炎症发生的病理过程可分为急性、亚急性和慢性；按照炎症的基本病理变化可分为变质性炎、渗出性炎和增生性炎。以下按病理变化的特征将炎症进行分类讲述。

(1)变质性炎

变质性炎是指以局部组织细胞变性、坏死为主的变质性变化为主要特征的一类炎症，这种炎症常发生在实质器官的实质细胞，通常也称为实质性炎。常见于各种实质性器官，如肝、心、肾等，有时在肌肉组织也会出现。变质性炎多为急性炎症过程，常见于某些传染病、中毒病或变态反应性疾病，毒素或毒物直接或间接引起组织细胞代谢障碍的急性期反应，从而发生实质细胞变性、坏死，形成变质性炎症。其结局和对机体的影响取决于实质细胞的损伤程度。一般炎症损伤较轻时，病因消除后可完全修复，组织细胞代谢、功能和形态结构也恢复正常。如果实质细胞大量受到损伤，引起器官功能急剧障碍，实质细胞修复不足，对机体可造成严重的后果甚至发生死亡。但有时也可转为慢性炎症，迁延不愈，此时局部组织的缺损常由结缔组织增生来修复。

心肌细胞发生变质性炎症时，心肌外观上色泽不均，质地稍软，心肌呈局灶性变性，心内膜散在有灰黄色的条纹与斑点，形似虎皮斑纹；镜检可见心肌纤维变性、坏死，间质充血、水肿，常见淋巴细胞和单核细胞浸润。肝细胞发生变质性炎症时，肝脏的病理变化比较明显，肉眼观肝脏肿大，呈土黄色或黄褐色，质脆易碎；镜检可见肝细胞变性、坏死，窦状隙和中央静脉充血，肝细胞索结构不清，失去肝小叶的典型结构。肾脏发生变质性炎症时，肾脏肿大，呈灰黄色或黄褐色，质地脆弱；镜检可见肾小管上皮细胞变性或坏死，肾间质轻度充血、水肿和炎性细胞浸润。变质性炎常出现在以下的情况中，如：口蹄疫时，牛、猪心脏呈现心肌炎的病理变化过程；鸡副伤寒、禽霍乱、猪弓形虫病、鸡包涵体性肝炎、鸭病毒性肝炎等时，肝脏出现的坏死灶；猪弓形虫病、猪附红细胞体病、鸡肾型传支等疾病时，肾脏出现的变质性炎；狂犬病、伪狂犬病、鸡传染性脑脊髓炎、日本乙型脑炎等时，脑组织出现的变质性炎。

(2)渗出性炎

渗出性炎是指组织发生炎症时，以渗出性变化为主的一类炎症。同时变质性变化和增生性变化表现轻微。这是炎症过程中，血管壁受到严重损伤，大量的液体和细胞成分渗出到组织间隙所致。根据渗出物的性质和炎症病变的特征，将其分为浆液性炎、卡他性炎、纤维素性炎、化脓性炎症、出血性炎和坏疽性炎 6 种类型。

①浆液性炎：浆液性炎是指以浆液渗出为主的渗出性炎症。浆液色淡黄，含有 3%～5%的蛋白质，同时因混有少量白细胞和脱落的上皮细胞，稍浑浊、体内外易于凝固，局部组织潮红、肿胀或呈胶冻样变。光镜下，炎区组织血管扩张明显、并伴有水肿和炎性细胞浸润。浆液性炎常发于体表、组织器官表面、疏松结缔组织和肺脏等处。

a. 体腔浆液性炎：体腔内因蓄积浆液而呈现体腔水肿，通常称之为体腔积液，如腹腔积液、胸腔积液等。出现炎症的体腔浆膜面潮红肿胀，粗糙，失去固有光泽，浆膜腔内蓄积多量淡黄色稍呈浑浊的液体(图 2-24)。一般提示是体腔的炎症，如心包炎、腹膜炎、胸膜炎等。

b. 疏松结缔组织浆液性炎：浆液浸润于疏松结缔组织中，局部形成炎性水肿，发炎部位肿胀，指压可出现面状凹陷，切开时肿胀部可流出淡黄色浆液。疏松组织本身则呈淡黄色半透明胶冻状，如猪水肿病时，脸部水肿。如果渗出液积聚在表皮和真皮之间，则形成水疱，见于口蹄疫、猪水疱病及烧伤等局部形成的水疱。

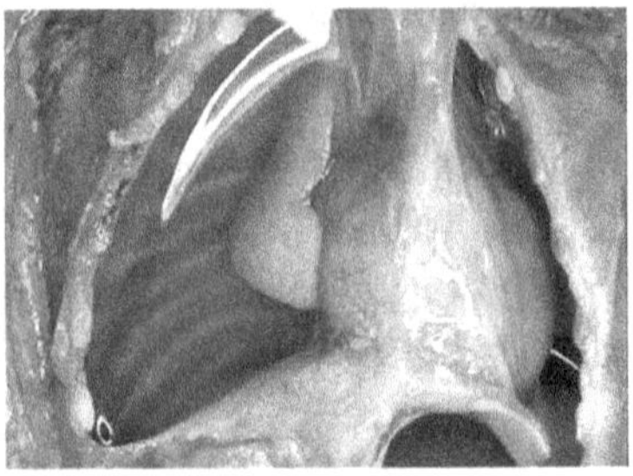

图 2-24　胸腔的浆液性炎

c. 黏膜浆液性炎：黏膜发生浆液性炎较常见，又称为浆液性卡他，常发生于胃肠道黏膜、呼吸道黏膜和子宫黏膜等处。初期可见黏膜表面有少量渗出液，黏膜表面潮红，伴有水肿；严重时流出大量稀薄透明的浆液性渗出物，黏膜充血、肿胀、增厚。例如，浆液性肠炎时排出大量含有浆液的水样便；仔猪水肿病时的胃壁黏膜下层，形成厚层胶冻样物；感冒时，鼻腔黏膜的潮红、肿胀并流出鼻液。

d. 肺浆液性炎：肺发生浆液性炎时，炎区肿胀呈暗红色，肺胸膜紧张、湿润、富有光泽。切面可流出多量液体。例如，由支原体所引起的猪的肺炎(猪喘气病)、巴氏杆菌引起的猪肺疫、牛纤维素性肺炎，其肺的早期病变也常表现为浆液性炎。

各种理化因素、生物性因素等均可引起浆液性炎，局部组织的浆液性炎一般呈急性经过，及时除去病因，浆液性渗出物可被机体吸收排出体外，局部变性、坏死组织通过修复可完全恢复正常。如治疗不及时可发展为纤维素性炎，这时炎症变得较严重。

②卡他性炎：卡他性炎是只发生于黏膜，渗出物主要是黏液，组织细胞损伤较轻微的一类炎症，“卡他”一词是拉丁语“catarrhus”的译音，原意是“向下流滴”(或“流溢”)。黏膜组织发生炎症，渗出物溢出于黏膜表面，故称卡他性炎。它一方面有浆液渗出物形成；另一方面由于黏膜的腺体受到刺激后，分泌出大量的黏液。这两种液体混合在一起，所以卡他性炎的渗出物是一种含有浆液和黏液的黏稠液体，其中混有一定量的炎性细胞和脱落的上皮细胞。肉眼观黏膜潮红、肿胀、粗糙不平，伴有出血点或出血斑。光镜下黏膜上皮变性、坏死、脱落，黏膜血管扩张、伴有少量红细胞渗出、水肿、白细胞浸润。卡他性炎常发生于胃肠道黏膜、呼吸道黏膜和子宫黏膜。病理变化一般可分为急性和慢性两种，常见有卡他性鼻炎、卡他性胃肠炎、卡他性子宫内膜炎等。

a. 急性卡他性炎：卡他性炎一般都呈急性经过。肉眼观可见黏膜潮红、肿胀，有时有散在的斑点状或条纹状出血，表面附着有多量黏液性炎性渗出物。渗出物形状随炎症的发展阶段不同而有所不同。炎症初期，渗出物稀薄透明，其中含有少量黏液、白细胞和脱落的上皮细胞，称为“浆液性卡他”。继而，黏液分泌增多，渗出物因混有多量黏液而变成灰白色的黏稠液体，称为“黏液性卡他”。随后，由于大量的白细胞渗出和黏膜上皮细胞脱落，渗出物变成黄白色或灰黄色，黏稠浑浊，呈脓状，所以称为“脓性卡他”。炎症变化程度严重时，炎症可侵入黏膜下层，黏膜面表浅层坏死，形成糜烂。

b. 慢性卡他性炎：急性卡他性炎症可转为慢性经过。慢性卡他性炎的黏膜，上皮细胞萎缩，黏膜变得菲薄，表面平坦(萎缩性卡他)。但也有由于腺体增殖，黏膜下结缔组织增生和多量炎性细胞浸润，使患部黏膜变得肥厚(肥大性卡他)。有时肥厚和萎缩同时存在，从而使黏膜变得高低不平，形成皱襞，多见于牛、羊的副结核病。

形成卡他性炎的致炎因素通常是温和的刺激因素，如粗硬变质发霉的饲料、过冷或过热刺激、某些微生物毒素作用等。卡他性炎常呈急性经过，如病因消除，局部物质代谢恢复正常，可迅速康复；如治疗不彻底或继发感染，可转为慢性炎症，发炎器官或因细胞增生和渗出而肥厚，或因纤维结缔组织增生而变薄变硬。

③纤维素性炎：纤维素性炎是以渗出液中含有大量纤维素为特征的渗出性炎症。从血管内渗出的纤维蛋白原生成纤维蛋白，也称纤维素。在炎区组织内结合成不溶的凝块呈网状、片状或膜状，同时伴有充血、水肿、出血、白细胞浸润，组织细胞变性坏死，有时还出现肉芽组织增生等变化。肉眼观发炎器官表面或内膜附有淡黄色或灰黄色假膜，有的呈绒毛样或絮片样物，器官表面粗糙不平、糜烂或溃疡，伴有红肿、出血等变化特点，有时与其他组织产生粘连。

纤维素性炎常发生于器官组织表面和空腔器官的黏膜，如肝脏的浆膜面、胃肠的浆膜面、肠黏膜、气管黏膜和肺等部位。根据发炎部位受损伤程度及渗出物形态特征的不同，又可分为浮膜性炎和固膜性炎两种类型。

a. 浮膜性炎：是指纤维蛋白原渗出后形成的纤维素覆盖在器官组织表面，通常称为假膜，假膜下组织细胞变性坏死较轻微，容易剥离，故称浮膜性炎。浮膜性炎多见于腹腔浆膜、胸腔浆膜。

浮膜性炎发生在浆膜，渗出的纤维素较少时，浆膜面附着一层灰白色的纤维素性薄膜，如果渗出量较多时呈现灰黄色的纤维素薄膜，易于剥离，剥离后可见浆膜充血、出血、肿胀、粗糙及失去光泽，不见有明显的组织损伤(图 2-25)。浆膜腔内蓄积大量含有纤维素絮片的浑浊的渗出液。心外膜发生浮膜性炎时，由于心脏的不断搏动可使心外膜与心包摩擦，表面附着的纤维素渗出物成为绒毛状(绒毛心)。例如，浆液纤维素性腹膜肺炎时，腹腔积液，并含有多量絮状物，腹腔内器官表面沉积纤维素性膜；鸡大肠杆菌病时，在腹腔出现纤维素性假膜。

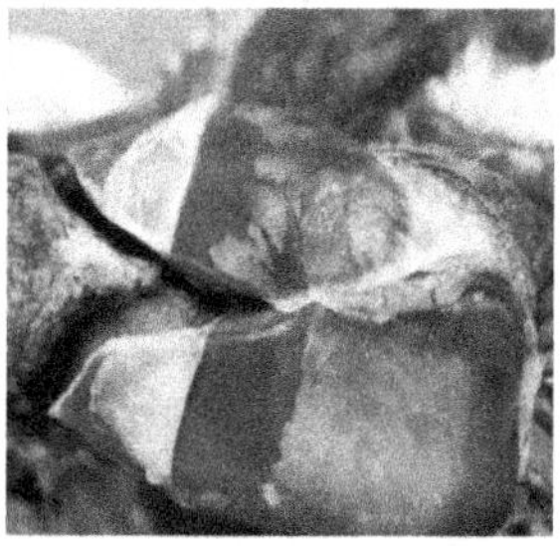

图 2-25　肝脏的纤维素性炎

浮膜性炎发生在黏膜时，黏膜面附着一层灰白色假膜。假膜被剥落后，黏膜充血、肿胀。肠管出现纤维素性炎时，形成的假膜自行脱落，随粪便排出体外。在临床上，出现纤维素性肠炎时，粪检可见纤维素性假膜。

纤维素性炎发生在肺脏时(纤维素性肺炎)，其特点是单个的肺叶或整个肺叶出现炎症病灶，炎症病灶因病理过程中所处的阶段不同而表现为不同的病理变化可分为红色的充血期，质地硬实如肝的肝变期，充血消退、内容物被吸收排除的消散期。肉眼观肺脏体积肿大，质地硬实，间质增宽，切面具有斑驳的花纹，似大理石，故称多色大理石样花纹(图 2-26)。

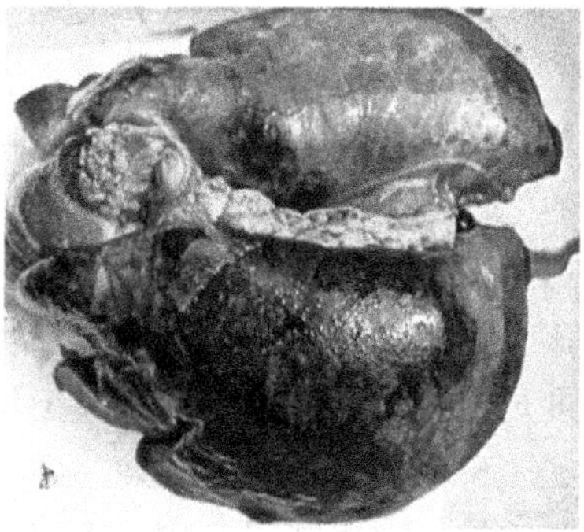

图 2-26　纤维素性肺炎

光镜下肺泡和支气管内有大量的纤维素、白细胞和脱落的上皮细胞，肺泡壁扩张充血同时肺泡内含大量液体。例如，猪肺疫、猪传染性胸膜肺炎、牛出血性败血症等，均可发生纤维素性肺炎。

b. 固膜性炎：是指纤维蛋白原渗出后形成纤维素，与所覆盖的组织连接紧密，不易剥离，称为固膜性炎。剥落后组织细胞变性坏死比较严重，又称纤维素性坏死性炎，黏膜发生纤维素性炎时较常见。

固膜性炎发生在黏膜时，肉眼观黏膜面有灰黄色或灰白色的假膜，假膜表面凹凸不平，粗糙无光泽，突起大小不一，触压较实。组织细胞变性坏死可波及黏膜下层，有时黏膜从内到外均坏死。这种假膜不易剥落，如必须剥落则黏膜局部形成溃疡。例如，慢性猪瘟时大肠回盲瓣处的类似纽扣样肿；仔猪副伤寒时大肠黏膜的糠麸样变，鸡新城疫时肠黏膜的枣核样病变，黏膜型鸡痘时气管或肠道黏膜的纤维素性坏死性伪膜。

纤维素性炎常见于生物性因素(病原微生物)感染，如大肠杆菌、鸡传染性喉气管炎、支原体病。由于细菌或毒物等引起炎症反应，使毛细血管壁通透性显著提高，形成炎性水肿的同时大量的大分子纤维蛋白原也随着渗出，并在组织器官表面形成不溶性的纤维蛋白(纤维素)，并形成假膜结构。该炎症多呈急性或亚急性病理过程，对机体的影响主要取决于引起组织的坏死程度及对组织器官的物质代谢障碍的程度。浮膜性炎时，纤维素受白细胞释放的蛋白分解酶的作用，可被溶解、吸收而消散，损伤组织通过再生而修复。在浆膜腔发生纤维素性炎时，坏死组织经机化后，有时使体腔内的脏器之间与浆膜面发生粘连。肺脏出现纤维素性炎时，如果是良性经过，局部缺损组织由结缔组织再生而形成肺肉质变。固膜性炎因组织损伤严重，不能完全修复，常因局部结缔组织增生而形成瘢痕。

④化脓性炎：化脓性炎是指渗出液中含有大量脓细胞一类渗出性炎，同时具有一定程度的组织细胞坏死并与渗出液、脓细胞、大量白细胞组成脓汁。脓汁还包括细菌等其他成分。脓汁肉眼观呈灰黄或灰白色的半凝固的牛乳状。光镜下可见脓汁中含有大量嗜中性粒细胞、脓细胞(嗜中性粒细胞吞噬坏死组织碎片或异物之后的细胞)、少量的红细胞。脓汁中的液体主要是渗出液和蛋白水解酶分解坏死组织后的液体。

化脓性炎可发生于机体的各种组织和器官。根据化脓性炎症发生的部位和性质不同，可分为以下几种类型。

a. 脓性卡他：化脓性炎发生在黏膜时，黏膜表面出现少量黄白色、黏稠混浊脓性渗出物并混有黏液，黏膜充血、出血和肿胀，有的黏膜面出现较严重的坏死而形成糜烂，见于化脓性脑膜炎、化脓性肺炎、化脓性子宫内膜炎等。这种炎症往往是急性卡他性炎症感染后进一步发展的结果，如布氏杆菌引起的化脓性子宫内膜炎，马鼻疽引起的化脓性鼻炎等。

b. 积脓：化脓性炎发生在体腔，形成的脓汁大量蓄积在浆膜腔内的现象，如牛的创伤性心包炎时继发感染后形成化脓性心包炎。

c. 脓肿：化脓性炎症发生在组织时，炎症灶被局限化的结果。肉眼观可见炎灶中心坏死液化而形成含有脓汁的腔。急性过程时，炎灶中央为脓汁，其周围组织出现充血、水肿及中性粒细胞浸润组成的炎性反应带。慢性经过时，化脓灶周围出现纤维结缔组织增生，并将脓汁包围在中心，在脓汁和周围组织之间形成结缔组织包膜，即形成脓肿膜。后者具有限制脓液、阻止炎症向周围扩散。如果脓肿形成后并向组织器官表面或体表扩散，使组织坏死破溃并形成通道，形成一端开口的病理性盲管称为窦道；如果形成两端开口的病理性管道称为瘘管，窦道和瘘管不断排出脓性渗出物，不易愈合，需通过手术进行治疗。

d. 蜂窝织炎：是化脓性炎症发生在皮下或肌间等处的疏松结缔组织，呈现弥漫性分布，是一种特殊的化脓性炎症。初期的蜂窝织炎又叫脓性浸润。蜂窝织炎的特点是炎症波及范围较广，迅速发生，伴有大量脓性液体渗出，与健康组织之间的界限难以确定。引起蜂窝织炎的主要病原体是溶血性链球菌，在代谢过程中产生一些酶类，能分解结缔组织基质的透明质酸和溶解渗出物中的纤维素，促进病原体随着渗出物蔓延到周围组织。

化脓性炎主要由病原微生物，如葡萄球菌、链球菌、绿脓杆菌、棒状杆菌等化脓菌感染所引起。有些化学物质如松节油、巴豆油等，或机体自身的坏死组织如坏死骨片，也可引起无菌性化脓性炎。化脓性炎多为急性经过，轻症时随病原的消除，及时清除脓液，可以逐渐痊愈。重症时需通过自然破溃或外科手术来进行排脓，较大的组织缺损常由新生肉芽组织填充并导致疤痕形成。若机体抵抗力降低，化脓菌可随炎症蔓延而侵入血液和淋巴并向全身播散，甚至导致脓毒败血症。

⑤出血性炎：出血性炎是指渗出物中含有不同量的红细胞为特征的一类渗出性炎症。肉眼观渗出物呈红色或不见明显红色，发炎组织肿胀、主要是有出血斑点、出血斑和糜烂等，光镜下可见发炎组织内毛细血管扩张充满红细胞，红细胞、白细胞渗出，组织细胞变性、坏死。出血性炎通常不单独发生，常和其他类型的炎症感染后发生，如浆液性出血性炎、纤维素性出血性炎、化脓性出血性炎、坏死性出血性炎。一些传染性疾病中常见到出血性炎，如炭疽、猪瘟、巴氏杆菌病时的出血性淋巴结炎，表面呈暗红色或黑红色，体积肿大伴随水肿，切面隆起，湿润。但有些是弥漫性的暗红色(如急性猪丹毒和猪肺疫)；有些是边缘和中间呈暗红色，切面上红白相间，与大理石花纹相似。猪败血性链球菌病、鸡新城疫时，胃肠黏膜出现出血炎症。

⑥坏疽性炎：坏疽性炎是指组织发生渗出性炎后继发腐败菌感染而形成的一类特殊的渗出性炎，腐败菌分解坏死组织和渗出物而产生特殊的腐败性渗出物。经常发生在与外界相通的体腔，如肺脏、肠管和子宫等。坏疽性炎通常是在化脓性炎、纤维素性炎或浆液性炎的基础上发展起来的。发炎组织呈灰绿色，伴有恶臭。

以上所讲述各种渗出性炎，是根据病变的特点来划分的，从各型渗出性炎的发生、发展来看，它们之间有着密切的联系，但又有本质的区别，有时组织产生炎症时同时存在多种炎症，如肺脏感染，初期出现浆液性炎，如不及时处理其可转为浆液纤维素性或纤维素性炎。进一步发展可发生化脓性炎症，经腐败菌感染可引起坏疽性肺炎。

(3)增生性炎

增生性炎是指在炎症的过程中组织细胞增生过程比较明显，而组织细胞变性、坏死和渗出变化比较轻微的一类炎症。在该类型炎症过程中主要是巨噬细胞、淋巴细胞、成纤维细胞的增生。大多数的增生性炎病程较长，炎症初期病理变化不明显，但也可呈急性经过。根据致炎因素和病理特点，一般将其分为普通增生性炎和特异性增生性炎两种。

①普通增生性炎：普通增生性炎是在炎症的过程中，增生的细胞以成纤维细胞为主的一类增生性炎，又称非特异性增生性炎。按其病程的长短可分为急性和慢性两种。

a. 急性普通增生性炎：在急性增生性炎过程中以细胞增生为主，液体渗出与组织细胞变性、坏死性变化比较轻微的急性炎症。例如，急性与亚急性肾小体肾炎时，可见肾小球毛细血管内皮细胞与肾小球球囊上皮细胞有明显的增生；动物患肺炎时，肺门的淋巴结的淋巴细胞高度增生，眼观呈髓样肿胀、切面多汁。镜检可见淋巴细胞、网状细胞和淋巴窦内皮细胞明显增生；仔猪副伤寒时，肝脏内细胞增生在肝表面呈现“副伤寒结节”、猪瘟、狂犬病的急性病毒性感染的非化脓性脑炎中，脑组织中的神经胶质细胞增生形成胶质结节。

b. 慢性普通增生性炎：在慢性炎症过程中以结缔组织增生为主，病程较长，并伴有少量组织细胞、淋巴细胞和浆细胞等浸润的炎症。增生的结缔组织包括有成纤维细胞、血管内皮细胞和纤维(网状纤维和胶质纤维)等成分。因慢性普通增生性炎主要表现为组织和器官的间质成分增生，故又称为慢性间质性炎，有时因间质的过度增生压迫实质细胞，使之出现物质代谢障碍并发生萎缩、变性，严重的发生坏死。如慢性间质性肾炎，体积不见明显肿大，肾间质增生，压迫实质细胞，出现肾功能减弱，甚至出现肾衰竭；肝片形吸虫病引起的慢性肝炎。肉眼观可见肝脏出现散在的大小不等的灰白色病灶，肝细胞发生萎缩、变性和坏死，肝脏体积缩小，质地变硬，表面凹凸不平，即发生硬化和皱缩(局部性萎缩)。

②特异性增生性炎：特异性增生性炎是由一些特殊的病原微生物和异物作用于局部组织产生的炎症。在该炎症的过程中形成特殊的增生性肉芽组织为特征的一类增生性炎症。特殊的增生性肉芽组织又称为肉芽肿。如结核杆菌、副结核杆菌、鼻疽杆菌、真菌、布氏杆菌、异物等能够引起以特异性肉芽组织增生为主要病理变化的炎症，又称为特异性肉芽肿(炎症局部形成主要由巨噬细胞增生构成的境界清楚的结节状病灶)。病理检查可见肉芽肿中心为组织细胞坏死，有时坏死组织钙化。该种炎症主要是慢性经过，伴有明显的结缔组织增生，故病变器官往往发生不同程度的纤维化而变硬，因病变的范围大小不同，器官出现相应的机能障碍。按其发生原因将特异性增生性炎分为感染性特异性增生性炎和异物特异性增生性炎两类。

a. 感染性特异性增生性炎：出现的增生性炎是以病原微生物作用而引起的一类增生性炎，如细菌或真菌引起的有一定特殊结构的肉芽肿，结核病、鼻疽和放线菌的特异性结节病灶属于此类。

在光镜下，结核结节的组织学结构具有明显的特殊性，可见整个结节的中心部分是干酪样坏死灶，有时可见钙盐沉着，在坏死灶周围出现细胞成分，由许多胞体较大、分界不清的浅红色上皮样细胞(其间散在分布着多核巨噬细胞)组成一层细胞带，将坏死灶包裹在其中。在该细胞带外侧出现大量的淋巴细胞和浆细胞，结节的外周形成以成纤维细胞增生为主的包囊(图 2-27)。

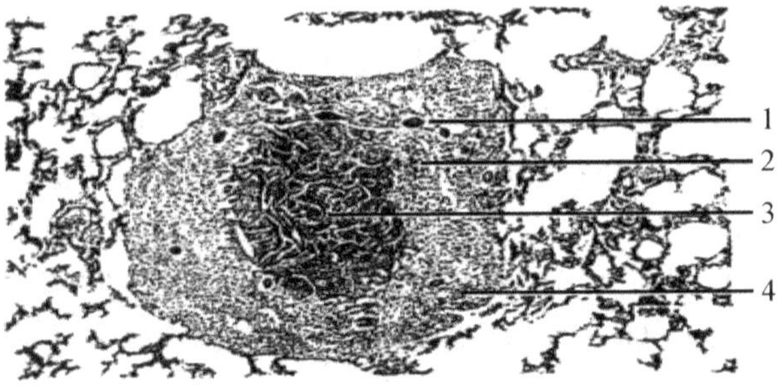

图 2-27 肺的结核性结节

1-朗罕氏细胞；2-上皮样细胞；3-结核中心干络样坏死；4-淋巴细胞和成纤维细胞

b. 异物特异性增生性炎：出现的增生性炎是由于异物的作用组织细胞而引起的一类增生性炎，如寄生虫、虫卵、缝线、金属、灰尘、滑石粉、坏死组织崩解后产生的类脂等。

在光镜下，在异物周围有数量不等的上皮样细胞、多核异物巨细胞和结缔组织包围的肉芽肿。

产生增生炎症的原因不同，肉芽肿的组织学结构有很大差异。临床上，通过对肉芽肿进行病理组织学检查，诊断疾病的发病原因有重要意义。例如，放线菌的特异性结节性病灶中心为放线菌块和中性粒细胞；禽曲霉菌肉芽肿的中心部为干酪样坏死，其中可见到真菌菌丝及孢子。

5. *炎症的结局*

炎症的结局取决的因素较多，如致炎因素的类型、致炎因素的强弱、抗病能力、营养状况、治疗是否及时、用药是否恰当、环境变化等对炎症过程有很大影响，甚至决定疾病的转归。

(1)痊愈

炎症发生时，如能及时诊断、治疗，提高重视度，帮助机体的抗损伤对抗致炎因素造成的损伤并将其排除，使受损组织得到修复，组织细胞的炎症就被消除，机体恢复正常；反之，炎症进一步发展，加重组织细胞的变性坏死，机体呈现严重的病理状态。多数炎症特别是急性炎症能够痊愈。

①完全痊愈：致炎因素从机体内清除，坏死组织和病理产物被机体吸收排出体外，炎症过程中形成的组织细胞缺损通过健康组织细胞的完全再生得到完整修复。发炎组织器官的代谢、功能和形态结构恢复正常，机体各器官系统之间以及与外界环境之间的变化协调一致，完全痊愈常见于病程较短和治疗及时的急性炎症。

②不完全痊愈：致炎因素的作用被清除，但炎症过程中对机体产生的损伤作用未完全消除或受损组织有纤维结缔组织增生进行修复，局部形成疤痕组织，组织器官的功能、形态结构未恢复正常。不完全痊愈常见于慢性炎症。

③迁延不愈：致炎因素作用减弱或暂时停止，机体表现为不愈状态或暂时性痊愈。主要出现在机体对疾病的抵抗能力较弱、治疗不彻底，导致机体炎症过程的持续存在或在某些应激状态下反复出现的结果。迁延不愈常见于慢性炎症、治疗不及时的急性炎症。

(2)蔓延扩散

当炎症是由病原微生物引起时，局部组织细胞损伤较重，这时机体抗病能力又相对较低时，病原微生物数量增多或毒力增强，病原微生物伴随渗出液渗入到周围的组织、细胞间隙而形成感染，也可进入淋巴管和血管内到达其他的组织器官形成局部或全身感染。炎症的扩散主要有以下几种方式。

①直接蔓延：致炎因素在局部作用产生炎症后，直接感染周围的组织细胞产生炎症，使炎症灶的面积扩大，往往炎症的程度加深，动物机体局部和全身反应更加明显。例如，支气管炎可以继发肺炎；心包炎可以继发胸膜炎。

②淋巴道蔓延：病原微生物伴随渗出液被淋巴管收集进入淋巴循环，随淋巴液流动而扩散至淋巴管及淋巴结，病原微生物作用于淋巴结产生淋巴结炎，并可再经淋巴液继续蔓延扩散。一般局部炎症病灶附近的淋巴结都会出现炎症反应，如急性肺炎时，肺门淋巴结

发生炎症变化，淋巴结可呈现水肿、充血、出血、质地硬实等炎症病理变化；淋巴结是免疫器官，通过淋巴细胞增生清除病原微生物，缓解炎症对机体的影响，如果病原微生物致病力较强，繁殖的大量病原微生物通过淋巴液进入血液循环，使炎症的感染程度加重，机体机能代谢障碍更加明显。

③血道蔓延：炎灶内的病原微生物及其在繁殖、代谢过程中产生的毒素可以通过机体的防御体系进入血液循环，引起全身性疾病的病理过程，如菌血症、毒血症、虫血症、败血症和脓毒败血症。

6. 炎症的生物学意义

炎症是致炎因素引起的组织细胞损伤和机体发动的抗损伤之间复杂斗争的局部表现和全身反应。从本质上讲炎症是动物机体的一种重要的防御病理过程。掌握炎症的发展规律，有利于临床上治疗和控制炎症。

致炎因素引起的损伤作用可表现为炎区组织出现物质代谢障碍，引起细胞不同程度的变性和坏死；局部淤血、血液蓄积使组织细胞营养物质减少，加重物质代谢障碍，组织细胞损伤进一步加重；炎灶内感觉神经末梢敏感性升高，加之某些炎症介质和病理产物的致痛作用而引起疼痛反应；发炎组织形态结构和代谢过程受到影响，导致局部组织细胞出现机能障碍。

动物机体的抗损伤反应主要表现在局部组织充血和液体渗出。这可以补充局部因物质代谢加强导致的营养物质缺乏；可以输送大量的免疫球蛋白；有利于白细胞的游走，提高白细胞的吞噬和杀菌作用。血液蓄积可以使炎症局限化，阻止其蔓延扩散。渗出的液体对局部的病原微生物和毒素具有稀释作用，减轻对组织细胞的损伤。机体出现炎症时，会引起全身反应，有利于动员机体全身的防御体系。

炎症时，出现的损伤与抗损伤是相对的，并贯穿于炎症的整个病理过程。在炎症的某一阶段是可以相互转化的，如渗出液在炎症初期主要起抗损伤的作用，随着渗出液量的不断增多，对机体的组织细胞产生损害作用，这时起的就是损伤作用。肺炎时，大量炎性渗出液充塞于肺泡，却能影响气体交换而导致呼吸功能不全。炎症时出现的全身反应对机体是有利的，有时也给机体带来不良影响，如体温过高或持续过久的发热，使机体分解代谢加强，消耗增多，机体消瘦，抵抗力下降，使病情加重或继发其他疾病。炎区中白细胞渗出和吞噬作用是炎症防御反应的重要一环，但炎灶中白细胞崩解，其溶酶体释出的多种酶类可造成局部组织的损伤。

临床上，遇到炎症时必须做出明确的判断，要根据炎症的原因及其发生、发展规律和机体情况采取恰当的措施，既不能盲目抑制炎症(如滥用皮质激素类药物和抗生素)，又要对炎症的发展做适当的控制，充分发挥机体的主动防御作用。如机体营养状态较好，抗病能力强，进行恰当的治疗，炎症可痊愈。相反，机体的体质较弱，致病因素的作用较强时，治疗不恰当或不及时，则炎症可迁延不愈、蔓延扩散，甚至引起动物全身机能障碍而死亡。

7. 炎症介质

炎症介质是指在组织炎症过程中，由细胞释放或由体液产生、参与或引起炎症反应的一类化学物质，按其来源可分为以下两类。

(1)细胞源性炎症介质

动物有机体内，在致炎因素的作用下能够生成并释放炎症介质的细胞主要有白细胞、肥大细胞、巨噬细胞、血小板等。

①前列腺素(PG)：前列腺素是广泛存在机体各处的一种组织激素，特别是前列腺、肾、肠、肺、子宫、脑、胰腺等，炎区内的前列腺素主要来自于血小板和白细胞。在炎症反应中，前列腺素具有多方面的效应，如对毛细血管有显著的扩张作用，增强血管壁的通透性及吸引白细胞游出。它增强组织胺及缓激肽的致痛作用，作为致热原，它也参与炎症时机体的发热过程。

②白细胞三烯(LT)：白细胞三烯来自嗜碱性粒细胞、肥大细胞和单核细胞。白细胞三烯能增强血管的通透性，而且是强有力的白细胞趋化性因子，它能吸引嗜中性粒细胞并促进嗜中性粒细胞黏附于血管内膜。它也是强有力的血小板凝集因子，还能引起平滑肌收缩。

③血管活性胺。

a. 组织胺：它主要储藏于肥大细胞、嗜碱性粒细胞及血小板中。在各致炎因素，抗原抗体复合物及蛋白水解酶等的作用下，使组织及肥大细胞受到损害，于是大量组织胺被释放出来。组织胺能明显地引起毛细血管、小动脉及小静脉扩张，血管壁通透性增加；对嗜酸性粒细胞也有趋化作用。组织胺能引起血管内皮细胞收缩，从而使邻接的细胞互相牵拉，结果使一些细胞间隙扩大，导致渗出增加。此外，它还可引起支气管、胃肠道、子宫平滑肌收缩，促进腺体的分泌。导致哮喘、腹泻和腹痛。

b. 5-羧色胺(5-HT)：它主要存在于肥大细胞、血小板、脑组织和胃肠道的嗜银细胞内。炎症时，由于这些组织和细胞受到损害，可将 5-HT 释出。它的作用和组织胺相似，能使血管壁的通透性显著升高，可引起痛觉反应，并能促进组织胺释放。

④过敏性嗜酸性粒细胞趋化因子：其存储部位与组织胺相同，它的作用是吸引嗜酸性粒细胞向炎区聚集，吞噬免疫复合物和杀伤寄生虫，同时能促进组织胺酶释放。

⑤溶酶体成分：种类较多且作用广泛，有多种促发炎症的作用。中性粒细胞和单核细胞的溶酶体具有致炎作用，其中的主要炎症介质有：阳离子蛋白、酸性蛋白酶、中性蛋白酶、纤维蛋白溶解酶原激活物等。当其释放到细胞外时，可使毛细血管壁的通透性增加和化学趋化性；其蛋白酶还可降解各种细胞外的成分如胶原纤维、基底膜、纤维蛋白、弹力蛋白以及软骨等；当其在细胞内时，可促进吞噬溶酶体内的细菌及组织碎片的降解。

⑥细胞因子：细胞因子是指机体各种组织细胞在其生命周期中，释放多种具有不同生物学效应的物质，以完成自身的功能，并能参加复杂的细胞—细胞间调节网络的一类物质。尤其在急性和慢性炎症中起重要作用。其生物学效应的不同，作用也不同。白细胞介素主要促进白细胞的游走过程中的黏附作用，而且还可以引起发热；肿瘤坏死因子主要针对肿瘤细胞起细胞毒作用；造血生长因子主要作用于骨髓造血细胞，促进造血细胞增殖、并进一步分化、成熟；干扰素可以干扰健康细胞内病毒增殖，加强免疫活性；淋巴因子主要促进免疫活化细胞增殖，增强其免疫活性。细胞因子在作用上具有鲜明的特点：作用广泛、效果显著、来源繁多、起作用快。

具有强烈的致炎活性的细胞因子有白细胞介素 1(IL-1)、白细胞介素 6(IL-6)、肿瘤坏死因子、白细胞介素 8(IL-8)、单核细胞趋化蛋白-1(MCP-1)几种。

⑦神经肽：神经肽属于中枢神经和外周神经系统的速激肽、神经肽家族。包括 P 物质存在于肺和胃肠道的神经纤维内，能够传递疼痛信号、调节血压和刺激免疫细胞和内分泌

细胞的分泌作用；它也是一种增强血管壁通透性能力较强的一种炎症介质。

(2)血浆源性炎症介质

血浆源性炎症介质是指在致炎因素作用下，血浆内的凝血系统、纤维蛋白溶解系统、激肽形成系统和补体系统可被激活，同时或先后产生的部分活化物质，主要有纤维蛋白肽、纤维蛋白降解产物、激肽、补体裂解产物。

①补体系统：补体系统是一组糖蛋白，具有酶活性，正常情况下以非活性状态存在，在炎症反应时被激活。补体各成分便按一定顺序呈现连锁的酶促反应，参与机体的防御功能，并非为炎症介质参与机体的炎症过程。例如，C_{2b} 能使小血管扩张，增强血管壁的通透性及具有收缩平滑肌的作用；C_{3a} 和 C_{5a} 能刺激组织中的肥大细胞和血液中的嗜酸性粒细胞，促使其释放组胺和其他活性介质，因而使渗出加强；C_{3a}、C_{5a} 具有趋化性因子的作用，能吸引嗜中性粒细胞和单核细胞游走，促使嗜中性粒细胞黏附在血管内壁；C_{5a} 还能促使释放溶酶，导致组织坏死；C_{3b} 具有调理素的作用，它能加强吞噬活动。还有 C_{5-9} 复合物能破坏靶细胞膜的类脂质，故对病毒、细菌、原虫以及受病毒感染的细胞等均能溶解。

②凝血系统和纤维蛋白溶解系统：在凝血系统中，具有活性的炎症介质有凝血酶、纤维蛋白多肽和 Xa 因子。它们共同作用于局部组织内，促进成纤维细胞的增生；促使毛细血管壁的通透性增高；促进白细胞的趋化、与血管内壁的黏附及游走到炎症区域。在纤维蛋白溶解系统中，具有活性的炎症介质有纤维蛋白降解产物和纤维蛋白溶解酶(血浆素)。它们在局部组织起到抗凝血、增强毛细血管壁通透性、趋化嗜中性粒细胞的游走的作用。

③激肽系统：激肽是属于多肽类物质。激肽系统的激活后，在炎症过程中其主要作用的是缓激肽。缓激肽能显著增强毛细血管壁的通透性，还能使支气管、胃、肠的平滑肌痉挛，故能引起气喘、腹泻等症状。激肽也是一种致痛物质，很微量即能引起疼痛感反应。缓激肽作用限于早期增加血管通透性(又称过敏毒素)。

综上所述，炎症介质是炎症发生、发展过程中出现的重要物质。它具有促使毛细血管扩张、毛细血管壁通透性增强并导致局部炎症组织出现炎性水肿的作用；调节白细胞的趋化和游走的作用；促进局部坏死组织的分解和清除的作用；促使动物体感觉到疼痛和出现发热的过程的作用。炎症介质的激活或产生，及其起作用伴随炎症的过程，影响着组织细胞的损伤、修复及其整个过程。

兽医临床上在治疗某些炎症时，除针对致炎因素常采用相应的药物(抗微生物药)外，还常应用其他的抗炎药物，其疗效机理大多数是通过抑制炎症介质的合成与释放，或直接对抗炎症介质，而达到抗炎的效果。类固醇类药物如糖皮质激素类的氢化可的松、地塞米松等有较好的抗炎疗效，是因为它们能降低血管壁的通透性，控制溶酶体的释放，抑制白细胞的趋化及其向血管内皮细胞黏附和血管外游走，抑制肥大细胞和血小板释放炎症介质。糖皮质激素还能够抑制肉芽组织的形成，它是通过抑制毛细血管内皮细胞和成纤维细胞的增生，同时也能抑制成纤维细胞的胶原合成和黏多糖的合成所致。故机体使用糖皮质激素时，对缩小炎灶的瘢痕组织形成是有好处的，但同时也抑制了局部组织细胞对损伤的修复作用。非类固醇类抗炎药物如消炎痛、保泰松等能抑制前列腺素的合成，同时也有稳定细胞溶酶体膜的作用，从而有利于缓和炎症的症状以及减轻炎症的发展。

(二)败血症

败血症是指疾病过程中，机体的抵抗力降低，血液中持续存在有微生物及其有毒产物，造成广泛性组织损伤和严重中毒的全身性病理过程。

在循环血液中出现细菌的现象，称为菌血症。但菌血症并不等于败血症，因为在循环血液中出现细菌是常见现象，如细菌感染时，循环血液中会出现细菌；在健康动物，寄生在消化和呼吸道黏膜上的细菌也可能进入循环血流呈现菌血症，但细菌在血液中存留时间很短。而败血症时的菌血症有所不同，由于机体的抵抗力降低，造成持续性菌血症。同样，循环血液内出现病毒颗粒、寄生性原虫、细菌毒素或其他毒性产物，相应地称为病毒血症、虫血症和毒血症。

1. 败血症的全身性病理变化

败血症时，由于机体内存在大量病微生物及有毒产物，使机体处于严重的中毒状态，全身各器官组织发生不同程度变性、坏死和出血等变化。

(1)尸僵不全和早期尸体腐败

因败血症死亡的动物，由于机体内存在大量微生物，且在动物死亡前，体内的组织发生变性、坏死，释放大量蛋白酶，故动物死亡后，常见尸体腐败膨胀，尸僵不全，血液凝固不良，呈紫黑色黏稠状。同时伴有溶血，血红素沉着于心内膜和大血管及周围组织，剖检可见玫瑰色血色素的污染。

(2)出血性素质

病原微生物和毒素作用，使血管壁受到损伤，血管通透性增强，引起多发性渗出性出血。其表现为皮肤、浆膜、黏膜、器官被膜下及实质内出现广泛性的出血点或出血斑，皮下、黏膜和浆膜下的疏松结缔组织中有浆液性或浆液出血性浸润，胸腔、腹腔和心包腔积液。

(3)黄疸

由于溶血和肝脏功能障碍，造成胆红素在体内蓄积，故可视黏膜和皮下组织呈现黄染现象。

(4)急性脾炎

脾脏呈急性脾炎的变化，脾脏急性肿大，有时可达正常脾的2～4倍。脾脏边缘钝圆。表面呈青紫色，被膜紧张，质地柔软，切面隆起，含血量增多，用刀背轻刮切面有多量血粥样物，有时脾髓呈半流动状。

(5)急性淋巴结炎

全身淋巴结肿大，呈单纯性淋巴结炎或出血性淋巴结炎的变化。

(6)实质器官变性

实质器官如心脏、肝脏、肾脏等发生颗粒变性、脂肪变性，甚至发生坏死。

(7)肺炎

肺脏发生淤血、出血和水肿，呈现出血性肺炎或浆液性肺炎的变化。

(8)中枢神经系统变化

眼观变化不明显，有时见脑膜充血、出血和水肿。

2. 原发病灶病理变化

非传染性病原菌引起的败血症除具有上述败血症的全身性病理变化外，原发病灶又有其病变特点。

(1)创伤性败血症

由创伤(如刺伤、蹄伤、烧伤等)感染引起的败血症，其原发病灶多呈现浆液性化脓性炎症或蜂窝织炎。由于病原体多沿淋巴管扩散，使病灶附近的淋巴结和淋巴管发炎。淋巴管呈索状扩张增粗，管壁增厚而管腔狭窄，管腔内积有脓汁或纤维凝块，淋巴管周围组织发生炎性充血和水肿。局部淋巴结发生单纯性淋巴结炎或为化脓性淋巴结炎。如病原体侵入病灶内的静脉，则引起静脉炎，静脉管壁肿胀增厚，内膜坏死脱落，管腔内积有血凝块或脓汁。

(2)脐败血症

新生幼畜脐带断端感染引起的败血症，其变化是脐带根部发生出血性化脓性炎，蔓延到腹膜，引起纤维素性化脓性腹膜炎。有时可引起浆液性化脓性关节炎或肝、脾出现脓肿。

(3)产后败血症

母畜分娩后，由于分娩时子宫黏膜损伤或子宫内遗留有胎盘碎片，易感染化脓菌或腐败菌，引起化脓性子宫内膜炎或腐败性子宫内膜炎，往往继发败血症死亡。剖检可见子宫肿大，压之有波动感，子宫内蓄积大量污秽有臭味的脓样液体。子宫内膜肿胀、淤血、出血及坏死，坏死黏膜脱落后，形成糜烂或溃疡。

四、肿瘤

(一)肿瘤的概念

肿瘤是机体在各种致瘤因子的刺激下，机体局部组织细胞发生异常增生而形成的新生细胞群，通常表现为局部肿胀，称为肿瘤。临床上，很多原因都能够引起局部组织产生肿瘤，形成的机理也各不相同。虽然这种新生的细胞也是由正常、健康细胞增生形成的，但组织结构与原细胞有明显区别，尤其是恶性肿瘤的物质代谢、对机体的影响等与原细胞区别更大。

在肿瘤的研究过程中，按其生物学特性和对机体危害程度的不同，将肿瘤分为良性肿瘤和恶性肿瘤，常见的恶性肿瘤又命名为癌和肉瘤。

(二)致瘤因素

能够引起组织细胞发生肿瘤的原因(致瘤因素)十分复杂，尚不完全明确，但查明肿瘤的发生原因，对肿瘤的治愈和预防有至关重要的作用。致瘤因素主要包括内因和外因两方面。迄今了解较多的是外因，外因是指来自体外环境中的各种可能引起肿瘤的因素，如化学性致瘤因素、物理性致瘤因素、生物性致瘤因素等；内因则泛指与肿瘤发生发展有关的机体本身的一些因素，包括机体抗肿瘤能力的降低及有利于外界致瘤因素发挥作用的体内因素。肿瘤的发生，并不只是一个原因单独作用引起的，发生肿瘤时，往往是内、外因素协同作用的结果。

1. 外源性致瘤因素

(1)化学性致瘤因素

目前已知的有多环芳烃类、芳香胺类、氨基偶氮染料、亚硝胺类、真菌毒素和植物致癌毒素以及砷、铬、镍、镉、铅、锌、镁、锡等。引起动物发生肿瘤的因素中主要以亚硝胺类、真菌毒素和植物致癌毒素为主。

①亚硝胺类：亚硝胺类具有较强的致瘤作用，常见引起食道癌、肝癌和胃癌等，并且能传给后代引发肿瘤。其来源是亚硝酸盐易与胺化合形成或者由亚硝酸盐在酸性环境下直接转化形成。而亚硝酸盐、硝酸盐和胺在自然界又广泛存在，如肉、蔬菜、蛋等食物中，另外亚硝酸盐可作为食品的保存剂与着色剂进入动物体内，在动物机体正常喂养情况下，被食入的少量亚硝酸盐大部分经尿液排出体外，如果大量食入或体内蓄积增多则可能诱发肿瘤。

②真菌毒素：目前，经过大量的实验证实，真菌中有10多种具有很强的致瘤作用。其中黄曲霉菌产生的黄曲霉菌毒素其引发肿瘤强度比二甲基亚硝胺高约75倍，最常见引发的是肝癌，还可引起肾的腺癌和胃肠的腺癌等。其来源是饲料、饲草中存在黄曲霉菌，动物机体摄食后，在肝脏“解毒”经呼吸、尿液、粪便和乳汁等排出体外，但体内还会残留少量的致癌物质。当机体内蓄积增多时，很大概率引发癌症。动物采食潮湿、发霉变质的饲料，不仅会导致生产能力下降和易发生其他疾病，还可能引发癌症。

③植物致瘤毒素：不少植物对动物具有毒性，少数具有致癌性。例如，分布于我国贵州、四川等地的毛叶蕨能引起牛和绵羊的膀胱的多种组织源肿瘤，如乳头状瘤、腺瘤、移行上皮癌、腺癌、平滑肌瘤、血管瘤及纤维瘤等。病牛的主要临诊症状为血尿。苏铁树的种子如不事先淋洗就食用可引发肾、肝和肠的癌瘤。

④多环芳烃类：该类物质数量较多，分布广泛，与动物接触机会多，是危害较大的一类致瘤因素。将这类物质(3，4-苯并芘、1，2，5，6-双苯蒽、20-甲基胆蒽)涂抹实验动物皮肤能引起皮肤癌，注射皮下引起肉瘤。多环芳烃类主要存在于石油和煤焦油中，还可由有机物燃烧产生，如煤烟、汽车的尾气、点燃烟花的烟雾中。

⑤芳香胺类与氨基偶氮染料：芳香胺类致癌物质有乙萘胺、4-氨基联苯、联苯胺等，可能引起膀胱癌，来源于印刷厂和橡胶厂等工业的三废。氨基偶氮染料如奶油黄，猩红可引起实验动物肝癌，来源于印染厂、制药厂等工厂排出的废物。

(2)物理性致瘤因素

①电离辐射：是指X射线、铀、镭、钴、碘(I^{131})等多种放射性元素的辐射。机体长期在辐射源范围内，没有防护的情况下，可引起恶性肿瘤。如居里夫人从事放射性同位素镭的研究而患白血病，其女儿也患此病。

②日光紫外线：长期过度照射紫外线可引起外露的皮肤发生鳞状细胞癌、基底细胞癌和恶性黑色素瘤。

另外，慢性炎症、热辐射、创伤和异物(石棉纤维、石棉制品和金属等)可能促进肿瘤的发生，如体内出现塑料、金属片、玻璃纤维后局部可出现肉瘤。

物理性致瘤因素的特点：潜伏期长、发生率低、病因明确、预防效果明显。

(3)生物性致癌因素

①病毒：病毒能够诱发肿瘤的产生，30多种动物的肿瘤是由病毒引起的，已经得到证实。临床上，已经出现过并影响动物生产的病毒引起的流行疾病有鸡白血病、牛白血病、鸡马立克氏病、牛乳头状瘤病、绵羊的肺腺瘤等几种。经试验证实，都是由病毒所引起的。

②寄生虫：寄生虫与肿瘤的产生之间的关系还不明确。但用线虫的幼虫饲喂大白鼠的实验，引起了胃的乳头瘤(癌)；用猫绦虫卵饲喂大白鼠，出现了肝脏的肉瘤。另外，有人

认为，中华分支睾吸虫能引起肝癌，日本血吸虫等引起肠癌。食管虫可引起狗的肿瘤在国外也有过报道。牛的胰腺癌也可能与胰阔盘吸虫的寄生有关。

2. 内源性致肿瘤因素

(1)年龄

老龄动物的恶性肿瘤发生率较高，可能与其长期接触致瘤因素及免疫机能降低有关。但有些肿瘤特别是有的肉瘤常发生于年轻动物，可能与遗传性基因缺陷有关，如造血和淋巴组织肿瘤则最常见于幼龄动物。

(2)性别

动物的某些肿瘤的发生具有明显的性别选择性，如鸡淋巴白血病母鸡比公鸡易感。除雌性动物多见的生殖器官和乳腺的肿瘤(母鸡的卵巢腺癌)外，其他的肿瘤雄性动物要比雌性动物多，如骡、驴、马的纤维瘤与纤维肉瘤在雄性比雌性多。

(3)种类和品种

动物种类和品种对发生肿瘤具有很大影响。如鸡多发白血病、马立克氏病、卵巢腺癌等；猪多发淋巴肉瘤、肝细胞癌、肾母细胞瘤、胃腺瘤等；马多发阴茎癌和齿龈癌；反刍动物多发肝癌。品种和品系不同，其肿瘤类型和发生率也可能有很大差异，如纯种鸡白血病的发病率要高于土种鸡。

(4)遗传因素

大多数肿瘤遗传并不是肿瘤本身的遗传，而是对致瘤因素敏感的易感基因的遗传。少部分不常见的肿瘤直接遗传给子代。肿瘤的遗传性还和环境因素有关，呈现协同作用。近年来的研究表明，遗传因素在牛、猪、狗、猫和鸡的白血病病因学上起着一定的作用。

(5)免疫因素

机体的免疫状态直接影响着肿瘤的发生、发展、治疗效果和结局。机体健康时，一般不发生肿瘤，相反，当免疫功能低下时易患肿瘤，如先天性免疫缺陷或因器官移植等使用免疫抑制剂导致机体免疫机能低下者，恶性肿瘤发病率明显增加。

(6)内分泌因素

内分泌器官机能障碍时，分泌激素量影响肿瘤的发生、发展，如雌激素分泌过多可能诱发乳腺癌、子宫内膜癌，而切除卵巢后可使肿瘤明显缩小。前列腺癌用雌激素治疗可使癌肿生长受到抑制。

(三)肿瘤的基本特征

1. 肿瘤的形态特征

肿瘤具有多种外观形态，临床上，可通过其形状、大小、颜色和硬度的检查，对肿瘤的良性经过还是恶性经过做出初步判断。

(1)肿瘤形状

肿瘤形状主要取决于肿瘤的性质(良性、恶性)、发生部位、组织来源和生长方式。一般而言，发生在组织器官周围的肿瘤大多形成肿块向表面突起，并因肿瘤组织细胞结构的不同而形态各异，如皮肤和黏膜的肿瘤呈结节状、息肉状、乳头状、菜花状或弥漫肥厚等。有的肿瘤细胞可以发生坏死脱落而形成溃疡状。生长在器官组织深部的良性肿瘤一般呈球状，与周围的正常组织边界清楚，常有结缔组织包膜。但深部的恶性肿瘤的形状则很不规则，与周围组织没有明显的界线，肿瘤细胞常浸润到组织间隙，呈现树根样或蟹足状。

(2)肿瘤颜色

肿瘤颜色主要取决于肿瘤的种类及起源组织的颜色。绝大多数肿瘤呈灰白色或灰红色，肿瘤的颜色还取决于肿瘤的性质，如含血量的多少、有无出血、有无色素沉着、是否变性(坏死)或感染。某些组织发生的肿瘤具有特殊颜色，如黑色素瘤为灰黑色或黑色；纤维瘤呈灰白色；脂肪瘤呈淡黄色或白色。另外，瘤组织中如含有较多血液，则常呈红色，胶原纤维成分多时呈灰白色。

(3)肿瘤硬度

肿瘤硬度主要取决于肿瘤的性质及起源的组织，如肿瘤的实质细胞所占的比例多于间质则柔软，反之则硬实；骨瘤硬实而脂肪瘤较软。另外，肿瘤细胞发生变性、坏死或者感染后质地变软。

(4)肿瘤数目和大小

动物机体出现肿瘤一般是 1 个，很少有多个同时存在的现象，但也可继发或转移后在机体内出现多个肿瘤。

肿瘤的大小取决于发生的部位、起源组织和肿瘤的性质，还与生长时间有关。临床上，恶性肿瘤虽然生长速度较快，但体积较小，但其对机体的影响较重，可及时进行早期治疗或导致机体衰竭而致动物死亡有关，所以较大的恶性肿瘤并不多见。良性肿瘤虽生长慢，但因其对机体影响小经常被忽视，所以在临床上体积较大的肿瘤多为良性肿瘤。尤其生长于体表或大的体腔(如腹腔)内的肿瘤有时可长得很大；生长于狭小腔道(如颅腔)内的肿瘤则一般较小。

2. 肿瘤组织结构

肿瘤都有各自组织结构特点，其成分是由实质(肿瘤细胞)和间质(结缔组织)两部分组成。

(1)肿瘤的实质

肿瘤细胞组成肿瘤的实质部分，它是肿瘤的主要成分，决定着肿瘤发展和结局。肿瘤的组织学检查是判断肿瘤的良性、恶性的主要诊断方法之一，并进行分类、命名。主要检查肿瘤细胞的形态特征，良性肿瘤时，肿瘤细胞与其来源组织细胞形态结构相似，则分化程度(肿瘤实质与原发组织的相似程度)高，肿瘤细胞的排列、层次、实质与间质的关系也相似，如纤维瘤；恶性肿瘤时，肿瘤细胞与其来源组织细胞形态结构有较大差异(多数细胞体积增大，形态不规则，胞核增大，大小、性状、染色不一，胞核出现不对称性、多极性)，则分化程度低，如鳞状细胞癌。肿瘤一般只具有一种实质细胞，少数肿瘤具有两种或多种细胞，如乳腺纤维腺瘤、畸胎瘤等。

(2)肿瘤的间质

肿瘤的间质是由结缔组织、血管和淋巴管组成的，对肿瘤细胞起支持和营养作用。恶性肿瘤血管丰富，肿瘤生长迅速，反之，良性肿瘤血管较少，肿瘤生长缓慢。如果在间质内有丰富的淋巴细胞浸润，是动物预后良好的表现。减少肿瘤内血液的量，阻碍肿瘤生长和转移，抑制其生长可达到治疗肿瘤的目的。

3. 肿瘤的代谢特点

(1)糖代谢

正常细胞在有氧的时候进行生物氧化来供能，在缺氧时，细胞内进行无氧酵解供能。

而肿瘤细胞主要的供能方式是无氧酵解，在无氧酵解过程中产生的多种脂肪酸被瘤细胞合成蛋白质、核酸及脂类，重新利用。肿瘤细胞代谢过程中产生大量的酸性物质，超过了机体的酸碱平衡调节能力时，酸性物质大量蓄积，可导致酸中毒。

(2)蛋白质代谢

肿瘤细胞生长和繁殖比正常组织快，蛋白质的合成和分解代谢都较强，其合成速度比分解速度快，供给自身对蛋白质的需要。随着肿瘤细胞需要的蛋白质逐渐增多，加之机体自身也消耗蛋白质，使正常摄入的蛋白质不能满足机体的需求，这时机体存储的能量物质被大量消耗，最终导致动物机体营养不良的症状出现，机体免疫力、抗病能力较低易患疾病，动物机体的这种状态称为恶病质。

(3)核酸代谢

肿瘤细胞具有较强的合成 DNA 和 RNA 的能力，恶性肿瘤时，DNA 和 RNA 的含量明显比正常细胞里的含量高。DNA 能提高肿瘤细胞的分裂和繁殖速度，加快肿瘤组织的生长速度；RNA 促进蛋白质的合成，提高酶的活性加速蛋白质的合成，提供了肿瘤细胞快速生长的基础。

4. 肿瘤生长方式与扩散

(1)肿瘤生长方式

①膨胀性生长：是指肿瘤生长过程中，体积由中心向四周逐渐扩大，具有完整的包膜的一种肿瘤的生长方式，是良性肿瘤常见的生长方式。肿瘤组织呈结节状或囊状等，与周围组织界限清晰，进行手术容易被彻底摘除，术后一般不复发。

②浸润性生长：是指肿瘤生长过程中，肿瘤细胞浸润到周围的组织间隙当中，不断地分裂繁殖，破坏组织结构，像树根植入土壤一样的肿瘤生长方式，这是恶性肿瘤的生长方式。肿瘤组织呈浸润性包块状、溃疡状、弥漫性肥厚等，与周围组织界限模糊不清，进行手术不易摘除干净，施行手术后容易复发。

③外生性生长：是指向器官组织表面方向生长的一种肿瘤的生长方式，良性肿瘤和恶性肿瘤都可见外生性生长，肿瘤组织呈乳头状、息肉状等，但恶性肿瘤往往伴有浸润性生长。

(2)肿瘤扩散

肿瘤扩散是指机体出现恶性肿瘤后，该肿瘤经由某种途径在其他部位也出现相同性质的肿瘤的现象。

①直接蔓延：是指以浸润性生长方式进行生长的恶性肿瘤，肿瘤细胞通过组织间隙、血管、淋巴管等不断浸润到邻近的组织，导致肿瘤波及的范围越来越大，这种过程称为直接蔓延，如鼻咽癌侵入食管引起食管癌。

②淋巴道转移：是指肿瘤细胞经淋巴管进入附近或其他淋巴结而形成转移瘤，是癌较常见的一种扩散方式。发生癌变的淋巴结肿大、硬实，如肺癌转移到肺门淋巴结。

③血道转移：是指恶性肿瘤的瘤细胞进入血液循环后，到达机体的某器官或几个器官形成转移瘤，是含血管丰富的肿瘤的主要扩散方式。以这种方式形成转移瘤的过程与栓子的运行途径相似，如骨肉瘤的肺转移瘤、胃肠道癌的肝转移瘤等。

④种植性转移：是指发生在浆膜腔内的器官表面或蔓延至表面的恶性肿瘤脱落后，种植在其他器官的表面而形成肿瘤，是腹腔内器官恶性肿瘤常见的扩散方式，如肺癌可在胸

腔内形成种植性转移瘤、胃癌可在腹腔内形成种植性转移瘤等。另外，手术过程也能引起种植性转移瘤。

(四)肿瘤的命名

动物机体可以形成各种各样的肿瘤，对肿瘤进行命名就变得较复杂。一般肿瘤的名称体现肿瘤的产生组织部位、生物学特性(良性或恶性)。

1. 良性肿瘤的命名

一般情况下，在发生良性肿瘤来源组织名称之后加“瘤”字。例如：来源于组织、器官间质结缔组织的良性肿瘤称为纤维瘤；来源于脂肪组织的良性肿瘤称为脂肪瘤；来源于腺上皮组织的良性肿瘤称为腺(上皮)瘤，发生在皮肤。有时按其发生的形态进行命名，如乳头状瘤。

2. 恶性肿瘤的命名

按起源组织不同而命名，将恶性肿瘤分为癌和肉瘤两类，即“癌症”。

(1)癌

对上皮组织发生的恶性肿瘤都统称为“癌”，名称是在来源组织后加“癌”字。例如：来源于鳞状上皮组织的恶性肿瘤称为鳞状上皮癌；来源于腺上皮组织的恶性肿瘤称为腺癌等。

(2)肉瘤

对间叶组织发生的恶性肿瘤都称为“肉瘤”，名称是在来源组织后加“肉瘤”两字。例如：纤维肉瘤、骨肉瘤、平滑肌肉瘤等。当一个肿瘤中同时含有癌和肉瘤两种成分时称为癌肉瘤。

3. 特殊命名

(1)母细胞瘤

对来源于未成熟的胚胎细胞及神经组织的肿瘤称为母细胞瘤，或在组织细胞名称前加“成”字，大多数是恶性肿瘤，如神经母细胞瘤或成神经细胞瘤、肾母细胞瘤或成神经细胞瘤等。

(2)在肿瘤名称前冠以“恶性”两字命名的肿瘤

当组织发生肿瘤时，不能按肿瘤的命名原则命名时，为了区分肿瘤的性质，在一般肿瘤的名称前加“恶性”两字，如恶性淋巴瘤、恶性黑色素瘤等。

(3)以“病名”命名的肿瘤

以“病名”命名的肿瘤有鸡马立克氏病、白血病等。

(五)肿瘤对机体的影响

机体大多数组织器官发生肿瘤时，对机体的影响主要取决于肿瘤的性质(良性、恶性)，在重要器官的肿瘤，只要发生肿瘤对机体的影响都较大，如脑组织的肿瘤不论性质如何，都会产生明显的神经症状。

1. 良性肿瘤对机体的影响

良性肿瘤对局部组织具有压迫和阻塞的作用，如消化道的良性肿瘤阻塞肠腔引起肠阻塞；还能够继发局部病变，如皮肤、黏膜的乳头状瘤坏死脱落后局部形成糜烂和溃疡，甚至出血；如发生在内分泌组织，可产生由于激素分泌过多导致的病理现象，如胰岛细胞瘤可引起阵发性低血糖。

2. 恶性肿瘤对机体的影响

恶性肿瘤除能够对机体产生与良性肿瘤形似的影响外，还会对机体产生以下影响。

(1)改变器官的结构和功能

恶性肿瘤能够破坏所在部位组织器官的结构，从而使组织器官的功能产生变化，如胃癌能够引起动物体的消化不良。

(2)继发感染

恶性肿瘤可以引发局部组织细胞坏死，导致器官出现溃疡、穿孔、出血、感染等病理现象，如恶性肿瘤过程中常伴有发热和疼痛。

(3)恶病质

动物患恶性肿瘤性疾病晚期时，表现为严重消瘦、不耐使役、贫血、生产力下降等极度全身营养不良性表现，称为恶病质，有时可导致动物死亡。

(六)良性肿瘤和恶性肿瘤的区别(表 2-2)

表 2-2　良性肿瘤和恶性肿瘤的主要区别

项目	良性肿瘤	恶性肿瘤
形态特征	接近源组织的颜色和组织结构，常有包膜，与周围组织界限清楚	与源组织的颜色和结构差异较大，与周围组织边界不清，互相交错
生长过程	生长速度较慢或不生长，常呈膨胀性生长，不侵袭，不转移	生长速度较快，无止境，常呈浸润性生长，具有扩散和转移现象
机体的影响	除发生在重要器官，对组织器官起压迫和阻塞作用	对机体影响较大，常引起明显的局部病理变化和全身反应，甚至导致动物死亡
复发特征	进行手术摘除后，一般不复发	经过治疗后经常复发
组织学检查	分化程度高，瘤细胞排列规则，结构与源组织相似	分化程度低。瘤细胞大小不一，结构紊乱，与源组织有很大差异

(七)处理原则

急症者应对症治疗，急症转为慢性的或临床表现不明显的按以下原则处理。

1. 明确肿瘤的性质

首先对肿瘤做出明确判断(与炎性肿胀、脓肿、血肿等进行区分)，如果是肿瘤则区分良性肿瘤还是恶性肿瘤。

2. 良性肿瘤的处理

确定是良性肿瘤的，如果对机体的影响不大或药物治疗可以控制的采取保守疗法；如明显影响局部组织的物质代谢，甚至出现形态改变，局部症状明显的进行手术摘除。

3. 恶性肿瘤的处理

确定是恶性肿瘤的，一般对机体影响较大，首先对症治疗，控制继发病，经药物治疗效果较好的采取保守治疗；反之，则需手术摘除(尽量将肿瘤细胞清除干净和避免血道、种植性转移)。

(八)常见肿瘤

1. 常见的良性肿瘤

(1)纤维瘤

它是由纤维结缔组织发生的良性肿瘤，呈圆形或椭圆形，常有包膜，切面为灰白色或粉白色，质地硬实，可发生在皮下、黏膜等部位。

(2)脂肪瘤

它是由脂肪组织发生的良性肿瘤，呈圆形，有包膜，柔软，单发或多发，呈淡黄色，常见于皮下组织。

(3)乳头状瘤

它是在被覆上皮组织处发生的良性肿瘤，呈外生性生长过程，似手指状或乳头状，常见于皮肤、鼻、喉、外耳道、膀胱等处。

(4)腺瘤

它是指腺上皮发生的良性肿瘤，呈息肉症状或结节状，常有包膜，与源组织结构相似，具有一定的分泌功能，多见于甲状腺、卵巢、乳腺、胃肠道等其他腺体处。

2. 常见的恶性肿瘤

(1)纤维肉瘤

它是由间叶组织发生的恶性肿瘤，呈结节状或不规则形态，无包膜，切面呈灰白色或灰红色，发生部位主要在皮下。

(2)鳞状细胞癌

它是由鳞状上皮发生的恶性肿瘤，呈不规则的块状，向周围组织内浸润性生长，无包膜，切面为灰白色，干燥，无光泽，可见出血和坏死，易破溃、感染，多发于皮肤、口腔、食管、唇、喉、阴道、阴茎等处，有时支气管、肾盂、胆囊等处也见有鳞状细胞癌。

(3)淋巴肉瘤

它是淋巴及造血组织的恶性肿瘤，是白血病的一种；在畜禽中，牛、猪和鸡多发。器官组织肿大呈结节状或肿块状。淋巴结呈灰白色，有时伴有出血。在其他组织的淋巴肉瘤呈结节状(有包膜，灰白色，边界清楚似淋巴结)或仅表现为肿大。

(4)鸡马立克氏病

它是鸡的一种由B群疱疹病毒引起的淋巴组织增生的肿瘤性疾病，一些组织发生淋巴样细胞增生浸润和形成肿瘤。其可分为神经型、内脏型、眼型和皮肤型。

①神经型：病变常出现在臂神经和坐骨神经，经常是一侧神经出现炎性水肿，比正常神经粗大几倍，呈灰白色会黄色。

②内脏型：病变出现在器官的表面呈现结节状的突起，呈灰白色，切面平滑。有时呈现浸润性肿瘤病灶，器官体积肿大数倍，颜色变淡。

③眼型：虹膜褪色呈弥漫性灰白色，浑浊不清。瞳孔边缘不整齐，有时呈现针孔状。

④皮肤型：病变形成的肿瘤结节出现在皮肤的毛囊部分，局部呈现皮炎的特征，病变较轻时，症状不明显。

(5)黑色素瘤

它是由黑色素细胞发生的一种恶性肿瘤，又称为恶性黑色素瘤，常呈黑色或棕黑色，体积逐渐增大，切面干燥，常发于动物的尾根、肛门周围和会阴部，有时内脏和黏膜也发生，马、骡多发。

任务工单

<table>
<tr><td>任务名称</td><td colspan="3">识别病理变化</td></tr>
<tr><td>任务描述</td><td colspan="3">认知血液循环障碍、组织细胞损伤、代偿与修复、炎症、肿瘤，能描述充血、淤血、出血、血栓、栓塞、梗死、萎缩、变性、坏死、炎症、肿瘤的病理变化，能够在病理标本和病理图片上说明充血、淤血、出血、血栓、栓塞、萎缩、梗死、变性、坏死、炎症的病理变化</td></tr>
<tr><td>准备工作</td><td colspan="3">1. 在实验室内准备充血、淤血、出血、血栓、栓塞、梗死、萎缩、变性、坏死、代偿、修复、炎症、肿瘤的大体标本、病理图片及多媒体资料。
2. 在实验室内准备充血、淤血、出血、梗死、萎缩、变性、坏死、炎症的病理组织切片以及擦镜纸和生物显微镜</td></tr>
<tr><td>实施步骤</td><td colspan="3">1. 在实训室观察充血、淤血、出血、血栓、栓塞、梗死、萎缩、变性、坏死、代偿、修复、炎症、肿瘤的大体标本和病理图片，通过互联网搜索、学习在线开放课相关内容，明确充血、淤血、出血、血栓、栓塞、梗死、萎缩、变性、坏死、代偿、修复、炎症、肿瘤的眼观病理变化。
2. 用显微镜观察充血、淤血、出血、梗死、萎缩、变性、坏死、炎症的病理组织切片，明确充血、淤血、出血、梗死、萎缩、变性、坏死、炎症的组织学病理变化</td></tr>
<tr><td rowspan="4">考核评价</td><td>考核项目</td><td>评分标准</td><td>分值</td></tr>
<tr><td>识别眼观病理变化</td><td>在病理图片和病理标本上，能识别充血、淤血、出血、血栓、栓塞、梗死、萎缩、变性、坏死、代偿、修复、炎症、肿瘤的眼观病理变化(每识别正确一项得 5 分)</td><td>80 分</td></tr>
<tr><td>识别组织学病理变化</td><td>在病理切片上，能识别充血、淤血、出血、梗死、萎缩、变性、坏死、炎症的组织学病理变化(每正确一项得 5 分)</td><td>20 分</td></tr>
<tr><td colspan="2">合　计</td><td>100 分</td></tr>
</table>

任务三 病理剖检

目标呼应

任务目标	课程教学目标
能说明鸡、羊、猪、犬的剖检术式	熟悉病理剖检的各个环节工作
能进行鸡、羊、猪、犬的病理剖检	

情境导入

动物尸体剖检是运用病理学的理论与方法，通过对尸体各系统和器官进行病理学检查，来研究疾病的一种临诊诊断方法。它是对病畜死后尸体各系统和器官的病理变化做到全面观察，客观描述，详细记录，然后运用辩证唯物主义的观点，进行综合分析和推理判断，从而做出客观而科学的病理学诊断，为疾病的有效治疗提供及时而可靠的依据。

知识链接

一、鸡的剖检

(一)剖检尸体

1. 剖检尸体的意义

尸体剖检能达到对动物死后诊断的目的，不同疾病各有其不同的特殊性病理变化。一般来说，疾病的临床表现与其病理解剖学变化有密切联系。有时存在临床症状不明显，而剖检可见特征性病理变化而得以确诊；但也有时疾病缺乏示病性的变化，而有明显的临床症状；或临床症状和病理变化都找不到可靠的诊断依据，还需要与流行病学、临床诊断、细菌学诊断、血清学诊断、病理组织学检查以及必要的化学检查等方法密切配合，最后做出综合性诊断。

2. 剖检场所、时间和设备

(1)剖检场所

因条件和需要的不同设置不同场所。在兽医研究机关、肉类加工厂和某些兽医院等单位设有剖检室，而在生产单位和广大农村，一般在野外露天进行剖检。

设置剖检室的地点，须选择与畜舍、公共场所、住宅、水源地和交通要道有一定距离；面积大小则依工作需要而定，原则上要宽大些；室内要求阳光充足，通风良好，地面及墙壁适于刷洗消毒，供水和排水方便。

野外进行剖检时，要符合兽医卫生的要求，保证人畜安全，防止疫病蔓延，因此应选择偏僻、高地为宜。

(2)剖检时间

动物死后由于体内酶的自溶和微生物的作用而腐败，从而影响检查效果，甚至丧失剖检价值。在冬季严寒季节尸体冻结，当将其暖化时不仅发生腐败自溶现象，而且因红细胞溶解而全面呈现血色素污染，亦影响检查效果。因此在患畜死亡后应尽早进行剖检为宜。

一般应选择在白天光线充足时进行剖检。在特殊情况必须在夜间剖检时，应尽可能保证光线充足，对不能辨识颜色的部分可切取标本保留，待次日检查。

(3)剖检设备

剖检前应将剖检用具准备好。有剖检室时，一切设备、器械、服装、消毒药和标本固定液等应保存在一定位置上，随用随取。常用的剖检用具有剥皮刀、解剖刀、软骨刀、脑刀、普通剪刀、肠剪、弓锯和板锯、骨剪、镊子、探针、凿子、锤子及解剖斧、金属尺、量杯或量筒、扩大镜、磨石和刀棒、脸盆、瓷盘、水桶及污水桶；供细菌学检查用的灭菌试管、培养皿、吸管等；消毒用喷雾器、消毒液。此外，应准备酒精棉、脱脂棉、绷带等以备剖检时误伤时使用。为了预防因剖检而感染剖检者和在场人员以及防止造成疫病传播，剖检者及在场人员均应穿着剖检服和胶靴，剖检者应带手术手套和线手套。

3. 注意事项

尸体剖检的对象是动物尸体，而且大多数是死因不明的尸体。因此，对任何一个病例都应按传染病对待，采取可能范围内的一切防护措施，以防止因麻痹大意而临时措手不及。剖检时应注意的主要事项如下。

(1)剖检前的准备及注意事项

得到剖检通知后，应首先了解患畜生前情况，包括动物群体情况、饲养管理、流行病学、临床症状、诊断及治疗经过等，必要时亲自检查同厩或全部的健康动物和患病动物；如果需要搬运尸体时，要用浸以消毒液的脱脂棉或破布等塞住天然孔，以防止液体流出污染运输工具和经路，已被污染的土层和器具等应进行消毒；在进行剖检之前应准备好剖检必需的用具，穿着好服装，如无手术手套，可用凡士林涂在手上。将器械、手套和胶靴用消毒药浸湿；对有炭疽可疑的尸体，要进行检菌和作炭沉反应实验，若确诊为炭疽，则禁止解剖，立即焚烧或深埋。

(2)剖检进行中的注意事项

剖检过程中，有两人以上操作时不能在同一部位用刀切刈，以免发生误伤；在剖检过程中不慎受伤时，应立即停止剖检，用清水彻底冲洗伤口，进行必要的处置后再继续剖检；尽可能防止尸体中的血液、脓汁和排泄物等污染剖检者及在场人员，被污染的手和器械应随时清洗消毒；摘取器官时注意把持住，避免因滑落而溅污地面及在场人员；剖检进行中要根据需要采取必要的实验室检查材料(病理组织学、细菌学、寄生虫学、化学和血液学等检查材料)。

(3)剖检结束时的注意事项

复查是否有漏检部分，采取的病料是否齐全；在场人员如有疑问或要求对某部分进行复查时，应尽可能满足其要求；征询无异议时才能将尸体处理，必要时应将具有证病性变化的器官制作标本保留，以备查对；在处理尸体之前，应检查剖检用具，避免器械遗留在尸体内而丢失；服装及用具即时进行清洗消毒；剖检者有责任协助和监督做好尸体的处理工作，剖检后对剖检场所进行消毒。

4. 处理尸体

剖检后的尸体，特别是传染病的尸体，应妥善处理，避免成为疾病的传染源，处理方法有以下几种。

(1)深埋法

在野外剖检时，一般都采取此法。将尸体投入1.5～2 m深的土坑里，用锹铲除剖检时污染的土层，也投入坑内，然后用土将坑填满，对剖检场地应进行消毒。

(2)生物热窖法

在剖检室附近或牲畜墓地可建生物热窖。水泥砌砖，砌成深9～10 m、直径3 m的窖，上面覆以双层盖，盖上设适当大小的门，剖检后将尸体投入窖内，加锁锁好。尸体在窖内腐败分解，产生生物热，可使尸体腐败变为无害，窖满时封闭5～6个月，以保证最后投入的尸体变为无害后，取出供作肥料，可再继续使用生物热窖。

(3)烧却法

尸体剖检室附设焚尸炉，供焚化尸体用。

(4)加工利用

动物尸体高温灭菌后，加工利用，如制造肥皂、工业用油、肉粉、骨粉和动物胶等有价值的产品。

5. 尸体变化

尸体变化是在机体死亡之后，体内血液循环停止，使组织的原有结构和性状逐渐发生变化所致。尸体变化包括尸冷、尸僵、尸斑、血液凝固、尸体自溶和尸体腐败。剖检时必须把死后变化与死前发生的病理变化区分开，以免将死后变化误认为病理变化。

(1)尸冷

体温是在体温中枢调节下，由产热过程和散热过程间的动态平衡来维持体温恒定。机体死亡之后，体内产热过程停止，但散热过程仍在继续进行，直至体温与周围环境温度相等为止，因此，动物死后体温逐渐下降，下降的速度在死后最初几小时较快，以后逐渐变慢，通常在室温条件下(15℃)平均每小时下降1℃，约经过28 h降至与环境温度相等。尸冷首先从四肢末梢部开始，体表比内部冷却速度快。

尸冷速度往往受尸体自身状态和周围环境的影响。肥胖动物，因皮下脂肪层厚，阻碍散热，故比瘦弱动物尸冷发生缓慢，冷天比热天冷却要快，在通风良好的环境下比不通风的场所冷却快；环境湿度高会妨碍热的放散。有些疾病(如破伤风、中暑)在动物死后一定时间内会导致体温不仅不下降，反而出现一时性升高。这是因为在动物死亡后体内产热的化学过程仍在继续进行所致。检查尸冷对判定死亡经过的时间和疾病性质有参考意义。

(2)尸僵

动物死亡时，由于神经系统麻痹，肌肉首先呈现短时间的弛缓，不久则出现肌肉收缩，致尸体呈现僵硬状态，称为尸僵。尸僵出现的次序是先从头部开始。以后按颈部、前肢、躯干和后肢的顺序发生。由于肌肉僵硬，各关节均被固定。尸僵一般在死后1～6 h开始出现，10～20 h达最高峰，经24～28 h后尸僵又按发生的顺序开始缓解。在尸僵形成过程中，如经人为的破坏之后，就不再出现。

尸僵现象除在骨骼肌发生外，心肌、平滑肌也同样发生。心肌一般在动物死后约0.5 h出现尸僵，由于心肌的收缩，可将心脏内存有的血液驱出，尤以左心室为明显，经24 h后，尸僵逐渐缓解。由于左心室和动脉壁的收缩将血液驱至静脉内，以及继之发生血液凝固，当心肌缓解后左心室仍呈空虚状态。如果在生前心肌发生变性、炎症、坏死或因心力衰竭死亡时，其心肌尸僵微弱，因此见心肌柔软，心腔扩张并充满血液。

尸僵出现的速度、强度和持续时间等往往受周围环境及自身状态的影响。外界温度对尸僵影响较大，温度则促进尸体内生物化学过程的进行，故尸僵发生迅速，缓解也快；肌肉发达的动物比瘦弱动物尸僵明显；死于肌肉活动较剧烈的疾病(如破伤风、蕃木鳖碱中毒)的动物，尸僵发生快而显著，反之，死于败血症及伴有肌肉发生变性、坏死变化的疾病(如白肌病)的尸体，则尸僵不明显。检查尸僵除对判定死亡经过的时间有参考意义外，有助于推测动物死亡的姿态及死亡原因。

(3)尸斑

动物死亡之后，心脏活动停止，由于心脏和大动脉的临终收缩和尸僵，将心脏及动脉内的血液驱逐到毛细血管和静脉系统内，在血液凝固之前，因受重力作用，血液下沉到尸体低下部血管内，致使该部血管充满血液，这种现象称血液沉坠，血液沉坠约于死后30～60 min出现。在沉坠部形成暗红色或紫色条纹或斑点，称为尸斑。用手指按压尸斑时色可消散，离开则又复现。斑纹可逐渐扩大，并相互融合成较大的斑块。如果变动尸体卧位时，因血液尚未凝固，所以尸斑亦发生改变。约经2 h以后，血液发生凝固，以及继之发生细胞崩解，血红蛋白析出并外渗，结果造成心内膜和心外膜、血管壁及其周围组织被血红蛋白染成红色，这种现象称血色素浸润。此时，变换尸体位置或用手指按压都不能使红色消失。经12～24 h尸斑最明显。

剖检时应注意把尸斑与死前病理变化的充血、淤血及出血区别开。消瘦和贫血的尸体尸斑不明显，而动物死后血液凝固不良时，则易出现尸斑。观察尸斑可供推测死亡时间，死亡时尸体躺卧状态及死亡原因。

(4)血液凝固

一般动物死后经1～3 h血液发生凝固，在血管内见有暗红色血液凝块，有时血凝块呈现分层现象，上层为淡黄色，状似鸡脂肪样，下层为暗红色，这是由于在血液凝固之前红细胞已发生沉降，当血液凝固时，位于上层的主要是血浆成分。这种情况多见于伴有血沉速度快的疾病和伴有低蛋白血症的各种疾病。死后的血凝应与生前形成的血栓加以区别。

伴有窒息死亡的尸体，由于血液内含有大量二氧化碳，死后血液凝固不全。死于败血症的尸体，血液凝固也不全。观察死后血液凝固在推测死亡时间和病因上有一定意义。

(5)尸体自溶和尸体腐败

组织细胞失去生活机能后，受其中存在的酶和消化液酶的作用而被溶解或消化，这种现象称为自溶。胰、胃、肠道黏膜和肾细尿管上皮细胞的自溶现象发生最为迅速而明显。初期胃肠道黏膜因自溶而自行脱落，进而壁变薄，胰腺因自溶而变软，甚至呈泥状。

出现尸体自溶现象的同时，组织蛋白因受体内存在的和从外界进入尸体内的细菌的作用而发生分解，称为尸体腐败。在尸腐过程中机体组织可分解产生氨、二氧化碳、硫化氢、氮等化合物，具有恶臭气味。同时也产生大量气体以胃肠道最突出。由于气体充满胃肠道，致腹部高度膨胀，腹围加大，肛门打开、凸出，严重时可造成膈及腹壁肌破裂。肝脏由于产生气体致体积增大，肝包膜下出现大小不等的气泡，切面呈海绵状，并从切口挤出大量的含气的泡沫状血样液。发生腐败的器官都变柔软，血液中也可出现气泡。组织分解产物硫化氢，与血液中的血红蛋白或游离出来的铁相结合而形成硫化铁，使组织被硫化铁污染成污秽灰绿色。

周围环境的温度和湿度对尸腐的出现时间和强度有很大影响，30～35℃最适于细菌的发育和增殖，一定的湿度也促进细菌的增殖。当外界温度、湿度适宜时可加速腐败。因长期饥饿，体内缺乏蛋白质的动物较肥胖动物腐败缓慢，具有败血症或大面积化脓坏死病理过程而死亡的动物，腐败发生迅速。

尸体自溶和腐败往往使体内原有的病理变化遭到破坏，给尸体剖检检查病变带来很大困难，甚至丧失检查价值。因此，在家畜死亡后，尽早进行剖检实属必要。

正确地识别尸体变化，一方面可以帮助我们判定死亡原因、死亡时间、死亡时的姿势等；另一方面可以避免与生前的病理变化相混淆，以防止不应有的错误。

（二）剖检记录

1. 记录的意义

（1）作为综合诊断的材料

尸体剖检只是诊断疾病的方法之一，对动物疾病的诊断，特别是疑难病例或新发现的疾病，往往需要做流行病学、临床诊断、细菌学、血清学、寄生虫学、化学和组织学等方面的综合研究，最后才能确定。此时剖检记录乃是综合分析的素材之一。

（2）作为科学资料保存

剖检记录应妥善整理保管，作为病理学科学研究的文献材料。兽医医疗单位和牧场积累剖检记录，对认识该地区的疾病情况和改进工作也是重要的参考资料。

（3）作为业务行政上的重要文件和法律依据

如在防疫工作中确定疫区或封锁疫区时，需呈报诊断的依据，此时剖检记录则为呈报文件的组成部分。家畜因病死亡，特别是优良品种或种畜死亡时，剖检记录也是上报的重要材料。当剖检涉及关于兽医诉讼案件时，剖检记录和剖检诊断书则有可能成为法律上判决的主要根据。

2. 记录内容

（1）剖检记录的叙述部分

记录剖检过程中发现的一切异常现象。

①前言：包括动物种类、品种、畜号、年龄、性别、毛色、特征、用途、死亡日期时间、剖检日期时间、剖检地点、畜主、剖检人、记录者、剖检记录编号。

②临床病例摘要：包括主述、发病经过、主要症状、临床诊断、治疗经过。必要时应抄录处方、治疗方法和用药时间，以及临床化验结果等。

③病理变化记录：包括外部检查和体腔视检，以及各部器官检查。

④辅助检查结果：各种化验室辅助检查（如细菌学、血清学、寄生虫学、病理组织学和化学等）的检查项目和结果。

（2）剖检记录的总结部分

总结是在剖检结束后对各种病理变化进行综合分析。总结部分包括以下方面。

①病理解剖学诊断：是根据肉眼观察和病理组织学检查所发现各种病理变化进行概括。病理解剖学变化中按照包括主要、原发、次要的、继发的病理变化进行排列。也可将原发病变和继发病变各列为一组。若同时伴有两种以上疾病时，每种疾病所具有的较为特征性的一些变化各列为一组。可能尚有一些与主要疾病和死亡原因无直接因果关系的病理

变化，可列在最后。与主要疾病无直接关系，对机体无明显影响的病理变化只需简要列入。

此外，经临床治疗时被处理掉，而与死亡原因又有直接关系的病理变化，虽然剖检时未能检查到该病理变化，除应在临床病历摘要予以记录外，在病理解剖学诊断部分也应列入。

②讨论和总结：剖检者对于每一个剖检病例都要根据病理变化，结合流行病学、临床、微生物学及化学等检查材料进行综合分析和讨论，并分析各种病理变化之间的关系、病理变化的发生与临床症状的关系，最后判定死亡原因和疾病种类。

3. 记录形式

(1)现场记录

剖检记录最好是在剖检同时进行书写。遵循正确的剖检程序和方法，即随剖检者检查过程中的口述进行记录，使记录的程序和剖检程序一致。

(2)追记

在剖检完结后进行，或按照印刷好的表格逐项填写的方式追记。剖检后追记的方法有可能发生遗忘，或造成“张冠李戴”的现象，所以只有在自己进行剖检，无人协助记录的情况下，迫不得已才采取追记方法，必须在剖检后立即进行追记。

4. 记录方法

检查阶段和总结阶段要求不同的记录方法。

(1)检查阶段记录

检查阶段记录要求如实地反映客观现象，要求用具象的方式进行描述，切忌用抽象的病理名词(如萎缩、变性、坏死、充血、血栓形成、肥大、炎症等)。例如，检查肝脂肪变性时可描述为：肝体积显著增大，被膜紧张，边缘钝圆，表面呈黄红色，由被膜可清楚地认出肝小叶轮廓；切面肝实质膨隆，质度脆弱，自切口流出多量暗红色血液；小叶轮廓特别清楚，呈淡黄色膨隆；侧射光下见有油脂样光泽，小叶中心呈暗红色并略显凹陷。不允许简单地以“肉豆蔻肝”或“肝淤血及脂肪变性”等病理术语代替。

剖检记录要重点突出，对主要患病器官系统和重要病理变化应详细记载，对次要的病理变化可做简单描述，未发现病变的器官可省略描述，可用“无明显变化”，“未见异常”等字样注明，但最好不用“正常”或“无病变”等字样。

文字要简洁，通俗易懂。病变部位用插图、模式图来标记，可省略许多文字。对特别病变或供事后查对的病变最好拍摄照片。

(2)总结部分记录

记录的病理解剖学诊断的写法，是剖检者根据剖检所见及病理组织学检查，对各种病理变化做出概括性的判断，要求用概念性病理术语，不宜再用形容描述方式。

(三)禽的尸体剖检术式

1. 鸡致死

除采用病死鸡剖检外，还经常采用临床症状较为典型的活鸡进行剖检。采用活鸡剖检时，应先用颈部放血法(或脱颈法)将其放血致死。

2. 外部检查(图 2-28)

检查天然孔、皮肤、关节和病鸡的营养状态。

(1)检查天然孔

检查口、鼻和眼等有无分泌物及其数量与性状。检查两眼虹膜的颜色。检查鼻窦时可用剪刀在鼻孔前将口喙的上颌横向剪断，以手稍压鼻部，注意有无分泌物流出；视检泄殖孔的状态，注意泄殖腔内黏膜的变化、内容物的性状及其周围的羽毛有无粪便污染等。

(2)检查皮肤

视检鸡冠、肉髯，注意头部及其他各处的皮肤有无痘疮或皮疹；观察腹壁及嗉囊表面皮肤的颜色，有无尸体腐败的现象，检查鸡足要注意鳞足指及足底趾瘤。同时，触摸腹部有无变软或积有液体。

(3)检查各关节

检查关节有无肿胀，龙骨突有无变形和弯曲现象。

(4)检查营养状况

触摸病鸡胸骨两侧肌肉丰满度及检查龙骨的凸显情况。

3. 消毒(图 2-29)

剖检前用消毒液(水)将尸体表面及羽毛浸湿，以防剖检时有绒毛和尘埃飞扬。

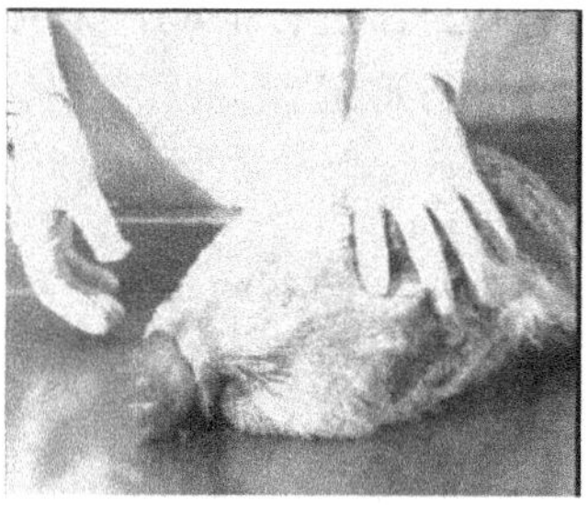

图 2-28 外部检查

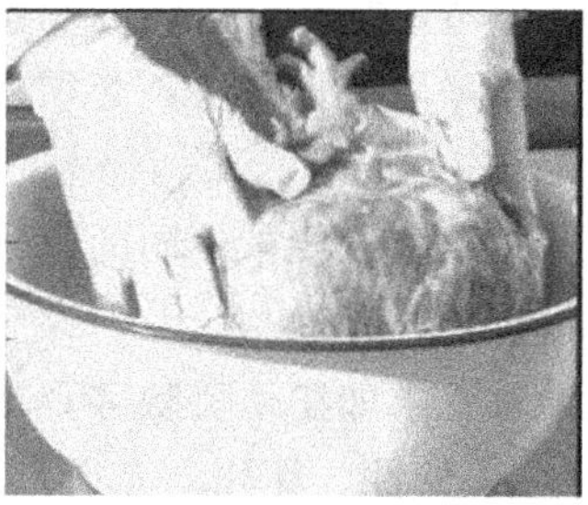

图 2-29 消毒

4. 内部检查

(1)剖开体腔

将尸体仰卧在搪瓷盘内，切开大腿与躯干连接的皮肤，用力将两大腿向外下翻压直至两髋关节脱臼，使鸡体背卧位平放于磁盘上。拔掉颈、胸及腹部的羽毛，观察皮肤的色泽和性状，由喙角沿颈下体中线至泄殖孔前做一纵切线(图 2-30)，再在泄殖腔前的皮肤做一横切线，向两侧剥离皮肤，进行皮下组织检查，观察皮下组织色泽、有无充血、肌肉丰满程度和色泽等。并观察龙骨有无变形和弯曲，检查嗉囊是否充盈食物、内容物的数量和性状等。皮下组织检查后，在后腹部腹壁横行切开，在切口的两侧分别向前用骨剪剪断两侧肋骨、乌喙骨及锁骨，然后握住龙骨突的后缘用力向前上方翻压，并切断周围的软组织去掉胸骨，露出体腔(图 2-31)。

(2)观察气囊

剖开体腔后，检查气囊。气囊正常时透明菲薄，有光泽；如有混浊、增厚或表面被覆有渗出物或增生物均为异常。注意观察各脏器的位置、颜色，浆膜的状况，体腔内的液体数量和性状，各脏器之间有无粘连。

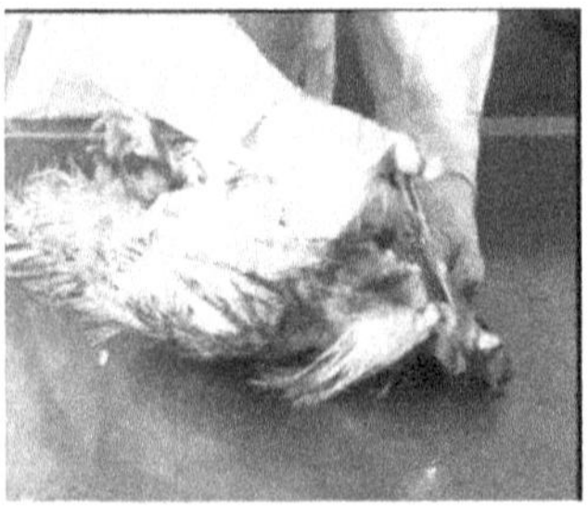

图 2-30　打开体腔

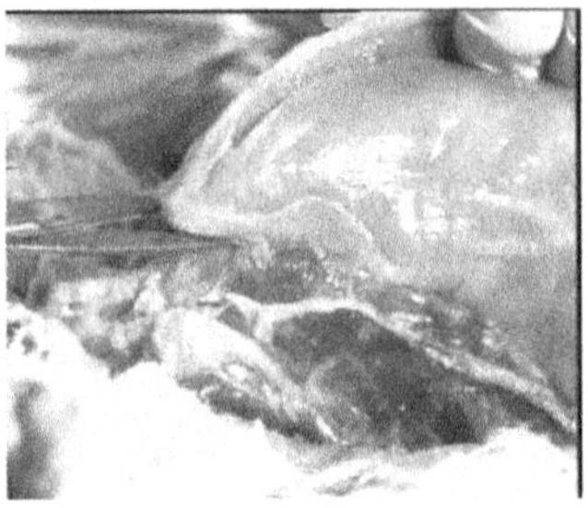

图 2-31　打开体腔

(3)摘出脏器

先将心脏连心包一起剪离(图 2-32)，再摘出肝脏(图 2-33)，然后将肌胃、腺胃、肠、胰腺、脾脏和生殖器官一同摘出，陷于肋骨间隙内及腰荐骨的凹陷部的肺脏和肾脏，可用外科刀柄剥离取出。并进行各器官的检查。

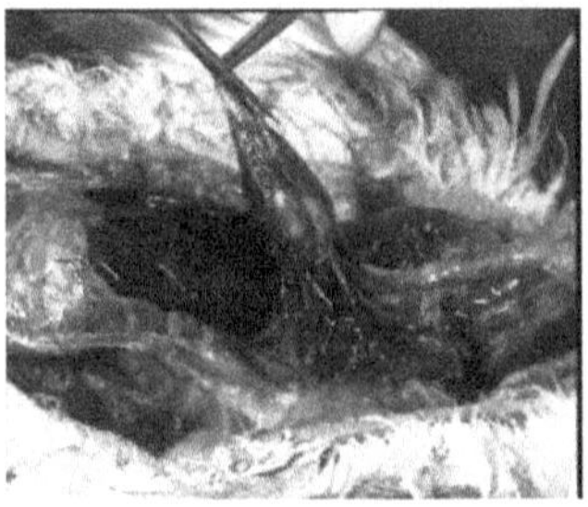

图 2-32　摘出心脏

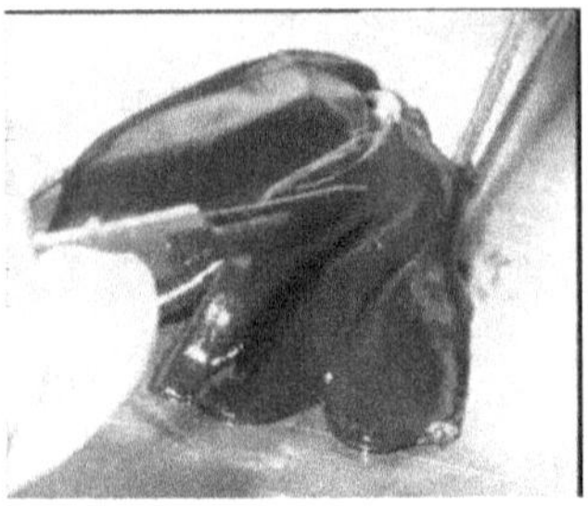

图 2-33　摘出肝脏

①检查心脏及心包：观察心包液的数量、色泽、透明度等。心脏外形有无改变，心外膜的色泽、有无附着物。沿纵沟左侧与纵沟平行做切开心脏，检查有无血栓、心内膜有无出血、梗死。

②检查肺脏：确定肺的体积(长、宽、厚)和外形，检查肺胸膜的颜色、光滑或粗糙情况、是否平坦、有无气肿、淤血、出血、肥厚和结节等。对异常部分要检查其体积、形状、色泽、硬度及弹性，然后对该部做切面检查。

③检查肝脏：测量肝的体积，检查肝的形状、边缘状况(钝或锐)和质度(硬或软以及是否脆弱)。观察肝的表面被膜是平滑还是粗糙、肝组织的色泽，有无淤血、出血、坏死及炎性渗出物等。检查胆囊，确定其充满程度，胆汁性状(色泽、浓度、透明性、有无沉淀或结石等)。

④检查胃肠：肌胃的剖开方法是用左手挟持住肌胃，使胃的下面(前胃入口和十二指肠入口的对侧)向外以外科刀切开肌肉壁，切时要注意勿伤及角质，然后用两手自切口将肌肉壁与角质膜剥离，剥离后再剪开角质膜和前胃，检查内容物的数量和性状。质膜的厚度和坚实程度，肌胃黏膜面有无出血和溃疡等变化，肌肉壁的色泽和硬度。检查腺胃内容物的性状、有无血液、黏膜状态、注意腺胃与肌胃交界处腺体状态和黏膜淋巴滤泡状态。剪开肠管，检查肠内容物含量及其性状，检查肠黏膜有无充血、出血、坏死及炎性渗出物等。采出直肠，同时检查在泄殖腔背侧的法氏囊是否肿大及有无充血、出血、坏死及分泌物等。

⑤检查生殖器官：检查睾丸、卵巢和输卵管的大小、形状、颜色，卵黄发育状况及有无充血、出血、坏死等病变。

⑥检查肾脏：注意观察输尿管有无尿酸盐蓄积。

(4)摘出颈部器官

先用剪刀将下颌骨和食道嗉囊剪开；注意食道黏膜的变化及囊内容物的数量、性状以及囊内膜的变化；再剪开喉头和气管，检查其黏膜及腔内分泌物。

(5)摘出脑

先用刀剥离头部皮肤，再剪除颅顶骨(图 2-34)，即可露出大脑和小脑(图 2-35)，然后轻轻剥离将前端的嗅脑，将脑下垂体及视神经交叉等部逐一剪断，即可将整个大脑、小脑摘出。检查脑膜及脑组织有无充血、出血、坏死性病变等。

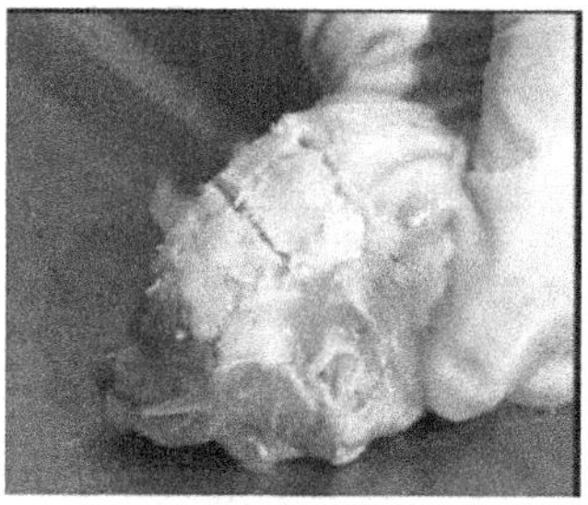

图 2-34 剪除颅骨

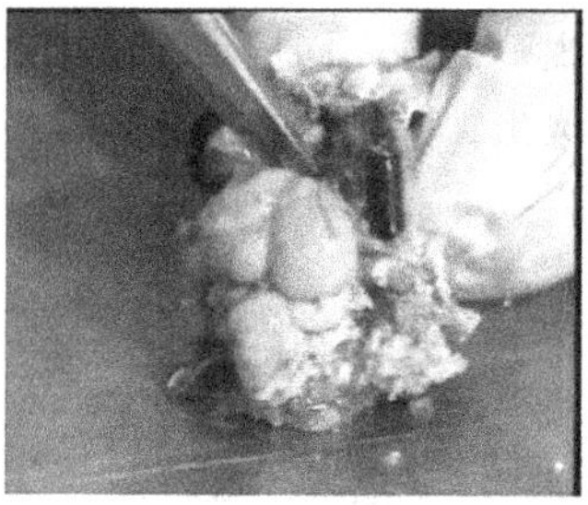

图 2-35 摘除脑

(6)检查外周神经

在大腿内侧，剥离内收肌，暴露并检查坐骨神经，观察两侧坐骨神经有无肿大增粗和肿瘤等病变。在脊椎两侧，分离肾脏，露出腰荐神经丛，观察两侧神经的粗细、横纹及色彩、光滑度。

二、猪的剖检

(一)外部检查

外部检查主要检查病猪的品种、性别、毛色、特征、体高和体长、营养状况、生前用途及尸体变化等(图 2-36)。

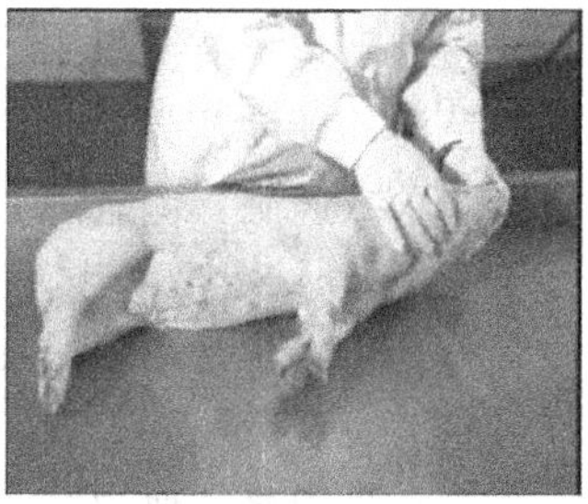

图 2-36 外部检查

1. 检查营养状态

观察动物的营养状况，瘦弱动物皮下脂肪极少，肋骨、脊柱、髂骨外角和坐骨等明显突出，被毛粗刚无光泽，眼窝内陷，严重衰弱动物的脂肪组织呈胶样萎缩。肥胖动物皮下脂肪及肌肉丰满发达，依动物的营养状态可判定为优良、不良、中等、肥胖和衰弱等。

2. 检查皮肤及皮下

触摸皮肤检查皮下有无气体，气肿时有捻发音，应弄清是生前变化还是死后的变化。若触摸皮肤时有捏粉样硬感时，表明皮下结缔组织有水肿。同时检查皮肤被毛有无光泽，皮肤有无创伤、溃疡、斑疹、有无充血和出血，皮肤厚度、硬度及弹性。

3. 检查全身

检查体表各部分，依次从头部开始，检查颈、胸、腹、四肢、背部、尾部和外生殖器。检查有无骨折、变形、赘生物、肿胀，蹄有无刺伤或钉伤等变化。

4. 检查天然孔和可视黏膜

天然孔是指口、鼻、肛门、阴道，可视黏膜是眼、鼻、口、肛门、阴唇、阴茎及包皮的黏膜。检查其开闭情况、颜色和湿度，有无分泌物或排泄物，有无损伤(出血、坏死、溃疡、糜烂、水疱及瘢痕等)。检查口腔时注意口角开闭情况、舌的位置、牙齿状况、齿龈及各部黏膜情况，在动物死后一般都呈现眼角膜混浊、瞳孔散大、眼球失去紧张力。

(二)内部检查

尸体取背卧位，首先将四肢腹侧与躯干相连的皮肤、肌肉等切断，但不能完全切离(图 2-37)，在背侧保留部分皮肤和肌肉与躯干相连，然后将四肢与躯干垂直放置。

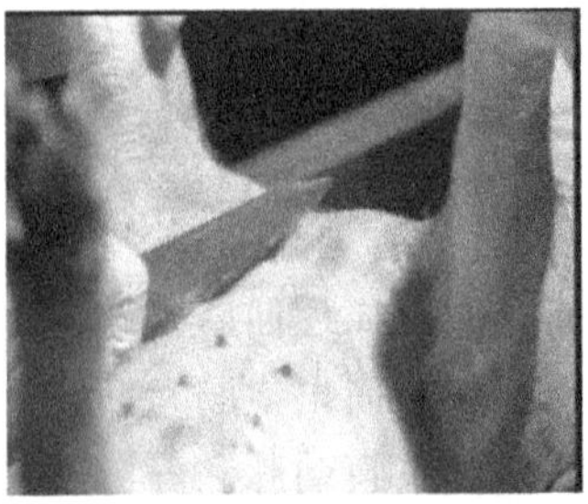

图 2-37　固定尸体

1. 剥皮与检查皮下组织

猪的剖检只剥离腹部皮肤。在剥皮过程中，除检查皮下有无充血、炎症、出血、淤血、水肿等病变外，还需检查体表淋巴结的大小、颜色，有无充血、出血、水肿、坏死、化脓等病变。检查皮下脂肪沉着量、性状和色泽，皮下组织湿润或干燥程度，肌肉的发育状况、色泽和性状，皮下各部淋巴结的大小、硬度、色泽和湿度及血液充盈情况和切面的状况，皮下血管充盈程度，血管断端流出的血液性状。遇有瘘管、溃疡、肿瘤及其他病灶时应检查其大小、深度和性状。切离四肢时检查肌肉、关节有无异常。断奶前小猪还要检查肋骨和肋软骨交界处，有无串珠样肿大。

2. 剖开腹腔

自剑状软骨沿腹白线侧方切开腹壁，直至耻骨联合，两侧腹壁自脐部与正中线垂直切至臁部，腹壁做十字切开，暴露全部腹腔器官。腹腔剖开时若腹腔内蓄有气体，做第一个切口时即有气体冲出，注意其气味，对腹腔的液体要测定其数量。检查其颜色、透明度、浓度、气味，有无异物(食物、粪便、寄生虫和脓汁等)，确定异物的数量、种类、性状，必要时做涂片或细菌培养检查。在未触动腹腔内器官之前，检查器官的位置有无变化，肠、胃、子宫等有无扭转、套叠和嵌套等变化，各器官的外观有无异常和粘连等。

3. 剖开胸腔

在胸腔剖开之前，检查胸腔是否真空。胸腔剖开后进行胸腔视检。用刀、针等刺胸骨，以检查骨的坚硬度和脆性。先剥去胸壁肌肉，用锯在两侧胸壁胸骨侧三分之一处白线后向前锯断肋骨，连同胸骨取下，则胸腔器官完全暴露出来。检查胸膜的色泽、有无出血、纤维素附着和粘连等。检查胸腔器官的位置、颜色、大小和彼此间的联系。为了避免器官摘出时易切破心包，可在胸腔视检后用手或镊子提起心尖部心包，用剪刀剪开一切口，然后用左手固定心包切口，右手伸入心包并抓住心尖稍提起，则可检查心包的情况，观察心包液的数量、色泽、透明度等以及心包壁层和脏层浆膜的情况。

4. 摘出颈部和胸腔器官

摘出头颈部器官时，检查咽喉头部有无异物和液体，观察其性状、大小和数量。颈部要检查静脉沟部有无血肿、化脓、硬结，特别是颈静脉和动脉有无穿孔、断裂及血栓形成等变化，对甲状腺及淋巴结也顺便进行检查。

颈部和胸腔的器官常一起摘出，用解剖刀在下颌部紧靠下颚骨内缘切入口腔，切断所有附着于颌骨的肌肉，直至下颌骨角，并切断颌骨大枝与中枝间的连接部，然后左手自切口伸入口腔，抓住舌尖向外拉引，用刀切开软腭，再切断一切与喉连接的组织，连同气管与食道一起取出直至胸腔入口。在胸腔入口处，用手向左右分离开纵隔，切断锁骨下动脉和静脉及肩神经丛，此时用左手握住颈部器官向后上方牵引，分离附着脊椎的组织，在膈部用刀切断食道、后腔静脉和动脉，剥离开心包与胸骨的联系，则将颈部和胸腔器官全部摘出。

5. 摘出腹腔脏器

(1)摘出网膜和脾脏

在左季肋处摘出脾，再将网膜从附着部切除。

(2)摘出肠管

用手提起盲肠就见到回肠韧带和回肠。将回肠在距盲肠入口约 20 cm 处做双重结扎切断。左手抓住回肠断端，右手用刀逐渐向前分离小肠肠系膜。直至胰脏部将十二指肠双重结扎切断摘出空肠和回肠。然后用手指自结肠剥离下胰脏，再用左手牵拉结肠和盲肠，切断前肠系膜动脉和静脉及其他联系，至直肠末端结扎切断直肠摘出大肠。其后摘出胃和十二指肠。

(3)摘出肝脏

用左手持肝的左叶，切断与膈相连的左三角韧带，移开肝左叶下缘，切断镰状韧带和圆韧带，再切断后腔静脉及左右冠状韧带，最后切断右三角韧带及肝肾韧带，则摘出肝脏，并随同摘出胰脏。

(4)摘出肾脏和肾上腺

先摘除左肾，分离肾周围组织，自断肾门部的血管和输尿管，则取出左肾和左侧肾上腺。用同样方法取出右肾和右侧肾上腺。

(5)摘出骨盆腔器官

锯断左侧髂骨体、耻骨和坐骨的髋臼枝，取出锯断的骨体，则露出骨盆腔，然后用刀切断直肠与骨盆腔上壁的联系，切离子宫与卵巢，再由骨盆腔下壁切断与膀胱、阴道及生殖器官的联系，将骨盆器官一并取出。

(6)剖开颅腔和摘出脑

在第一颈椎处将头与躯体分离，将脑颅部肌肉剥除，先沿两颧窝前缘横锯额骨；在距第一锯线后 2 或 3 cm 再锯一平行锯线；后自第一锯线中心点向两侧颧弓上缘各锯一线；最后自颧弓至枕大孔两侧各锯一线。各锯口不宜过深，以免锯碎脑髓。用凿子和锤子撬去锯线间的额骨，再将凿子伸入锯口内，用力向后上方撬开颅盖，则露出脑(图 2-38)。

左手用镊子提起硬脑膜(图 2-39)，右手持外科刀或小剪刀沿骨的锯线切断硬脑膜和小脑膜，自前向后切离大脑，取出硬脑膜。然后把左手食指轻轻插进骨与大脑前叶之间，从颅底把大脑前部(额叶)轻轻提起，用外科刀由筛骨窝剥离出嗅球。将脑轻轻从前后上方提起，在视神经交叉前面切断视神经(交叉连于脑上)及其他神经(外展神经、三叉神经、面神经、听神经、舌咽神经、迷走神经、舌下神经)，然后用左手托住大脑两半球和小脑，就将大脑、小脑、延脑和脊髓的基部一并取下。

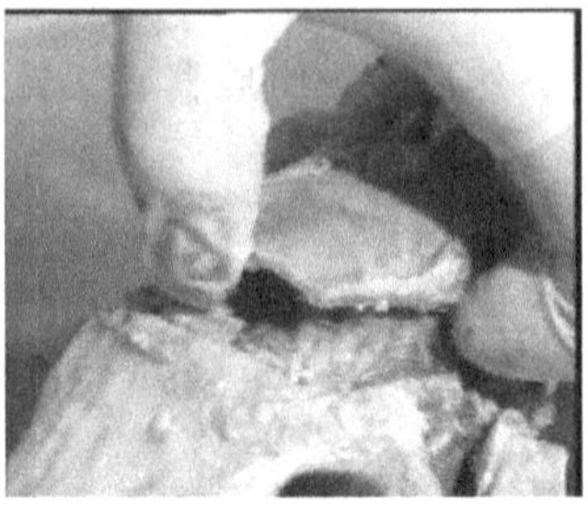

图 2-38　颅腔打开

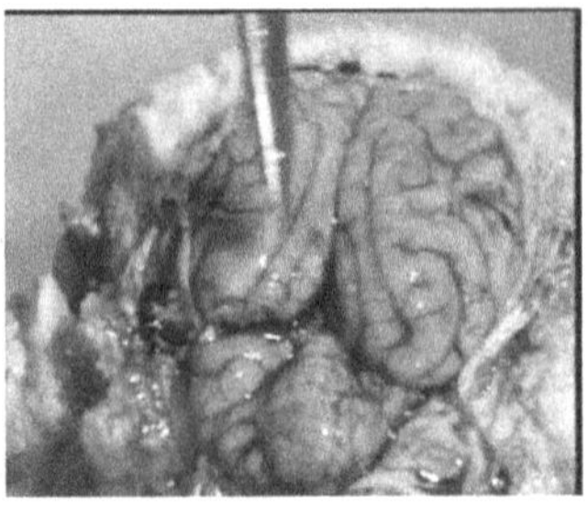

图 2-39　脑的摘除

(7)剖开鼻腔

用骨锯沿正中线纵轴锯开，切去鼻中隔，则可见到鼻骨和筛骨。鼻腔剖开也可将头部横轴切断，一般是在下颌的第一臼齿前方锯断。检查鼻腔和副鼻窦，先检查鼻中隔，注意血液充满程度和黏膜形态，然后依次检查鼻道、筛骨迷路、蝶窦、额窦、齿龈、牙齿和硬颚及鼻甲等各部的形态、内容物的量和性状等。

(8)检查器官

对摘出器官的检查，一般多在颈部、胸腔和腹腔器官摘出后一起检查，包括以下内容。

①器官的位置：各器官都有一定的位置或移动范围。若发现位置异常，多数属于病理变化，对异常的位置及其与所在部的器官组织之间的关系应进行详细的检查。

②器官的体积：各种器官体积各有一定大小，依个体的大小和特点、血容量及年龄等不同有较大的差异，对实质性器官测量其重量、长度、宽度和厚度。为了判断器官是肿胀或萎缩，可根据器官边缘和切面的状态，正常时器官的边缘(锐缘)有一定的厚度(锐度)，肿胀时因边缘增厚而变钝圆，萎缩时则变薄而锐利，正常时器官的切面一般都是平坦的，肿胀时切面膨隆，萎缩切面向内凹陷。

③病灶：当器官内有局灶性病理变化时，要确定病灶的位置和大小，用米尺测量，也可用规格较固定的日常用品来比拟(如粟粒、米粒、黄豆、莱豆、麻籽、豌豆、核桃、鸡卵、拳头等)。检查病灶与周围组织的关系，如界限是否明显、有无包囊形成及病灶的性状、色泽、形状和硬度等。

④器官的色泽：新鲜而健康的器官都有一定的色泽，发生病理变化时，往往呈现异常色泽，或表现为全面的或为局部性的改变。

⑤器官的形状：各器官均有基本形状，形状的改变多属病理变化。

⑥器官的硬度：各器官的硬度不一，可发生不同的改变。

⑦器官的被膜状态：器官的被膜多为浆膜，一般都光滑。当器官肿大被膜紧张，萎缩时被膜松弛或呈现皱纹，还可见到被膜增厚(局部或全面)，粗糙(如纤维素性炎时)、有绒毛附着、结节形成、瘢痕和梗死灶等变化。

⑧腔性器官：心脏、气管、胃肠、膀胱和子宫等腔性器官的体积，不能单纯以大小(粗细)为标准，因为其扩张时容积增大，有可能是衰竭的表现。腔性器官要检查内径和壁的厚度、内外面的性状、内容物的数量和性状等。

⑨气味：当器官或组织发生某些病理变化时，可产生一定的气味，故在检查时应依具

体情况加以识别。

各器官的检查顺序一般先检查颈部和胸腔器官，然后检查腹腔器官，胃肠道大多放在最后进行检查。

①检查舌：检查舌黏膜的状态和硬度，是否有附着物(黏液、薄膜等)、充出血、损伤(缺损、瘢痕、溃疡和水肿等)，然后沿舌正中线做一纵切和数个横切口，检查黏膜和肌层组织的状态。

②检查软腭：检查扁桃体黏膜的隐窝状态、色泽和硬度，淋巴滤泡是否肿胀、有无化脓、干酪化及瘢痕形成等变化。

③检查食道：用肠剪剪开食道，检查咽和食道黏膜的性状，咽扁桃体有无肿胀、坏死和化脓等变化，食道内容物的数量和性状，黏膜有无损伤、瘢痕、食道壁的厚度、有无扩张及憩室或狭窄及其程度。

④检查心脏及血管：检查心脏外形有无改变，有无心腔扩张，心肌硬度。测量心脏的方法是，长度由大动脉起始部到心尖，宽度按心冠状沟部测量，必要时要确定心脏各部分的大小，如左心室、右心室的高和宽。检查心外膜的色泽、有无附着物，心冠脂肪沉着量和色泽以及有无胶样萎缩，脂肪及外膜有无出血、瘢痕等。

切开心脏的方法是在纵沟左侧与纵沟平行做切口，直至肺动脉起始部，检查肺动脉半月瓣，右心房及右心室的内膜和乳头肌。沿前纵沟右侧平行切开直到大动脉的起始部，检查大动脉半月状瓣、心内膜及乳头肌，然后将心脏翻转过来，沿舌纵沟的左侧与右侧切开，与前两切口相连，然后检查左心与右心的房室瓣与心内膜。

心腔切开后，检查心脏各瓣膜有无肥厚或缺损、有无血栓形成、瓣膜孔有无狭窄或扩张，检查腱索的粗细，有无断裂情况。心脏各腔的容积、壁的厚薄、心肌的色泽、质度以及有无出血、瘢痕和梗死灶等变化，最后将心脏与肺切离。

⑤检查气管及支气管：剪开喉部的软骨、杓状软骨和环状软骨，继续沿背侧剪开主气管及两侧基础支气管干。将两手拇指插入喉腔内，向两侧用力剪开的喉角软骨和杓状软骨，并向外翻转，则喉腔完全暴露。观察喉、气管及支气管干黏膜有无充血、出血、肿胀、薄膜、溃疡和瘢痕等变化，检查黏膜的色泽以及腔内容物的数量、性状、色泽和有无泡沫。注意检查支气管及纵膈淋巴结的变化。

⑥检查肺脏：切断基础支气管干，将肺脏的上面(穹隆面)向上放置。确定肺的体积(长、宽、厚)和外形，检查肺胸膜的颜色、光滑或粗糙情祝、是否平坦、有无气肿、有无出血、肥厚和结节情况等，用手触摸各部的硬度和含气量。对异常部分须检查其体积、形状、色泽、硬度及弹性，然后切开该部做检查(图 2-40)。

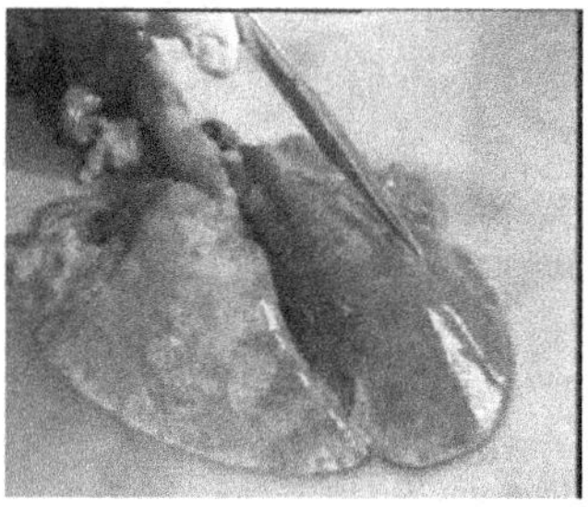

图 2-40 肺脏检查

外部检查后，做横向和纵向切口，检查肺实质、结缔组织和支气管及血管的状态，检查肺组织的血液含量、色泽、湿度和硬度，观测间质的宽度、色泽、湿度、硬度、有无气泡或液体、血管充盈程度和有无血栓，观察支气管状态、支气管腔内容物的性状，有无食物、药物、寄生虫及其他异物。检查血管和支气管时可用剪刀将其剪开，用手触摸各切面肺组织，遇有异常病灶(结核、肺炎和坏死等)，要详细确定其发生部位、形状和性状。对病灶可切取小块投入清水中，如含有气体则浮出水面，若深入水底，为肺炎或无气肺。

⑦检查脾脏：称取脾脏重量，将脾门侧向下放置，测量其长、宽及厚度，在全身营养状态良好和消化食物时脾体积增大，与血液含量有关，即含血量多时体积增大(图 2-41)。

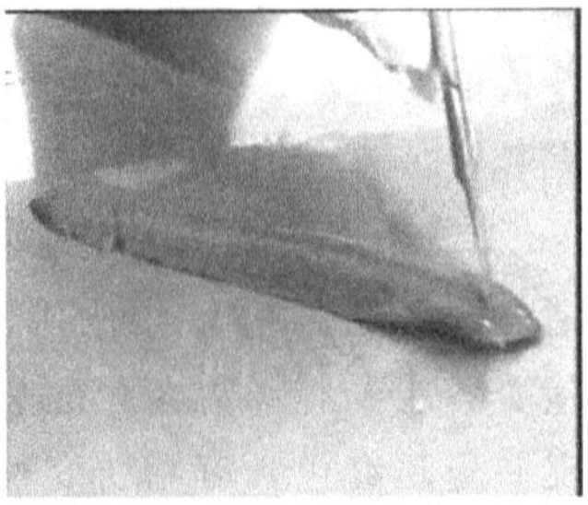

图 2-41　脾脏检查

检查脾的外形和质度(硬或软)，被膜的色泽、光滑或粗糙、有无纤维素附着或粘连、紧张或弛缓，被膜有无破裂、变色、出血、瘢痕及结节等变化。然后做一个纵切口检查脾切面的色泽、含血量、湿润或干燥、坚硬或柔软等。检查脾髓、滤泡和小梁的状态和比例关系。当脾髓增生时，切面呈暗红色颗粒状膨隆。用刀背斜放于脾新鲜切面上轻轻擦过，检查刮取物的数量(所谓擦过量)和性状，正常时可刮下少量脾髓组织和血液，脾萎缩时擦过量极少，而当脾髓增生和充血时擦过量多且浓稠。观察白髓的大小、数量和辨识的难易。脾小梁是否可见(萎缩时小梁清楚可见)。还要检查有无坏死或梗死、出血、化脓、结节等变化，脾门淋巴结的状态。

⑧检查肝脏：称量肝的重量和测量肝的体积，检查肝的形状，边缘状况(钝或锐)和质度(硬或软以及是否脆弱)(图 2-42)。

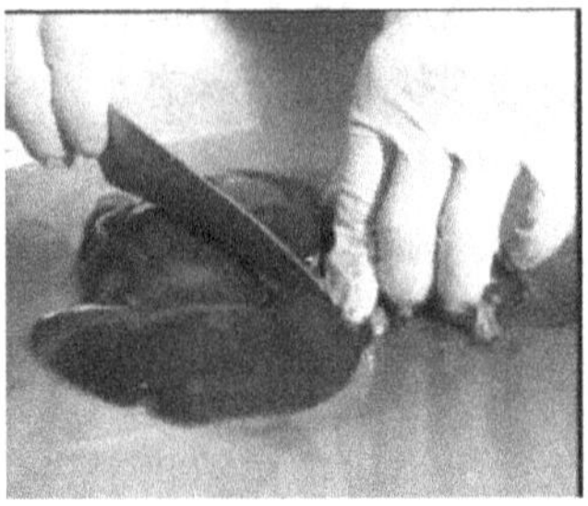

图 2-42　肝脏检查

观察肝的表面被膜是平滑还是粗糙，猪肝表面常发生局灶性被膜肥厚(结缔组织斑)，检查肝表面的色调是否均匀，因肝被膜菲薄透明，故自表面可清楚见到被膜下的肝组织(小叶像)的景象轮廓。然后贯穿肝左叶和右叶做一横切口，必要时再做补充切口，观察自血管断端流出血液数量和颜色，以及血管和胆管的状态，观察肝组织的色泽(正常肝组织为红褐色、黄褐色，有黄疸则带绿色，脂肪变性时呈黄色，有含铁血黄素沉着则带褐锈色)。切面是否平坦、有光泽或晦暗情况、质度(硬、软或脆弱)，有无结节、坏死或瘢痕等局部变化。

在切面上要检查肝小叶的情况，正常肝脏以猪的小叶像最清楚，要检查小叶的大小、小叶中心部与周边部的色调是否一致，中央静脉是否有淤血。观察肝小叶是否有变化，剖检仔猪时要特别注意肝小叶内有无副伤寒结节，必要时用放大镜协助检查，检查肝小叶与小叶间质的比例。

⑨检查胆囊和胆管：确定其充满程度，胆汁性状(色泽、浓度、透明性、有无沉淀或结石等)，检查黏膜状态、肝淋巴结的性状。

⑩检查胰脏：检查胰的形态、大小、色泽、质度和重量。做切口检查血液充满程度，切面的色泽、质度以及组织景象。胰脏最早出现死后变化，此时胰呈红褐色、绿色或黑色，极度柔软，甚至呈泥状。

⑪检查肾上腺：确定其形状、大小和重量，在切面上检查皮质的厚度及其与髓质的对比关系，检查各部的色泽、质度，有无局灶性变化。

⑫检查肾脏：先检查左肾，首先检查脂肪囊的脂肪沉着量，有无出血和脂肪坏死。然后将脂肪囊剥离，称量肾的重量和测其体积。将肾门向剖检者平放于桌上，用左手手掌固定住，以长刀沿肾的外缘(凸侧)与桌面和手掌中间平行切入，切口将肾等分为两半，但切至肾

门部应保留部分软组织相连，用镊子夹住切口部的纤维膜进行剥离，此际注意剥离的难易，是否有肾组织被撕裂现象。观察肾表面的色泽、质度和形状，平坦有光泽还是凸凹不平，或呈颗粒状，有无出血、坏死、化脓和瘢痕等病灶(图 2-43)。

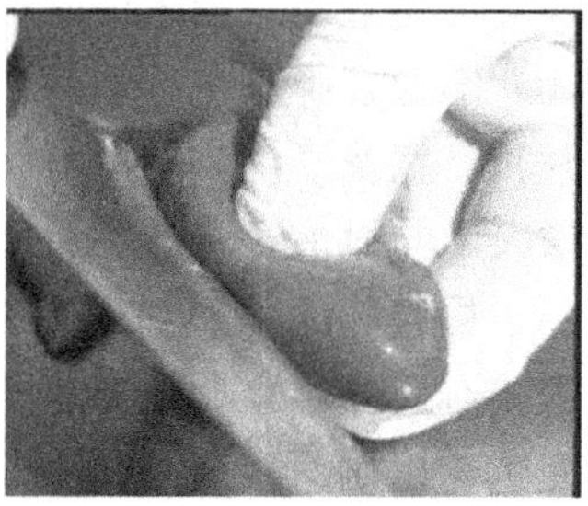

图 2-43　肾脏检查

检查切面时一般首先观察三界(皮质、髓质和中间)是否清楚、各层的色泽和比例，特别是皮质部是增厚还是变薄。检查各层的组织景象(清楚或不清楚)、色泽和质度。淤血时皮质呈暗红色，有脂肪变性时呈黄灰色有光泽，污灰色混浊似煮熟状者为颗粒变性。在侧射光照下观察肾切面上的肾小体景象，正常时呈灰红色小点，当肾小体血管充血或小球出血时，呈红色颗粒状，而且体积增大。髓质除检查色泽、质度和组织景象外，要检查肾椎体的形状、乳头大小以及有无盐类(结石、尿酸盐等沉着)。外检查肾各部有无化脓、出血等病灶。用剪刀剪开肾盂，检查其内容物的性状、数量和黏膜的状态。

⑬检查膀胱：自膀胱基底剪开至尿道口上端，检查膀胱内有无结石、液体的量和性状，然后翻转膀胱内腔，检查黏膜的状态、有无出血和溃疡等变化，剪开输尿管检查内容物的性状和黏膜状态。

⑭检查阴道和子宫：沿阴道上壁正中剪开阴道，再沿正中线剪开子宫颈和子宫体的大部分，然后斜向两侧剪开子宫角部。依次检查各部内腔的宽阔度、内容物的性状、黏膜状态(色泽、硬度、湿润或干燥，有无溃疡、破裂和瘢痕等)，剖开妊娠期的子宫时，应检查胎儿状态、羊水、胎膜、脐带、胎衣等，必要时进行胎儿的剖检。检查输卵管和卵巢的形状、大小、结构和状态等。

⑮检查公畜生殖器：剪开鞘膜腔，观察其中液体的数量，是否混浊，测量睾丸的大小和重量，用左手固定睾丸，将睾丸一同切开，检查切面上本鞘膜的厚度，观察睾丸及附睾切面的色泽、硬度和湿润度，注意睾丸血液充满程度，检查有无局灶性出血、化脓、结节、干酪化、附睾瘢痕及其他变化。检查包皮及阴茎龟头有无肿胀、溃疡、瘢痕及其他变化。用探针检查尿道的通过性，以扣状剪插入尿道腹侧中线剪开，检查尿道内容物的数量和性状，尿道黏膜状态，可做数个横切口检查阴茎海绵体。检查前列腺、精囊和尿道球腺，确定其大小、外形和硬度，切开后检查切面状态和内容物性状。

⑯检查脑：观察脑的外部状态，分布的神经和血管情况，检查脑各部的硬度、脑回状态等，然后称其重量和测量体积大小。

脑底朝下，枕叶朝向剖检者放置。用手分开大脑两半球至胼胝体。剖开脑时所用的脑刀，每切一次都要先用酒精或水冲洗刀面，以免脑质粘着刀上致切面不平滑，用脑刀先在胼胝体的左方向左做一水平切面，继而在胼胝体的右方向右做一同样的切面，切时刀刃要微向下斜，不要太平，以免切破基底神经节。取下切面上的脑后，用小刀将其下面两侧脑室上的脑白质削去，使侧脑室之前后角完全暴露出来，再沿侧脑室脉络膜之前端找出室间孔，用小刀插入该孔将刀刃向前上方切开胼胝体在胼胝体内由前向后转，并从后部切去胼胝体，则第三脑室全部暴露。在此切面上可检查侧脑室、尾状核、海马角和大脑导水管等，必要时再做补充切面。然后沿中线切开小脑蚓部，分开小脑半球，剖开第四脑室底并进行检查。

在剖开脑过程中，注意检查脑实质状态，有无水肿，白质和灰质的色泽，各部的硬度，血管血液充满程度，有无出血等。如有血肿、囊泡、脓肿和寄生虫应观察其形状、大小及部位。最后检查脑垂体，检查其大小、重量、色泽、外形和硬度等。

⑰检查脊髓：取出脊髓后，沿脊髓前后正中线剪开硬脊膜，在脊髓上做多处横切面，检查各部的变化。

⑱检查肌肉、关节、腱鞘和腱：肌肉的检查特别注意旋毛虫和住肉孢子虫的检查。在剖检时注意检查肌肉的外观、色泽和弹性。关节着重检查关节液的数量和性状，弯曲关节检查关节囊和关节面的状态，腱鞘和腱检查其色泽、硬度、有无断裂或愈着等。

⑲检查骨和骨髓：外部检查时骨骼有局部性损伤或全身性变化。对损伤局部的肌肉和血管等检查完可剥去，观察骨的外表状态。然后检查损伤部位骨质情况，必要时锯开骨骼观察其切面情况。如出现全身性骨质变化，除对骨的外形和锯断面进行一般观察外，应取病料进一步进行组织学检查。

骨髓的检查对血液病有重要意义，一般检查四肢的长管状骨骨髓(多检查后肢的股骨)。切除附着在骨上的肌肉，切断关节后，沿骨正中线纵轴锯开，则骨髓完全暴露出来，将锯口表面的锯屑除净后，检查骨髓的色泽、性状，特别是红色骨髓与黄色骨髓的性状和分布关系，必要时应取小块骨髓做组织学检查。

⑳检查胃和十二指肠：观察胃的形状、容积、浆膜状态及胃壁的硬度和厚度，然后用肠剪从贲门到幽门沿大弯剪开，并继续沿肠系膜附着的对侧剪开十二指肠。检查胃内容物的性状(气体、液体、半流动体和固体，其中有无血液、胆汁及其他异物)、重量，必要时可称量内容物和测定胃内容物的酸度。检查胃壁的厚度，黏膜的性状、色泽、充血程度、光滑或粗糙、有无出血和溃疡等变化。十二指肠检查黏膜状态、内容物性状。

㉑检查肠管：把肠管拉直，先剪开小肠，自空肠开始沿肠系膜附着部剪开至回肠末端，在剪开肠管过程中，随时注意观察肠各部内腔阔度、内容物的性状和数量、黏膜状态，遇有病理变化就暂停剪开进行检查。然后自小结肠结扎端插入肠剪，沿肠系膜附着部剪开大结肠，剪开盲肠直至盲肠尖。检查肠内容物的性状，特别是内容物的数量、硬度、干湿度、黏膜有无肿胀、肥厚或变薄、有无出血、薄膜、溃疡、瘢痕等。要注意检查集合淋巴滤泡和孤立淋巴滤泡的状态。

猪的大结肠剪开之前，要先切开肠系膜的联系，并检查肠系膜和淋巴结的状态，然后将肠管摆直，进行剖开检查。用同样方法剖开和检查小结肠和直肠。

三、羊的剖检

羊的尸体剖检，通常采取左侧卧位，以便于取出约占腹腔3/4的瘤胃。

(一)致死病羊

在颈静脉沟找到颈静脉或在其深部找到颈动脉，将其剪断或切断放血致死，让血液尽可能流完，不要污染其他组织。

(二)检查外表

外部检查是指在剥皮前对患病动物尸体外表的检查。其检查内容包括：登记动物的基本信息(畜别、年龄、品种、体征以及疾病过程中表现、用药情况等)，体态检查(胸围、腹围、皮肤及被毛、各天然孔及可视黏膜、四肢活动性、营养状况、尸征等)(图2-44)。

1. 检查天然孔

检查口、鼻和眼等有无分泌物及其数量与性状对判断是否具有炎症有重要意义。检查可视黏膜的颜色，如贫血时苍白色，炎性充血时潮红，淤血时蓝紫色或青紫色，黄疸时黄色，病危时紫黑色等异常变化。视检泄殖孔的状态，注意泄殖腔内黏膜的变化、内容物的性状及其周围的被毛有无粪便污染等。如动物患肠炎时，局部皮肤受到粪便的污染。

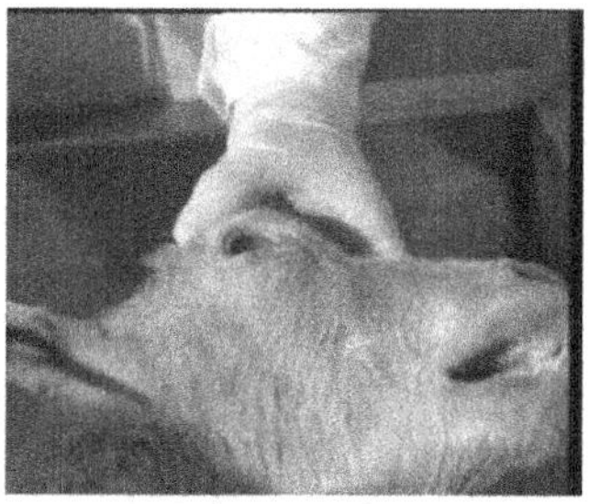

图 2-44 检查眼结膜

2. 检查皮肤

视检被毛是否完整，如局部有皮疹、痘疮等炎症时可能使被毛脱落。检查皮肤是否突起，如血肿、脓肿、水肿、淋巴外渗、疝、炎性肿胀等病变。

3. 检查关节

关节有无肿胀。如关节炎时，关节及其周围的组织发生炎性肿胀。

4. 检查体态

骨骼显露程度，腹围大小。腹围变大，可为瘤胃积食、腹腔积液等。

5. 检查尸体

对尸体进行剖检还应检查尸体的特征，如根据尸冷来判断死亡的时间，根据尸僵的情况判断动物死亡时是否出现败血症，根据尸斑判断动物的躺卧位置。

(三)消毒

剖检前用消毒液(来苏儿)将尸体表面进行浸湿，消毒。

(四)检查内脏

因反刍动物内脏器官结构的特殊性，对牛、羊等反刍动物进行剖检时，内脏器官不能统一摘除。对羊进行剖检的顺序如下。

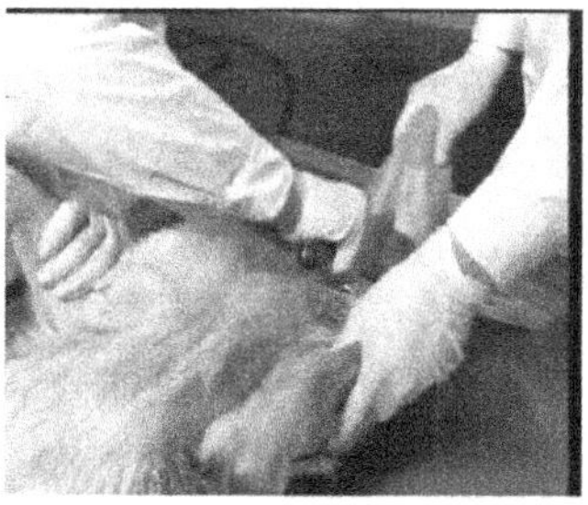

图 2-45 剥皮

1. 剥皮和检查皮下组织

剥皮时，将尸体仰卧保定。从下颌部(图 2-45)、颈部、胸腹正中线将皮肤切开，至脐部后遇到生殖器官或乳腺时做环切，汇合后切至尾根部。再沿四肢内侧向腹中线垂直切开皮肤，在球节部做环切。然后沿切开的皮肤对羊进行全身皮肤剥离。对死亡原因不明的动物，一般不草率剥皮，尤其是患传染病的反刍动物。在进行剥皮时，同时检查皮下组织的情况(皮肤的弹性，皮下脂肪的多少、肌肉的体积及颜色、充血、淤血、出血、渗出物，肿块等异常变化)。

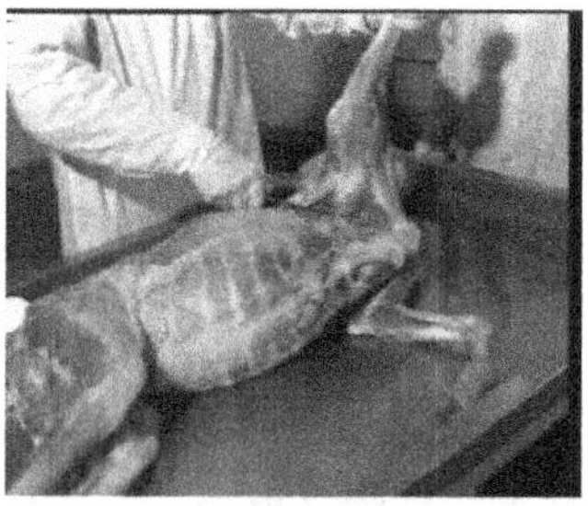

图 2-46 左侧卧保定

2. 打开腹腔及其摘除腹腔脏器

剥皮后将羊左侧卧(腹腔内瘤胃占有较大体积)，然后将羊的右前肢和右后肢分离切除(图 2-46)。切除前肢的方法是将前肢向背侧牵引，切断固定前肢的肌肉和结缔组织后前肢就与动物体分离了；切除后肢的方法是将后肢向背侧牵引切断关节外周的肌肉和韧带，主要将坐骨结节分离，使右后肢与动物体分离后，完全暴露右胸部和右腹部。

(1)打开腹腔

首先切除该羊的乳腺(公畜切除生殖器)，然后自剑状软骨部沿肋骨弓后缘切至肷窝，从肷窝沿髂骨体切开腹壁至耻骨前缘，将切开的腹壁翻转入腹下。同时观察腹腔内脏器的位置、形态、变化；腹腔积液、腹膜充血、淤血、出血、水肿等腹膜炎症变化。

(2)摘除腹腔器官

剖开腹腔后，可以见到网胃、肝脏、胆囊、皱胃、盲肠，其他器官大部分被网膜所覆盖。先摘除网膜，再依次摘除小肠、大肠、胃、脾、胰、肝、肾和肾上腺。

①摘除网膜：检查网膜的有无异常变化(充血、淤血、水肿)，将网膜完整摘除。

②摘除空肠和回肠：找到盲肠的盲端，沿盲肠体向前在回盲韧带处找到回肠，距盲肠约 15 cm 处做双重结扎，在两结扎中间切断肠管。沿回肠的断端牵引回肠，这时肠系膜呈现紧张状态，在接近十二指肠部切断肠系膜，并将肠系膜顺次剥离。在十二指肠升部的游离缘处做双重结扎，于两结扎之间剪断肠管，取出空肠和回肠。

摘除空肠和回肠的同时注意检查肠系膜的状态、淋巴结有无异常变化。检查淋巴结体积、颜色、质地、切面异常变化以及与周围组织的关系。如出血性淋巴结炎时，淋巴结呈红色，肿胀。

③摘除大肠：在骨盆腔内找到直肠，将直肠末端的内容物向直肠前段挤压，并在末端做结扎，在直肠末端剪断肠管，由直肠断端向前剪断直肠系膜，向后剪断与降结肠、横结肠、升结肠相连接的结缔组织、血管和神经，这时摘除大肠并进行检查。

④摘除胃、十二指肠和脾脏：找出瘤胃，用力将瘤胃向骨盆腔方向推送，暴露食管，在食管末端做双不完全环切(只切断肌层，保留完整的黏膜和黏膜下组织)，于环切处做结扎(图 2-47)。在结扎之间剪断食管。剪断瘤胃背部的结缔组织、脾膈韧带、分离十二指肠系膜，然后摘除胃、十二指肠及脾脏并进行检查。

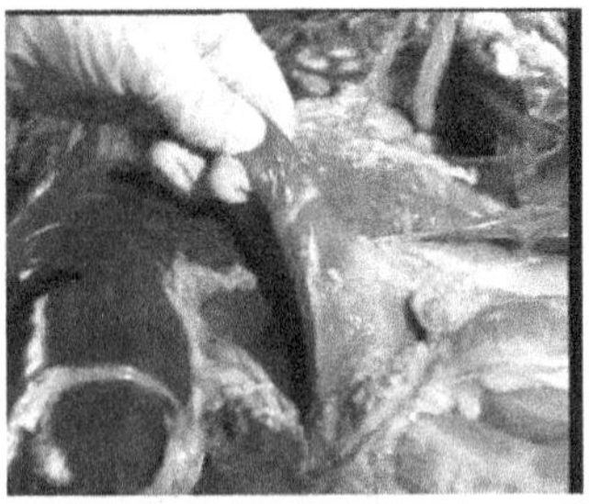
图 2-47　环切食管

检查胃肠体积的大小、内容物的充盈度、浆膜的颜色，与其他有无粘连，胃肠壁有无突起、破裂和穿孔等。检查胃时，先确定瘤胃、网胃、瓣胃、皱胃及十二指肠之间的关系，并将其平铺后，剪开十二指肠，沿真胃小弯剪开至皱胃与瓣胃交界处，再分别沿网胃和瓣胃大弯剪开，剪至瘤胃时沿瘤胃的背囊和腹囊剪开，沿食管右侧纵沟剪开。打开四个胃后，主要检查内容物的性状，是否有寄生虫、黏膜的情况。如创伤性网胃炎时，网胃壁会有创伤、异物；瓣胃阻塞时，内容物干固；皱胃炎时，黏膜有出血变化；肠炎时，黏膜呈现充血、出血、水肿等变化。

检查肠管，空肠、回肠、盲肠、结肠、直肠应分段进行检查。检查肠系膜淋巴结的情况。如患有某些传染病时淋巴结会出现炎症反应。沿肠系膜附着处剪开肠腔，检查肠壁的状态、内容物的性状。如肠道寄生虫病，在内容物中可以检查出虫体或虫卵。

⑤摘除肝脏和胰腺：剪断肝脏左叶的三角韧带及后腔静脉和右叶周围的三角韧带、门静脉、肝动脉，之后摘除肝脏，同时将胰脏一同摘除。也可随腔动脉、肠系膜一并摘出并进行检查。

检查肝脏的颜色、体积、被膜、表面有无其他异常表现；质地、切口的状态、切面的结构、渗出液情况。如肝内有寄生虫时，表面会有寄生虫结节突起；局部脓肿时，肝表面会有明显突起。

检查脾脏要视检脾脏的外观形态、质地和切口脾小梁、脾髓的结构特点和刮过量。如脾坏死，外表面会有明显的红色或灰色坏死灶；脾炎时，刮过量增多。

⑥摘除肾和肾上腺：首先检查输尿管的状态，剥离肾脏周围的脂肪囊，切断进入肾脏的血管和输尿管，之后摘除左肾和右肾并进行检查。同时摘除肾上腺，也可单独摘除。

检查肾脏的体积，被膜状况和颜色，切口情况，剥离被膜，皮质和髓质颜色、形态、比例。如肾萎缩，被膜有褶皱；肾肥大，切口外翻。肾炎，被膜不易剥离。

3. 摘除骨盆腔脏器

首先，锯断髂骨体，并锯断耻骨和坐骨的髋臼支，将锯断的骨体摘除掉，骨盆腔即打开。然后，切断直肠连接骨盆腔的结缔组织。母羊还要将子宫和卵巢切离，再将膀胱颈、阴道和生殖腺切离。最后，切断附着于直肠的肌肉，将肛门、阴门做环形切离，取出骨盆腔脏器并进行检查。

4. 打开胸腔及摘除胸腔脏器

(1)打开胸腔

首先，检查肋骨和肋骨与肋软骨结合部的形态是否异常。剪断膈与右季肋的连接，露出右侧的胸腔，锯断右侧肋骨与胸骨和胸椎的连接，只留第一肋骨，摘除锯断的肋骨暴露整个胸腔。

同时检查胸膜的状态(颜色、充血、淤血、出血、水肿、粘连)、胸腔内液体的性状(量的多少、是否浑浊)。

(2)摘除胸腔器官

①摘除心脏：在心包右侧剪十字形切口，食指和中指插入心包腔，将心尖提起，同时检查心包液的量和性状，切断心基部的血管，摘除心脏并进行检查。

检查心冠脂肪量及其异常性状；心脏体积有无变化；心外膜颜色(充血、出血)；心内膜、心瓣膜是否光滑，有无变形、增厚；心肌的色泽、质度、心壁的厚薄等。如心冠脂肪的出血、水肿；心肌脂肪变性时，心内膜、心外膜会有虎斑心的变化。

②摘除肺脏：将纵膈与背侧部的联系切断，检查胸腔。从纵膈的后部至前部切离到胸腔前部时，再将气管、食管和前腔动脉切断，然后沿气管断端将肺脏摘除并进行检查。

检查肺脏的大小、颜色、重量、质地、被膜有无明显的变化，支气管内黏膜的颜色及表面渗出物的性状，切面的结构特点，同时把肺叶形态特征进行对比。如支气管炎时，支气管内渗出物增多；小叶性肺炎时，病灶区与正常区会有明显区别。

③摘除腔动脉：从前腔动脉至后腔动脉的最后分支部，沿胸椎、腰椎的下面切断肋间动脉，即可将腔动脉和肠系膜一并采出并进行检查。

5. 打开口腔及摘除颈部器官

先切断咬肌，并在下颌骨的第一臼齿前锯断左侧下颌支，再将下颌支内面的肌肉和后缘的腮腺、下颌关节的韧带及冠状突周围的肌肉切离，摘除左侧下颌支用手握住舌头，切断舌骨支及其周围组织，顺次切断喉、气管和食管的周围组织的联系，一直至胸腔入口处，打开口腔及摘除全部颈部器官并进行检查。

6. 摘除脑组织

沿环枕关节切断颈部，将头部单独摘除。除去剩余的下颌骨体及右侧下颌支，切去颅顶部附着的皮肤和肌肉，将顶骨锯除(沿两眼的后缘用锯横行锯断，再沿两角外缘与第一锯相接锯开，用力使顶骨与头部分离)，暴露颅腔，检查颅腔内液体的性状，脑膜的情况，如颅腔积液，脑血管充血。摘除大脑。检查脑组织实质有无异常，如脑组织坏死。

7. 打开鼻腔

沿鼻中线两侧纵行锯开鼻骨、额骨，暴露鼻腔、鼻中隔、鼻甲骨及鼻窦并进行检查。

8. 摘除脊髓

剥去椎弓两侧的肌肉后，凿(锯)断椎体，暴露椎管，切断脊神经即可摘除脊髓并进行检查。

以上是对羊的剖检的术式，是较系统的剖将方式。羊虽是反刍动物，从形体上与其他的反刍动物(牛等)还是有很大差别，在实际工作中，可根据具体的情况有侧重点地进行剖检。

四、犬的剖检

(一)致死病犬

如剖检的是活犬，在剖检前将其致死。为了保证病理状态的完整性先将犬吊在专用保定栏上(用直径是 2 cm 左右的保定绳做活结的套，套在犬的颈部，绳套稍微紧一些，避免滑套，绳套的另一端绕过保定栏的横梁，将犬吊起适合剖检的高度，固定保定绳)。对四肢系部做环切，切断动脉和静脉放血致死。

(二)检查外表

1. 登记

登记包括畜别、年龄、品种、体征以及疾病表现、用药情况等基本信息。

2. 检查活体

检查精神状态、营养情况、体态和姿势、被毛及皮肤、天然孔及可视黏膜。

(1)天然孔的检查

如眼分泌物增多，可见于眼炎；黄色、黏稠性眼屎，可见于化脓性角膜炎，还可见于犬瘟热。

(2)皮肤的检查

皮肤发红或伴有局部脱毛，见于局部皮炎、荨麻疹或疥螨病等。

(3)检查各关节

关节有无肿胀。如关节炎时，关节及其周围的组织发生炎性肿胀。

(4)检查体态

骨骼的显露程度，腹围的大小。腹围变大，见于腹腔积液、腹膜炎等。

3. 检查尸体

检查尸体的特征(尸僵、尸斑、尸体自溶、尸体腐败等)，如根据尸冷来判断死亡的时间，根据尸僵的情况判断动物死亡时是否出现败血症，根据尸斑判断动物的躺卧位置；以及检查皮肤及被毛(完整性、肿胀)，营养状态，天然孔(分泌物、黏膜)，外在器官的形态(头、四肢、外生殖器)。

(三)消毒

剖检前用消毒液(来苏儿)将尸体表面浸湿。

(四)检查内脏

1. 剥皮和检查皮下组织

剥皮时，将尸体仰卧保定。从下颌部、颈部、胸腹正中线将皮肤切开，至脐部后遇到生殖器官或乳腺时做环切，汇合后切至尾根部。再沿四肢内侧向腹中线垂直切开皮肤，在球节部做环切。然后沿切开的皮肤对尸体进行全身皮肤剥离。对死亡原因不明的动物，一般不草率剥皮，尤其是患传染病病况不清时。另外，临床上可根据需要进行不完全剥皮。在进行剥皮时，同时检查皮下组织的情况(皮肤的弹性，皮下脂肪的多少，肌肉的体积及颜色、充血、淤血、出血、渗出物、肿块等异常变化)、肋骨的形态特征。

2. 打开腹腔及摘除腹腔脏器

剥皮后将犬仰卧保定，可先切断前后肢与躯干内侧的联系，使体位更加牢固。

(1)打开腹腔

切除该犬的生殖器(母犬切除乳腺)，沿腹白线，打开腹腔，检查腹腔内脏器官的颜色、位置、形态以及有无积液、腹膜充血、淤血、出血、水肿等变化。

(2)摘除腹腔器官

剖开腹腔后，可以见到胃、肝脏、胆囊、大肠、小肠、网膜，首先摘除网膜，顺次摘除胃、小肠、大肠及其他器官。

①摘除网膜：检查网膜的有无异常变化(充血、淤血、水肿)，将网膜完整摘除。

②摘除胃肠：找到胃和食管，暴露食管，在食管末端做双不完全环切(只切断肌层，保留完整的黏膜和黏膜下组织)，于环切处做结扎。在结扎之间剪断食管。在骨盆腔内找到直肠，将直肠末端的内容物向直肠前段挤压，并在末端做结扎，在直肠末端剪断肠管。由前向后依次剪断胃肠与背部的结缔组织，然后摘除胃、小肠、大肠和脾脏。

同时注意检查肠系膜的状态、淋巴结有无异常变化，如出血性淋巴结炎时，淋巴结呈红色，肿胀。检查胃肠体积的大小、内容物的充盈度、浆膜的颜色，与其他有无粘连、胃肠壁有无突起、破裂和穿孔等。

检查脾脏：表面有无明显的红色或灰色坏死灶；脾脏的刮过量是否增多。

③摘除肝脏和胰腺：剪断肝脏左叶的三角韧带及后腔静脉和右叶周围的三角韧带、门静脉、肝动脉，之后摘除肝脏；同时，将胰脏一同摘除，也可随腔动脉、肠系膜一并摘出。

检查肝脏：表面是否有寄生虫结节突起；是否有局部脓肿的突起。

④摘除肾和肾上腺：首先检查输尿管的状态，剥离肾脏周围的脂肪囊，切断进入肾脏的血管和输尿管，之后摘除左肾和右肾。同时，摘除肾上腺，也可单独摘除。

检查肾脏：被膜有无异常变化，如被膜褶皱，被膜不易剥离。

3. 摘除骨盆腔脏器

首先，锯断髂骨体，并锯断耻骨和坐骨的髋臼支，将锯断的骨体摘除掉，骨盆腔即打开。然后，切断直肠连接骨盆腔的结缔组织。母犬还要将子宫和卵巢切离；再将膀胱颈、阴道和生殖腺切离。最后，切断附着于直肠的肌肉，将肛门、阴门做环形切离，并取出骨盆腔脏器进行检查。

4. 打开胸腔及摘除胸腔脏器

打开胸腔，剪断膈与左、右季肋的连接，露出胸腔，锯断左、右侧肋骨与胸骨和胸椎的连接，摘除锯断的肋骨，暴露整个胸腔。同时，检查胸膜的状态(颜色、充血、淤血、出血、水肿、粘连)、胸腔内液体的状况。

①摘除心脏：在心包右侧剪十字形切口，食指和中指插入心包腔，将心尖提起，同时检查心包液的量和性状，切断心基部的血管，摘除心脏并进行检查。检查心冠脂肪量及其异常性状；心脏体积有无变化；心外膜颜色(充血、出血)；心内膜、心瓣膜是否光滑，有无变形、增厚；心肌的色泽、质度、心壁的厚薄等。如心冠脂肪的出血、水肿；心肌脂肪变性时，心内膜、心外膜会有虎斑心的变化。

②摘除肺脏：将纵膈与背侧部的联系切断，检查胸腔。从纵膈的后部至前部切离到胸腔前部时，再将气管、食管和前腔动脉切断，然后沿气管断端将肺脏摘除并进行检查。检查肺脏如支气管炎时，支气管内渗出物增多；小叶性肺炎时，病灶区与正常区会有明显区别。

③摘除腔动脉：从前腔动脉至后腔动脉的最后分支部，沿胸椎、腰椎的下面切断肋间动脉，即可将腔动脉和肠系膜一并采出。

5. 打开口腔及摘除颈部器官

先切断咬肌，并在下颌骨的第一臼齿前锯断左侧下颌支，再将下颌支内面的肌肉和后缘的腮腺、下颌关节的韧带及冠状突周围的肌肉切离，摘除左侧下颌支用手握住舌头。切断舌骨支及其周围组织，顺次切断喉、气管和食管的周围组织的联系，一直至胸腔入口处，打开口腔，摘除全部颈部器官并进行检查。

6. 摘除脑组织

沿环枕关节切断颈部，将头部单独摘除。除去剩余的下颌骨体及右侧下颌支，切去颅顶部附着的皮肤和肌肉，将顶骨锯除(沿两眼的后缘用锯横行锯断，再沿两角外缘与第一锯相接锯开，用力使顶骨与头部分离)，暴露颅腔。检查颅腔是否积液、脑血管是否充血、脑组织是否坏死。然后摘除大脑。

7. 打开鼻腔

沿鼻中线两侧纵行锯开鼻骨、额骨，暴露鼻腔、鼻中隔、鼻甲骨及鼻窦，暴露鼻腔并进行检查。

8. 摘除脊髓

剥去椎弓两侧的肌肉后，凿(锯)断椎体，暴露椎管，切断脊神经即可摘除脊髓并进行检查。

以上是对犬进行剖检的术式，是较系统的剖检方式。在实际工作中，犬的体形、病况等各不相同，可根据具体的情况有侧重点地进行剖检。

任务工单

<table>
<tr><td>任务名称</td><td colspan="3">病理剖检</td></tr>
<tr><td>任务描述</td><td colspan="3">认知动物尸体剖检，能说明鸡、猪、羊、犬的尸体剖检术式，能够对鸡、猪、羊、犬进行尸体剖检</td></tr>
<tr><td>准备工作</td><td colspan="3">1. 在实习剖检室准备进行病理剖检的鸡、猪、羊、犬。
2. 在实验室内准备鸡、猪、羊、犬病理剖检的多媒体资料以及剖检刀、解剖刀、剪刀、镊子、磨刀石、斧子、剖检服、剖检手套、一次性口罩等</td></tr>
<tr><td>实施步骤</td><td colspan="3">1. 在实训室观看鸡、羊、猪、犬的病理剖检录像，通过互联网搜索、学习在线开放课相关内容，明确鸡、羊、猪、犬的病理剖检术式。
2. 在剖检室内对鸡、猪、羊、犬进行病理剖检，明确鸡、猪、羊、犬的病理剖检术式并能对鸡、猪、羊、犬进行病理剖检</td></tr>
<tr><td rowspan="4">考核评价</td><td>考核项目</td><td>评分标准</td><td>分值</td></tr>
<tr><td>说明动物的剖检术式</td><td>能说明鸡、羊、猪、犬的剖检术式(正确一项得 10 分)</td><td>40 分</td></tr>
<tr><td>对动物进行病理剖检</td><td>能对鸡、羊、猪、犬进行病理剖检(操作正确一项得 10 分)</td><td>60 分</td></tr>
<tr><td colspan="2">合　　计</td><td>100 分</td></tr>
</table>

项目三

血尿粪常规检查及血液生化检验

任务一　血液检验

目标呼应

任务目标	课程教学目标
能说明红细胞和白细胞的计数方法	说明血、尿、粪常规检查等基本技术原理并熟悉操作
熟悉血涂片制作、染色，会辨别白细胞种类	
熟悉血糖、血清钙、血清钾、血清无机磷、血浆二氧化碳结合力的测定方法	

情境导入

血液常规检查是指通过观察血细胞的数量变化及形态分布从而判断血液状况及疾病的检查方法，许多病畜在病因不明时可以做血液常规检查对其进行辅助诊断。此外，血液常规检查还是观察治疗效果、用药或停药、继续治疗或停止治疗、疾病复发或痊愈的常用指标。

知识链接

一、血液的采集、抗凝与保存

血液常规化验用的血液标本可来自于静脉、动脉或毛细血管。静脉血是最常用的标本，静脉穿刺是最常用的采血方法。

(一)采集血液

1. 采集实验小动物血液

鼠类的采血如需血量较少可用剪尾采血，将尾部的毛剪去后消毒，为使尾部血管充盈可将尾部浸在温水中数分钟后擦干，用剪刀剪去尾尖采血。兔可进行耳静脉采血，将兔的头部固定，选耳静脉清晰的耳朵，局部剪毛消毒，用手指轻轻摩擦兔耳，使静脉扩张，用连接针头的注射器在耳缘静脉末端刺入血管或将针头逆血流方向刺入耳静脉采血。兔也可心脏取血，将兔仰卧固定，在第 3 肋间胸骨左缘 3 mm 处用注射针垂直刺入心脏，血液随即进入针管。

2. 采集犬、猫的血液

常在后肢外侧小隐静脉和前臂皮下静脉采血。后肢外侧小隐静脉在后肢腔部下 1/3 的外侧浅表的皮下，由前侧方向后行走。采血前，将犬等固定，局部剪毛，碘酒消毒皮肤。先在剪毛区近心端用乳胶管扎紧，使静脉充盈，用接有注射器的针头穿刺入静脉，将针头固定，以适当速度抽血。采集前臂皮下静脉或前臂正中静脉血的操作方法基本相同。如需采集颈静脉血，取侧卧位，局部剪毛消毒。将颈部拉直，头尽量后仰。用左手拇指压住近心端颈静脉入胸部位的皮肤，使颈静脉怒张，右手持接有注射器的针头沿血管平行方向远心端刺入血管。颈静脉在皮下易滑动，针刺时除用左手固定好血管外，刺入要准确快速，注意压迫止血。

3. 采集禽类血液

翼根静脉采血是将翅膀展开，露出腋窝，将羽毛拔去，即可见明显的由翼根进入腋窝较粗的翼根静脉。用碘酒消毒皮肤。采血时用左手拇指、食指压迫此静脉向心端，血管即怒张。右手持接有注射器的针头，由翼根向翅膀方向沿静脉平行刺入血管内，即可采血。

心脏采血是将禽类侧卧保定，于胸外静脉后方约 1 cm 的三角凹陷处垂直刺入，穿透胸壁后，阻力减小，继续刺入感觉有阻力注射器轻轻摆动时，即刺入心脏，徐徐抽出注射器推筒，采集心血 5～10 mL。

4. 采集马、牛、羊、猪血液

在颈部静脉沟的上 1/3 与中 1/3 交界处，局部剪毛消毒，用左手拇指压住近心端颈静脉入胸部位的皮肤，使颈静脉怒张，右手持接有注射器的针头，沿血管平行方向远心端刺入血管。成年猪在耳静脉采血。6 个月以内的猪在前腔静脉采血：猪仰卧，拉直两前肢使与体中线垂直或使两前肢向后与体中线平行。手持针管，针头斜向后内方与地面成 60°角，向右侧或左侧胸前窝刺入，进针 2～3 cm 即可抽出血液。

(二)抗凝血液

使用全血和血浆检验时，通常需要采集静脉血，要加抗凝剂。抗凝是指抑制血液中的某些凝血因子的活性，以阻止血液凝固。能够阻止血液凝固的物质，称为抗凝剂或抗凝物质。检验项目不同，所用抗凝剂也不同。

常用的抗凝剂有：乙二胺四乙酸(EDTA)盐、草酸盐、肝素、枸橼酸盐。应用剂量分别为：1% EDTA 盐溶液 0.1 mL 可使 5 mL 血液不凝固；2 mg 草酸盐溶液可使 1 mL 血液不凝固；0.5%肝素溶液 0.1 mL 可使 5 mL 血液不凝固；3.8%枸橼酸钠溶液 1 mL 可使 9 mL 血液不凝固。

1. 乙二胺四乙酸(EDTA)盐

乙二胺四乙酸(EDTA)盐常用其钠盐($EDTA-Na_2-H_2O$)或钾盐($EDTA-K_2-2H_2O$)，能与血液中钙离子结合成整合物，使钙离子不发生作用，从而阻止血液凝固。EDTA盐对血细胞形态和血小板计数影响很小，可用于多项血液学检验，尤其是血小板计数，要注意钠盐溶解度明显低于钾盐，防止影响抗凝效果。

$EDTA-K_2$ 可用于全血细胞分析及血细胞比容测定，室温下6 h，红细胞体积不变。$EDTA-K_2$ 影响血小板聚集，不适合于做凝血象检验和血小板功能检验。一般血细胞计数可用 $EDTA-K_2$ 作为抗凝剂，其1%溶液0.1 mL可使5 mL血液不凝固。

2. 草酸盐

草酸盐常用草酸钠、草酸钾和草酸铵。草酸盐溶解后解离的草酸根离子与血液中的钙离子形成草酸钙沉淀，使钙离子失去凝血功能。

草酸盐抗凝的优点是溶解度好、价格便宜。2 mg草酸盐溶液可使1 mL血液不凝固。由于草酸盐对凝血V因子保护功能差，不用于检验凝血酶原凝血时间测定；草酸盐与血液中的钙离子形成草酸钙沉淀，影响自动凝血仪的使用。因此，凝血象检验选用枸橼酸钠为抗凝剂更为适宜。

3. 肝素

肝素是生理性抗凝剂，它是一种含硫酸基团的黏多糖。抗凝主要是加强抗凝血酶Ⅲ的作用，从而阻止凝血酶的形成，并有阻止血小板聚集等多种抗凝作用。肝素有抗凝力强、不影响血细胞体积、不易溶血等优点。0.5%肝素溶液0.1 mL可使5 mL血液不凝固(每mL血液抗凝需要肝素15 IU±2.5 IU)，所用制剂多为肝素的钠盐或钾盐。除有些因素会干扰凝血机制检验项目外，绝大多数的血液检验项目都可用肝素作为抗凝剂，是红细胞渗透脆性检验的理想抗凝剂。尽管肝素可以保持红细胞的自然形态，但由于其常可引起白细胞聚集，并使血涂片在瑞氏染色时产生蓝色背景，因此肝素抗凝血不适合血液涂片检验。

4. 枸橼酸盐

枸橼酸盐主要为枸橼酸三钠，能与血液中的钙离子结合形成螯合物，从而阻止血液凝固。枸橼酸盐在血中的溶解度低，抗凝力不如前几种抗凝剂。枸橼酸盐多用于临床血液学检验，一般用于红细胞沉降率和凝血功能测定。因其毒性小，也是输血保养液的成分之一。3.8%枸橼酸钠溶液1 mL可使9 mL血液不凝固。

(三)保存血液

采集血样后，不能按要求立即检验时，先制备好血液涂片，并加固定，其余血样在冰箱内保存。其保存时间可根据检查项目而定。如血小板检查可保存1 h；血沉及白细胞计数可保存2～3 h；红细胞及红细胞压积容量测定可保存24 h；血红蛋白测定可保存2～3 d。

如欲分离血清(不加抗凝剂)，采血后将试管斜置在装有25～37℃温水的杯内，牛、羊、猪的血样，应先离心数分钟，然后置于装有温水的杯内，这样可加快血清析出的时间，保证质量。分离血清后，如不能及时检验，应置冰箱内保存。

二、血常规检验

血常规化验常作为疾病诊断的一种辅助手段，检查的项目主要有红细胞计数、白细胞计数、血小板计数和血红蛋白含量等。

(一)测定红细胞沉降率(ESP)

血液中加入抗凝剂后，一定时间内红细胞向下沉降的毫米数，称为红细胞沉降速度，简称血沉，用 ESP 表示。

1. 测定原理

红细胞沉降速度是一个比较复杂的物理化学和胶体化学过程，与血中电荷量有关。正常时，红细胞表面带负电荷，血浆中白蛋白也带负电荷；而血浆中的球蛋白、纤维蛋白原却带正电荷。动物体内发生异常变化时，血细胞数量及血液中化学成分发生改变，直接影响正、负电荷的相对稳定性。如正电荷增多，则负电荷相对减少，红细胞相互吸附，形成串钱状，由于物理性的重力加速，红细胞沉降速度加快；反之，红细胞相互排斥，其沉降速度变慢。

2. 测定方法

(1)魏氏血沉测定法

魏氏血沉管全长 30 cm，内径约 2.5 mm，管壁有 0～200 刻度，距离为 1 mm，容量 1 mL，附有特制的血沉架。测定时，取一刻度试管，加入抗凝剂的样品血液，轻轻混合。随后用魏氏血沉管吸取抗凝全血至刻度 0 处，于室温内垂直固定在血沉架上，记录 15 min、30 min、45 min、60 min 血细胞沉降数值。

(2)六五型血沉管血沉测定法

六五型血沉管内径为 0.9 cm，全长 17～20 cm，管壁有 100 个刻度，自上而下标有 0～100，容量为 10 mL，适用于大动物区系的血沉测定。测定时，血沉管加入 4 滴 10% EDTA-Na_2，样品血样加至刻度 0 处，堵塞管口，轻轻颠倒混合数次，使血液与抗凝剂充分混合。室温中垂直立于试管架上，记录 15 min、30 min、45 min、60 min 的红细胞沉降的数值。记录时，常用分数形式表示，分母代表时间，分子代表沉降数值，即 A/15、B/30、C/45、D/60。

部分动物血沉正常参考值，见表 3-1。

表 3-1 部分动物血沉正常参考值

单位：mm

动物种类	血沉平均值				测定方法
	15min	30min	45min	60min	
马	31.00	49.00	53.00	55.00	六五型
牛	0.10	0.25	0.40	0.58	六五型
绵羊	0.20	0.40	0.60	0.80	六五型
山羊	0	0.10	0.30	0.50	六五型
猪	3.00	8.00	20.00	30.00	六五型
犬	0.20	0.90	1.20	2.5	魏氏法
猫	0.10	0.70	0.80	3.00	魏氏法

3. 注意事项

报告数值时应注明所用方法。如送检的是抗凝全血，可直接把被检血装入或吸入血沉管进行测定，沉管中预先不加抗凝剂；血沉管必须垂直静立(黄牛及羊的血沉极为缓慢，不易观察结果。为了加速其血沉，可将血沉管倾斜60°角，这样可使原来的血沉数值加快10倍左右，以便观察和识别其微小变化)，管子稍有倾斜会使血沉加快；测定室温最好是在20℃左右，外界气温25℃，可加快血沉，低于12℃可减慢血沉；血液柱面不应覆盖气泡，气泡可使血沉减慢；采血后应尽快测定，采血后样品与测的间隔最长不得超过3 h；夏季经过冷藏的血液样品，应先把血液温度回升到室温后再行测定；抗凝剂量要与血液量相适应，少了会使血液产生小凝血块，影响血沉结果，多了会使血液中盐分较大，也会影响血沉。马、骡、驴的抗凝全血，测定血沉之前必须耐心地把血混匀，否则对测试结果影响很大。

4. 诊断意义

(1)血沉加快

血沉加快见于各种贫血、急性全身性传染病、各种急性局部炎症、创伤、手术、烧伤、骨折、某些毒物中毒、肾病等。

(2)血沉减慢

血沉减慢见于脱水性疾病、严重的肝脏疾病、黄疸、心脏代偿性功能障碍、红细胞形态异常等。

(二)测定红细胞压积容量(PCV)

红细胞压积容量是指压紧的红细胞在全血中所占的百分率，是鉴别各种贫血的一项不可缺少的指标，简称比容，也称红细胞比积、红细胞压积，用PCV表示。

1. 原理

血液中加入可以保持红细胞体积大小不变的抗凝剂，混合均匀，用特制吸管吸取抗凝全血随即注入温氏测定管中，电动离心，使红细胞压缩到最小体积，然后读取红细胞在单位体积内所占的百分比。

2. 测定方法

用毛细玻璃吸管吸满抗凝全血，插入温氏红细胞压积容量测定管(管长11 cm，内径2.5 mm，管壁两侧有0～10 cm刻度，分度刻度1 mm。右侧刻度由上到下为10～0，供红细胞压积容量测定用；左侧刻度由上到下为0～10)。随后轻轻捏胶皮乳头，自下而上挤入血液至刻度“10”处，但吸管口在挤血过程中不要提出液面，以免液面形成气泡，影响结果。将测定管放入电动离心机内，以3000 r/min离心30 min(一般马血离心30 min，牛血及猪血离心40 min)。离心后管内的血柱分为3层：上层为淡黄色或白色的血浆；中部一薄层为灰白色，完全不透明，由白细胞及血小板所组成；下层为红细胞的叠积层。读取红细胞柱层的刻度数，即为红细胞压积容量数值，数值用百分率表示。

部分动物红细胞压积容量正常参考值，见表3-2。

表3-2 部分动物红细胞压积容量正常参考值 单位：mL/100 mL

动物种类	PCV	动物种类	PCV	动物种类	PCV
马	26～40	乳牛	33～50	山羊	26～37
骡	27～34	黄牛	31～50	奶山羊	34～37
驴	30～39	水牛	32～50	绵羊	30～37
兔	31～50	骆驼	29～35	犬	47～59
鸡	24～45	猪	38～44	猫	37～44

3. 注意事项

放置或冷藏后的抗凝全血使血液升至室温，测定时必须轻轻而充分地把血液混匀。混合后分别吸取管内的上层血及下层血，各注入一测定管中，离心后，两管数值相同，表示测前被检血液已经混匀。送检的抗凝全血如已经溶血，则不能进行本项检验。

4. 诊断意义

(1)压积增高

生理性压积增高见于动物兴奋、紧张或运动时；病理性压积增高见于各种性质的脱水，如急性肠炎、马继发性液胀性胃扩张、牛瓣胃阻塞、急性腹膜炎、食管梗塞、咽炎、小动物的呕吐等。

(2)压积降低

红细胞压积降低见于各种贫血，如营养不良性贫血、寄生虫性贫血、溶血性贫血、出血性贫血。

(三)测定血液凝固时间

血液凝固时间是指血液自血管流出直到完全凝固所需时间，用以测定血液的凝固能力。

1. 原理

按照血液凝固理论，当离体血液与异物表面接触后，激活了血液中有关凝血因子，形成凝血活酶，以致纤维蛋白原转变成纤维蛋白，血液凝固。

2. 测定方法

(1)玻片法

采一滴血滴在玻片一端(立即开始计时)，随即玻片一端向上稍倾斜(此时未凝固血液自上而下流动，形成一条血线)，将玻片放在室温下的平皿内，防止血液中水分蒸发，静置 2 min 后，以后每隔 30 s 用针尖挑动血线一次，待针头挑起纤维丝时，即停止秒表，记录时间，这段时间就是血凝时间。

(2)试管法

取刻度小试管 3 支，预先放置在 25～37℃恒温水浴箱内。采动物血，见到出血立即用秒表开始计时，随之分别将 1 mL 血液加入 3 支试管内，再将试管放回水浴箱，从采血至放置 3 min 后，每隔 30 s 逐次倾斜试管一次，直到翻转试管血液不能流出为止，并记录时间。3 支小试管的平均时间即为血凝时间。

部分动物血液凝固时间正常参考值，见表 3-3。

表 3-3 部分动物血液凝固时间正常参考值 单位：min

动物种类	测定值	测定方法	动物种类	测定值	测定方法
马	8～10	玻片法	牛	5～6	玻片法
马	13～18	试管法	牛	8～11	试管法
猪	3.5～5	玻片法	犬	10	玻片法
山羊	6～11	试管法	犬	7～16	试管法

3. 注意事项

所用玻璃器皿必须洁净、干燥，不洁净试管管壁可加快血凝速度；采血针头针锋要锐利，一针见血，以免钝针头损伤组织，致使组织液混入血液，以防止加速血液凝固，影响真实结果；血液注入试管时，血液应沿管壁自然流下，以免产生气泡。

4. 诊断意义

(1)凝血时间延长

凝血时间延长见于重度贫血、血斑病、某些出血性素质高者、严重肝脏疾病。炭疽病动物的血凝时间很长，甚至几乎不凝。

(2)凝血时间缩短

凝血时间缩短临床上较少见，偶见于纤维素性肺炎。

(四)检测血红蛋白(Hb)含量

血红蛋白含量的测定是用血红蛋白计测定每 100 mL 血液内所含血红蛋白的克数或百分数，常用沙利氏法。其检测原理是：血液与 0.1 mol/L 盐酸作用后，血红蛋白变为棕色酸性血红蛋白，与标准色柱比色，求得每 100 mL 血液内所含血红蛋白的百分数或克数。

1. 测定方法

利用沙利氏血红蛋白计进行检测。在血红蛋白稀释管内加入 0.1 mol/L 盐酸溶液至百分刻度“20”或重量刻度“2”处；用血红蛋白吸管吸取血液至“20”刻度处，拭净管外附着血液，迅速将吸管内血液缓缓吹入血红蛋白稀释管内的盐酸溶液中，再吸取上层盐酸溶液反复冲洗数次，勿使产生气泡。移去血红蛋白吸管，用小玻璃棒搅拌或轻轻摇振，使血液与盐酸溶液混合而呈褐色；将测定管插入比色架内，静置 10 min；慢慢分次沿测定管壁滴加蒸馏水，边加边混匀，边比色，直至测定管内液体的颜色与标准比色柱一致为止，读取测定管液面凹面最低处的刻度数，即为 100 mL 血液内所含血红蛋白的百分刻度或重量刻度(国产血红蛋白计以每 100 mL 血液内含血红蛋白 14.5 g 为 100%)。

部分动物血红蛋白含量正常参考值，见表 3-4。

表 3-4 部分动物血红蛋白含量正常参考值 单位：g/100 mL

动物种类	参考值	动物种类	参考值	动物种类	参考值
马	12.7±2.05	黄牛	9.55±1.00	绵羊	11.8±0.87
骡	12.7±2.18	乳牛	11.3±0.73	山羊	1.82±0.45
驴	10.9±3.02	水牛	10.9±1.42	猪	11.6±0.99
犬	17.5±3.40	牦牛	11.1±1.06	兔	11.7±1.06
猫	16.4±1.27	骆驼	11.8±1.03	鸡	12.49±2.86

2. 诊断意义

(1)血红蛋白含量增多

血红蛋白含量增多见于机体脱水性疾病，如腹泻、呕吐、大出汗、多尿、便秘、反刍动物瓣胃阻塞及某些中毒病。

(2)血红蛋白减少

血红蛋白减少见于贫血、血孢子虫病、急性钩端螺旋体病、重症寄生虫病等。

(五)红细胞(RBC)计数

1. 原理

用红细胞稀释液将血样在试管内用稀释液稀释一定倍数，充入红细胞计数池，在显微镜下计数一定体积内的红细胞数，然后再换算出每升血液中的红细胞数。

2. 计数板

改良计数板，玻板中间有横沟将其分为 3 个狭窄的平台，两边的平台较中间的平台高 0.1 mm，中间一平台又有一纵沟相隔，其上各刻有一计数室。每个计数室划分为 9 个大方格，每个大方格面积为 1 mm^2。四角每一个大方格划分为 16 个中方格，为计数白细胞之用。中央一个大方格用双线划分为 25 个中方格，每个中方格又划分为 16 个小方格，共计 400 个小方格，此为计数红细胞之用。

3. 红细胞稀释液

其组成为：氯化钠 1 g，结晶硫酸钠 5 g，氯化汞 0.5 g，蒸馏水加至 200 mL 混合溶解，过滤后加苯酚品红液 1 滴。红细胞稀释液也可直接使用生理盐水。

4. 操作方法

(1)稀释血液

吸取红细胞稀释液 4 mL，置于小试管中。用沙利氏吸管吸取血液至 20 μL 刻度处，擦去吸管外壁血液，将此血液吹入试管底部，再吸取上清液数次，反复洗出沙利氏管内黏附的血液，然后封闭试管口，颠倒混合数次，即将血液稀释 200 倍。

(2)充液

先将盖玻片紧密盖于计数室上，用毛细吸管吸取或用玻棒蘸取已稀释的血液，滴放于计数室与盖玻片之间空隙处，自然流入计数室内，静置数分钟，待红细胞下沉后，开始计数。

(3)计数

计数时，先用低倍镜，光线不要太强，找到计数室的格子后，把中央大方格置于视野之中，然后转用高倍镜。在此中央大方格内选择四角与中间的 5 个中方格，或用对角线方法计数 5 个中方格。每一中方格有 16 个小方格，所以总共计数 80 个小方格(图 3-1)。计数时，要注意将压在左边双线上的红细胞计数在内，压在右边双线上的不要计入；同样，压在上线的计入，压在下线的不计入，此即所谓“数左不数右，数上不数下”的计数法则(图 3-2)。

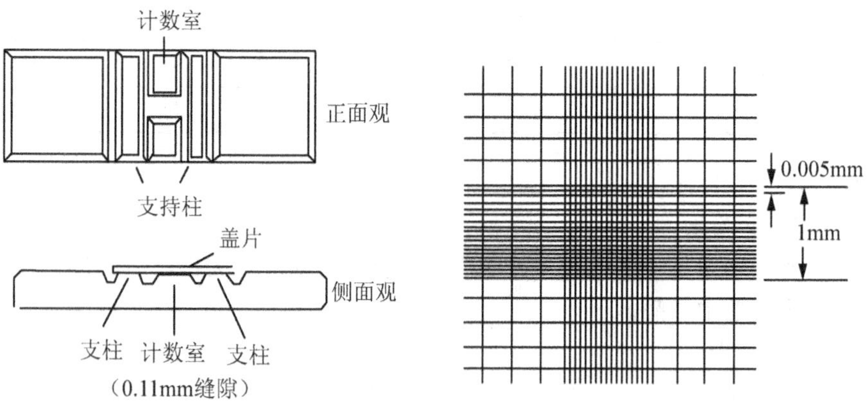

图 3-1　红细胞计数室

5. 计算

血液中的红细胞个数/L＝$X/80\times400\times200\times10\times10^6$

其中：X为5个中方格即80个小方格内的红细胞总数；400是指一个大方格有400个小方格，即1 mm^2面积内共有400个小方格；200是指稀释倍数；10是指血盖片与计数板间的实际高度是0.1 mm；10^6是换算成每升血液中的红细胞个数。

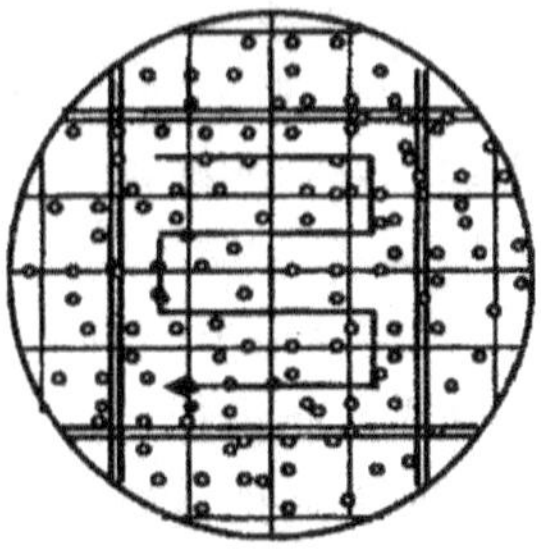

图 3-2　红细胞计数顺序

上式简化后为：

红细胞个数/L＝$X\times10\times10^9$

部分动物红细胞数的正常参考值($\times10^{12}$/L)，见表3-5。

表 3-5　部分动物红细胞数的正常参考值($\times10^{12}$/L)

动物种类	参考值	动物种类	参考值	动物种类	参考值
马	5.13～10.2	绵羊	8.8～11.2	猪	3.4～7.9
驴	4.9～10.2	山羊	10.3～18.8	犬	5.0～8.7
骡	5.0～7.0	鹿	8.5～10.5	猫	6.6
牛	5.5～7.2	兔	5.5～7.7	貉	8.5～10.5

6. 注意事项

红细胞计数是一项细致工作，关键是防凝、防溶，取样准确。防凝是指采取末梢血时动作要快，防止血液部分凝固。取抗凝血时，抗凝剂的量要合适，不可过少，防止血液部分呈小块凝集。采血中及时将血液与抗凝剂混匀。防溶是指防止过分摇振而使红细胞溶解，或是器材、用水不洁而发生溶血，使计数结果偏低。取样准确是指吸血20 μL要准，吸管外的血液要擦去，吸管内的血液要全部吹洗入稀释液中。稀释液充入计数室的量不可过多或过少。过多可使血盖片浮起使计数结果偏高，过少则在计数室中形成小的空气泡，计数结果偏低甚至无法计数。显微镜载物台应保持水平，否则会导致计数室内的液体流向一侧而计数不准。

7. 诊断意义

(1)红细胞数增高

红细胞数相对性增多，见于脱水性疾病，如急性胃肠炎、便秘、肠变位、牛的瓣胃或真胃阻塞、渗出性胸膜炎、腹膜炎、日射病与热射病、某些传染病及发热性疾病。绝对性增多，偶尔见于老年动物，也有由于代偿作用而使红细胞绝对数增多的，见于代偿机能不全性心脏病及慢性肺部疾患。

(2)红细胞数减少

红细胞数减少见于各种贫血、营养代谢病、血孢子虫病、白血病及恶性肿瘤。

(六)白细胞(WBC)计数

1. 原理

一定量的血液用冰醋酸溶液稀释后，可将红细胞破坏，然后在白细胞计数板的计数室内计数一定容积的白细胞数，然后换算出每升血液中的白细胞数。此项检验需与白细胞分类计数相配合，才能正确分析与判断疾病。

2. 白细胞稀释液

3%冰醋酸溶液，其中加 2 滴 10%结晶紫或 1%亚甲蓝染液，使之呈淡紫色，以便与红细胞稀释液相区别。

3. 操作方法

(1)稀释血液

在小试管内加入白细胞稀释液 0.38 mL。用沙利氏吸血管吸取血液至 20 μL 刻度处，擦去管外黏附的血液，吹入试管中，反复吸吹数次，以洗净管内黏附的血液，充分振荡混合。

(2)充液

用毛细吸管吸取被稀释血液，沿计数板与盖玻片的边缘充入计数室内，静置 1～2 min。

(3)计数

用低倍镜观察，计数室四角 4 个大方格内的全部白细胞依次数完，计数法则同样是“数左不数右，数上不数下”。

4. 计算

$$每升血液中的白细胞个数(X/L)=X/4\times 20\times 10\times 10^6$$

其中：X 为四角 4 个大方格内的白细胞总数；$X/4$ 是指一个大方格内的白细胞数；20 是指稀释倍数；10 是指血盖片与计数板的实际高度是 0.1 mm，乘 10 后则为 1 mm^3；10^6 是换算成每升血液中的白细胞个数。

上式简化后为：

$$白细胞个数/L=X/20\times 10^9。$$

部分动物白细胞数正常值($\times 10^9$/L)，见表 3-6。

表 3-6 部分动物白细胞数正常值($\times 10^9$/L)

动物种类	正常值	动物种类	正常值	动物种类	正常值
马	5.4～13.5	绵羊	6.4～10.2	犬	6.8～11.8
骡	6.7～13.4	山羊	4.3～14.7	猫	5.0～15.0
驴	7.0～9.0	猪	10.2～21.2	兔	7.0～9.0
牛	6.8～9.4	鹿	7.2～10.2	鸡	19.0～51.0

5. 注意事项

应严格按照白细胞计数的注意事项进行操作。初生幼畜、剧烈劳役、疼痛等都可使白细胞轻度增加。白细胞计数应与白细胞分类计数的结果联系起来进行分析，白细胞总数稍有增多，而分类无大的变化者，不应认为是病理现象。常容易把尘埃异物与白细胞混淆，可用高倍镜观察白细胞形态结构加以区别。

6. 诊断意义

(1)白细胞增多

白细胞增多见于细菌和真菌感染、炎症、白血病、肿瘤、急性出血性疾病等。

(2)白细胞减少

白细胞减少见于某些病毒性传染病、长期使用某些药物或一时用量过大(如磺胺类药物、氨基比林等)、各种动物的濒死期、某些血液原虫病、营养衰竭症等。

(七)白细胞分类计数

1. 原理

将被检血液涂片后，用姬姆萨氏或瑞氏法染色，根据各类白细胞的形态特点和染色差异将白细胞进行分类计数。通常分类出 100 个或 200 个白细胞，计算得出各种白细胞所占的百分比。

2. 配制染色液

(1)瑞氏染色液

瑞氏染粉 0.1 g，甲醇 60 mL。将染粉置于研钵中，加入少量甲醇研磨，使其溶解，然后将已溶解的染液倒入洁净的棕色瓶，剩下未溶的染料再加入少量甲醇研磨，如此连续操作，直至染料全部溶解和甲醇用完为止。在室温中保存一周(每日振摇一次)后，过滤，即可应用。

(2)姬姆萨氏染色液

姬姆萨氏染粉 0.5 g，中性甘油 33 mL，中性甲醇 33 mL。先将染粉置于清洁的研钵中，加入少量甘油，充分研磨，然后加入所余甘油，在 50～60 ℃水溶液中加温 1～2 h，并经常用玻棒搅拌，使染粉溶解，最后加入甲醇，混合后装入棕色瓶中，保存一周后滤过即成原液。

临用时取原液 0.5～1 mL，加 pH6.8 磷酸盐缓冲液 10 mL，即成应用液。

(3)瑞-姬氏复合染色液

瑞氏染粉 5 g，姬姆萨染粉 0.5 g，甲醇 500 mL。将两种染粉置于研钵中，加入少量甲醇研磨，倾入棕色瓶中，用剩余甲醇再研磨，最后一并装入瓶中，保存一周后过滤即成。

3. 操作步骤

(1)制作血液涂片

选取一边缘光滑平整的载玻片作为推片，用左手的拇指与食指、中指夹持一洁净载玻片，取被检血液一滴，置于其右端，右手持推片置于血滴前方，并轻轻向后移动推片，使之与血滴接触，待血液扩散开后，再以 30°～45°角向前匀速同力推进涂抹，即形成一血膜，迅速自然风干。所涂血片，血液分布均匀，厚度适当，对光观察呈霓虹色，血膜位于玻片中央，两端留有适当空隙，以便注明畜别、编号及日期，即可染色(图 3-3)。

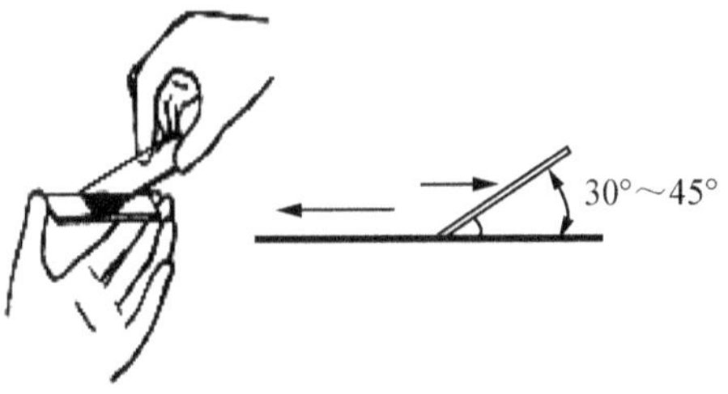

图 3-3　血液涂片推片方法

(2)染色

常用染色方法有：瑞氏染色法、姬姆萨氏染色法、瑞-姬氏复合染色法。根据需要任选其一。

①瑞氏染色法：染色时先用玻璃铅笔在制作好的血涂片的血膜两端各划一线，以防染液外溢，将血片平放于水平支架上；滴加瑞氏染液于血片上，直至将血膜盖满为止；待染色 1～2 min 后，再加入等量磷酸盐缓冲液(pH6.4)，并轻轻摇动或用口吹气，使染色液

与缓冲液混合均匀，再染色 3～5 min；最后用蒸馏水冲洗血片，待自然干燥或用吸水纸吸干后镜检。染色良好的血片呈樱红色。

②姬姆萨氏染色法：临用时取原液 0.5～1 mL，加 pH6.8 磷酸盐缓冲液 10 mL。染色时先将血片用甲醇固定 3～5 min；然后置于新配姬姆萨应用液中，染色 30～60 min，取出血片，用蒸馏水冲洗，吸干，镜检。染色良好的血片应呈玫瑰紫色。

③瑞-姬氏复合染色法：先向血涂片的血膜上滴加瑞-姬氏染色液，经 0.5～1 min 后，加等量缓冲液，混匀，再染 5～10 min，蒸馏水冲洗，吸干，镜检。

4. 镜检

先用低倍镜大体观察白细胞布分情况，如染色是合格的血涂片，可见白细胞的胞浆中有很多较大的染色颗粒，可换用油镜计数白细胞，通常在血片的两端或两端的上下部按二区或四区计数法，有顺序地移动血片，计数白细胞 100 或 200 个(白细胞总数在 1 万个/mm^3 以下计数 100 个；在 1 万～2 万个/mm^3 计数 200 个；在 2 万个/mm^3 以上计数 400 个)，分别记录各类白细胞数，最后算出各类白细胞所占百分比。

动物白细胞分类正常参考值，见表 3-7。

表 3-7　白细胞分类正常参考值　　单位:%

种类	嗜碱性白细胞		嗜酸性白细胞		嗜中性白细胞						淋巴细胞		单核细胞	
					晚幼细胞		杆状核细胞		分叶核细胞					
	变动范围	平均值	变动范围	平均值	变动范围	平均值	变动范围	平均值	变动范围	平均值	变动范围	平均值	变动范围	平均值
马	0～0.6	0.5	2.5～9.5	4.5	0～0.9	0.5	2.0～10.0	4.0	45.0～68.0	53.5	20.0～49.0	34.5	1.5～8.0	2.5
骡	0～0.95	0.5	0.9～8.4	5.0	0～0.59	0.2	0～12.7	5.2	28.6～63.4	46.0	26.7～59.5	42.0	0.01～2.19	1.1
驴	—	0.17	—	5.37	—	1.40	—	1.77	—	36.65	—	53.9	—	0.74
黄牛	0～2.0	0.5	1.0～8.0	4.0	0～0.5	0.5	1.0～8.0	3.0	28.0～53.0	33.0	42.0～71.0	57.0	0.5～6.0	2.0
水牛	—	0.03	—	0.76	—	—	—	3.85	—	39.68	—	52.65	—	3.03
绵羊	0～1.0	0.6	1.0～9.0	4.5	0～0.5	0.5	0～6.0	1.5	26.0～52.0	31.5	37.0～65.0	59.0	1.0～6.0	2.4
山羊	0～0.2	0.1	3.0～12.0	6.0	—	—	0.5～5.0	1.0	29.0～38.0	34.0	50.0～63.5	57.5	1.0～2.2	1.5
猪	0～1.0	0.5	0～5.8	2.5	0～5.4	1.0	3.0～7.0	5.5	28.0～45.0	31.5	40.0～70.0	55.5	2.0～6.0	3.5
骆驼	—	0.5	—	8.0	—	1.0	—	6.5	—	47.5	—	35.0	—	1.5
犬	—	1.0	—	6.0	—	—	—	3.0	—	58.0	—	25.0	—	7.0
梅花鹿	0～1.2	0.2	0～4.6	1.6	0～1.2	0.2	0～15.5	4.5	11.0～68.0	39.5	22.0～82.0	52.5	0～4.0	1.5
兔	2.0～8.0	4.0	0.5～2.0	1.5	0～4.0	1.0	0～6.0	1.5	21.0～40.0	30.0	46.0～78.0	52.0	1.0～12.5	4.0

5. *辨别白细胞种类*

(1)嗜中性粒细胞

嗜中性粒细胞比红细胞约大 2 倍，由于成熟程度不同，各阶段的细胞又各有其特点。

①嗜中性幼稚核粒细胞：其细胞浆呈蓝色或粉红色，细胞浆中的颗粒为红色或蓝色的微细颗粒；细胞核为椭圆形，呈红紫色，染色质细致。

②嗜中性杆状核粒细胞：其细胞质呈粉红色，细胞质中有红色、粉红色或蓝色的微细颗粒；细胞核为马蹄形或腊肠形，呈浅紫色，染色质细致。

③嗜中性分叶核粒细胞：其细胞质呈浅粉红色，细胞浆中有粉红色或紫红色的细胞微细颗粒；细胞核分叶，多为 2～3 叶，或丝状物将分叶的核连接起来，紫蓝色，染色质粗糙。

(2)嗜酸性粒细胞

嗜酸性粒细胞的大小和嗜中性粒细胞大致相等或稍大。细胞质呈蓝色或粉红色，细胞质中的嗜酸性颗粒为粗大的深红色颗粒，分布均匀，颗粒在马最大，其他家畜次之。细胞核为杆状或分叶，以 2～3 叶居多，呈淡蓝色，染色质粗糙。

(3)嗜碱性粒细胞

其大小与嗜中性粒细胞相似，细胞质呈粉红色，细胞质中的嗜碱性颗粒为较粗大的蓝黑色颗粒，分布不均，大多数在细胞的边缘。细胞核为杆状或分叶，以 2～3 叶居多，呈淡紫蓝色，染色质粗糙。

(4)淋巴细胞

淋巴细胞的细胞质少，呈天蓝色或深蓝色，当细胞质深染时有透明带。细胞质中有少量的嗜天青颗粒，而一般幼稚型的淋巴细胞没有嗜天青颗粒。细胞核为圆形，有的凹陷，呈深紫蓝色，核染色质致密。淋巴细胞分为大淋巴细胞、中淋巴细胞和小淋巴细胞。

(5)单核细胞

单核细胞比其他白细胞都大，细胞质较多，呈灰蓝色或天蓝色，细胞质中有许多细小的淡紫色颗粒。细胞核为豆形、圆形、椭圆形等，呈淡蓝紫色，核染色质细致而疏松。

6. 核指数

核指数是指嗜中性中幼细胞、嗜中性晚幼细胞、嗜中性杆状细胞数量三者之和与嗜中性分叶核细胞数量的比值。当核指数发生异常增大时称为核左移，表示未成熟嗜中性白细胞比例增多；当核指数发生异常减少时称为核右移，表示分叶型白细胞增多。发生核左移并伴有白细胞总数增高，称为再生性核左移。核左移而白细胞总数不高，甚至减少者，称退行性核左移。

动物的核指数正常参考值：马为 1/10，牛、羊近似 1/10，猪为 1/5。

7. 诊断意义

(1)嗜中性粒细胞增多与减少

①嗜中性粒细胞增多：病理性嗜中性粒细胞增多，见于炭疽、腺疫、巴氏杆菌病、猪丹毒等传染病；急性胃肠炎、肺炎、子宫内膜炎、急性肾炎、乳房炎等急性炎症；化脓性胸膜炎、化脓性腹膜炎、创伤性心包炎、肺脓肿、蜂窝织炎等化脓性炎症；酸中毒及大手术后 1 周内。

②嗜中性粒细胞减少：见于猪瘟、马传染性贫血、流行性感冒、传染性肝炎等病毒性疾病；各种疾病的濒危期；藤类中毒、砷中毒及驴的妊娠中毒。

③嗜中性粒细胞核象变化：再生性核左移，常见于感染、急性中毒、急性失血和急性溶血。退行性核左移，见于严重感染、败血症等。当白细胞总数和嗜中性粒细胞百分率略微增高，有轻度核左移，表示感染程度轻，机体抵抗力较强；如果白细胞总数和嗜中性粒细胞百分率均增高，有中度核左移及中毒性改变，表示有严重感染；而当白细胞总数和嗜中性粒细胞百分率明显增高，或白细胞总数并不增高甚至减少，但有显著核左移及中毒性改变，表示病情极为严重。嗜中性粒细胞核右移，见于重度贫血、重度感染。

(2)嗜酸性粒细胞增多与减少

①嗜酸性粒细胞增多：见于寄生虫性疾病，如肝片吸虫、球虫、旋毛虫、丝虫、钩虫、蛔虫、介螨等；还见于过敏性疾病，如荨麻疹、饲草过敏、血清过敏、药物过敏等。

②嗜酸性粒细胞减少：见于尿毒症、毒血症、严重创伤、中毒、过劳等。

(3)淋巴细胞增多与减少

①淋巴细胞增多：见于某些慢性传染病(如结核病、布氏杆菌病等)、急性传染病的恢复期、某些病毒性疾病(如猪瘟、流行性感冒等)及血孢子虫病等。

②淋巴细胞减少：见于急性传染病的初期及各种疾病的濒危期，如炭疽、巴氏杆菌病、急性胃肠炎、化脓性胸膜炎等。

(4)单核细胞增多与减少

①单核细胞增多：见于某些原虫病(如锥虫病、焦虫病等)、某些慢性细菌性疾病(如结核病、布氏杆菌病等)、某些病毒性疾病(如马传染性贫血等)。

②单核细胞减少：见于急性传染病的初期和各种病症的濒危期。

(5)嗜碱性白细胞的增多与减少

比较少见，无临床诊断意义。

(八)血小板计数

1. 原理

尿素能溶解红细胞及白细胞而保存完整形态的血小板，经稀释后在细胞计数室内直接计数，以求得 1 mm^3 血液内的血小板数。稀释液中的枸橼酸钠有抗凝作用，甲醛可固定血小板的形态。

2. 配制试剂

复方尿素稀释液：尿素 10 g，枸橼酸钠 0.5 g，40%甲醛溶液 0.1 mL，蒸馏水加至 100 mL。待上述试剂完全溶解后，过滤，置冰箱可保存 1～2 周，在 22～32℃条件下可保存 10 d 左右。当稀释液变质时，溶解红细胞能力就会降低。

3. 操作方法

吸取稀释液 0.38 mL 置于小试管中。用沙利氏吸血管吸取用 EDTA-Na_2 抗凝的样品血液至 20 μL 刻度处，擦去管外黏附的血液，插入试管，吹吸数次，轻轻振摇，充分混匀。静置 20 min 以上，使红细胞溶解。充分混匀后，用毛细吸管吸取 1 小滴，充入计数室内，静置 10 min，用高倍镜观察。任选计数室一个大方格，按计数原则计数。在高倍镜下，血小板呈椭圆形、圆形或不规则折光小体，注意切勿误将尘埃等异物计入。

4. 计算

$$\text{血液中的血小板个数/L} = X \times 20 \times 10 \times 10^6$$

其中：X 是指一个大方格中的血小板数；20 是指稀释倍数；10 是指计算室与血盖片之间的高度为 0.1 mm。

上式简化后为：

$$\text{血液中的血小板个数/L} = X/20 \times 4 \times 10^9$$

部分动物血小板计数正常值(X/L)，见表 3-8。

表 3-8　部分动物血小板计数正常值(X/L)

动物种类	正常值	动物种类	正常值	动物种类	正常值
马	20～50	羊	27～51	犬	2～9
牛	26～70	猪	13～45	鸡	24

5. 注意事项

器材必须清洁，稀释液必须新鲜无沉淀，否则影响计数结果；采血要迅速，以防血小板离体后破裂、聚集，造成误差；滴入计数室前要充分振荡，使红细胞充分溶解，但不能振荡过久或过于剧烈，以免破坏血小板；滴入计数室后，应静置一段时间；在夏季，应注意保持湿度，将计数板放在铺有湿滤纸的培养皿内，在计数板下隔以火柴棒，避免直接接触；由于血小板体积小，质量较轻，不易下沉，常不在同一焦距的平面上，因此在计数时利用显微镜的微螺旋来调节焦距才能看清楚。

6. 诊断意义

(1)血小板减少

血小板生成减少见于再生障碍性贫血、急性白血病；血小板破坏增多见于原发性血小板减少性紫癜、脾功能亢进；血小板消耗过多见于弥散性血管内凝血、血栓性血小板减少性紫癜。

(2)血小板增多

原发性血小板增多见于原发性血小板增多症；继发性血小板增多见于急性感染、急性出血及急性溶血。

三、血液生化检验

动物抽血做血液生化检验，可以帮助了解动物的生理情况及疾病的病程。

(一)检测血液葡萄糖(费吴氏法)

1. 原理

无蛋白血滤液中的葡萄糖具有还原性，与碱性高铜混合加热后，将高铜还原成氧化低铜而呈红色沉淀，此沉淀物再被磷钼酸氧化成蓝色物质。与同样处理的标准葡萄糖管比色，从而求得血糖含量。

2. 配制试剂

(1)0.25%苯甲酸溶液

取苯甲酸 2.5 g，溶于煮沸蒸馏水 1000 mL 中。冷却。应用时吸取上清液。本品为防腐剂，放在冷暗处，可较久地保存。

(2)葡萄糖存储标准液(1 mL 含 10 mg 葡萄糖)

取少量化学纯葡萄糖，置硫酸或氯化钙干燥器内过夜后，精确称取已干燥葡萄糖 1 g，置于 100 mL 量瓶中，加 0.25%甲酸溶液至刻度，混匀使其完全溶解。

(3)葡萄糖应用标准液(1 mL 含 0.1 mg 葡萄糖)

取葡萄糖存储标准液 5 mL，置 500 mL 量瓶中，加 0.25%苯甲酸溶液至刻度处混匀。此液至少可保存半年有效。

(4)碱性铜溶液

取无水碳酸钠(化学纯)40 g 溶于 400 mL 蒸馏水中，酒石酸(化学纯)7.5 g 溶于

300 mL 蒸馏水中，结晶硫酸铜(化学纯)4.5 g 溶于 200 mL 蒸馏水中，均可加热助溶。待各液完全溶解，冷却后，依次倒入 1000 mL 量瓶中，混匀，补加蒸馏水至刻度。此试剂如呈蓝色则不能使用。

(5)磷钼酸试剂

氢氧化钠 40 g、钼酸(化学纯)70 g、钨酸钠(化学纯)10 g、浓磷酸(浓度 85%，相对密度 1.71)250 mL、蒸馏水 1000 mL。

先将氢氧化钠溶于约 800 mL 蒸馏水中，再加入钼酸和钨酸钠。为除去钼酸内可能存有的残氮，可煮沸 20～50 min 至容器内无氨气为止。冷却后，倾入 1000 mL 量瓶中，并以少量蒸馏水冲洗原容器壁，一并倾入量瓶。加入浓磷酸，最后加蒸馏水稀释至刻度。滤过，装于棕色瓶中，避光保存备用。此液应为无色或极淡绿色溶液。如保存不当变为黄绿色或蓝色，表示本身已被还原，不能再使用。

(6)10%钨酸钠溶液

此液应为中性，如过酸或过碱，可用 0.1 mol/L 硫酸或 0.1 mol/L 氢氧化钠液校正。

(7)2∶1 硫酸溶液

取浓硫酸溶液 2 份加蒸馏水 1 份，混合即得。

3. 操作过程

(1)制备无蛋白血滤液

取小烧杯或大试管 1 支，先加蒸馏水 7 mL，再加入新鲜抗凝血 1 mL，充分混匀，使之溶血。然后，加入 10%钨酸钠溶液 1 mL，混匀。最后，徐徐加入 2∶1 硫酸溶液 1 mL，随加随摇，充分混匀。放置 5～10 min 后，用优质滤纸过滤或离心沉淀，即可获得无色清亮无蛋白血滤液。

(2)检测血糖

取血糖测定管 3 支，分别标记测定管、标准管及空白管，按表 3-9 所示操作。

表 3-9 检测血糖操作步骤

步骤		测定管	标准管	空白管
1	无蛋白血滤液/mL 葡萄糖标准应用液/mL 蒸馏水/mL 碱性铜溶液/mL	2 0 0 2	0 2 0 2	0 0 2 2
2	混合后，在沸水中煮沸 8 min(严守时间)，取出后浸于冷水中 2～3 min(不可摇动)			
3	磷钼酸试剂	2 mL	2 mL	2 mL
4	混合后，在室温下静置 2 min			
5	蒸馏水加至	25 mL	25 mL	25 mL
6	混匀，待管内二氧化碳逸出后比色，选用 620 nm 滤光板比色，读取各管光密度			

4. 计算

$$全血血糖含量(mg/100\ mL)=\frac{测定管光密度\times 0.2\times 100}{标准管光密度\times 0.2}$$

标准制的换算：

$$\text{血中葡萄糖(mmol/L)} = \text{血中葡萄糖(mg/100 mL)} \times 0.555$$

$$\text{血中葡萄糖(mmol/L)} = \frac{\text{测定管光密度}}{\text{标准管光密度}} \times 5.55$$

部分动物正常血糖参考值，见表 3-10。

表 3-10　动物正常血糖参考值　　单位：mg/100 mL

动物种类	血糖参考值	动物种类	血糖参考值
马	80～120	绵羊	40～60
牛	60～100	猪	50～100
犬	70～100	—	—

5. 注意事项

(1)血糖测定管必须符合标准，否则不能应用。

(2)当碱性硫酸铜溶液有黄色沉淀或磷铝酸试剂变为蓝色，则意味着已变质，应重新配制试剂。

(3)血液标本必须新鲜，不能放置过久，否则血糖易分解，致使血糖含量偏低。如不能及时测定，应先制成无蛋白血滤液后在冰箱内保存。

6. 诊断意义

(1)血糖增高

病理性血糖增高见于糖尿病及内分泌疾病，如甲状腺功能亢进、肾上腺皮质功能亢进。暂时性血糖增高见于全身麻醉后、肺炎、肾炎、颅内压增高、颅脑外伤、中枢神经感染、缺氧窒息等。

(2)血糖减低

病理性血糖减低见于胰岛素分泌过多症、胰腺癌、胰岛细胞瘤、严重贫血、肾功能衰竭的慢性肾炎、肾上腺皮质功能减退、甲状腺功能减退、脑垂体功能减退等。生理性血糖减低见于长时间剧烈运动过后，过分饥饿及哺乳期。

(二)检测血清钙[乙二胺四乙酸二钠($EDTA\text{-}Na_2$)滴定法]

1. 原理

血清中的钙离子在碱性溶液中与指示剂钙红结合成为可溶性复合物，使溶液呈淡红色。当滴入 $EDTA\text{-}Na_2$ 后，因其对钙离子具有更强的亲和力，能与钙离子螯合成不溶性络合物，使指示剂重新游离，在碱性溶液中呈蓝色，故以 $EDTA\text{-}Na_2$ 滴定时，溶液由红色转变成蓝色为滴定终定，记取消耗量，并求得血清钙含量。

2. 配制试剂

①0.2 mol/L 氢氧化钠溶液。

②1 mol/L 盐酸溶液。

③钙标准液(0.1 mg 钙/mL)

准确称取经过干燥处理的碳酸钙(A・R)125 mg，加蒸馏水 20 mL，1 mol/L 盐酸 2.5 mL，徐徐加热至 60℃助溶，冷后移入 500 mL 容量瓶中，加蒸馏水至刻度。

④$EDTA\text{-}Na_2$ 存储液(1 mL≈0.1 mg 钙)：准确称取 $EDTA\text{-}Na_2$ 100 mg，加蒸馏水

50 mL，溶解后移入 1000 mL 容量瓶中，加 0.2 mol/L 氢氧化钠溶液 10 mL，加蒸馏水至刻度。

⑤EDTA-Na_2 应用液(1 mL≈0.02 mg 钙)：取 EDTA-Na_2 存储液 100 mL，置于 500 mL 容量瓶中，加蒸馏水至刻度。

⑥钙红指示剂：称取钙红 0.1 g，溶于甲醇 20 mL 中，冰箱内保存。

3. 操作方法

取小试管 3 支，按表 3-11 进行操作。

表 3-11 血清钙 EDTA-Na_2 滴定法测定步骤

步骤	测定管	标准管	空白管
血清	0.2	—	—
钙标准液	—	0.2	—
蒸馏水	—	—	0.2
0.2 mol/L 氢氧化钠溶液	1.0	1.0	1.0
钙红指示剂/滴	1	1	1
混合后，立即用 EDTA-Na_2 应用液滴定，直至溶液显蓝色为止，记录消耗量，进行计算			

4. 计算

$$血清钙(mg/100\ mL)=\frac{测定管消耗数-空白管消耗数(mL)}{标准管消耗数-空白管消耗数(mL)}\times 0.02\times\frac{100}{0.2}$$

$$=\frac{测定管消耗数-空白管消耗数(mL)}{标准管消耗数-空白管消耗数(mL)}\times 10$$

标准制：血清钙(mmol/L)=血清钙(mg/100 mL)×0.2495。

正常动物血清钙正常参考值见表 3-12。

表 3-12 动物血清钙正常参考值 单位：mg/100 mL

动物种类	血清钙		动物种类	血清钙	
	范围	平均值		范围	平均值
马	9.33～11.93	10.63	绵羊	8.20～10.84	9.52
骡	9.45～12.25	10.85	山羊	10.09～10.95	10.52
乳牛	8.80～11.40	9.90	猪	9.06～11.19	10.11
牦牛	9.36～11.12	10.24	骆驼	9.60～10.76	10.18
水牛	8.58～10.88	9.73	犬	8.12～12.20	10.16
黄牛	9.26～10.70	9.98	猫	7.25～9.19	10.16

注：上表值均为 EDTA-Na_2 法测得值。

5. 诊断意义

(1)血清钙增高

血清钙增高见于甲状旁腺机能亢进及维生素 D 中毒时。

(2)血清钙降低

血清钙降低又称低血钙症，见于幼畜低钙性佝偻病、牛羊骨软症、产后瘫痪、牛羊低镁血症、马纤维性骨营养不良以及甲状旁腺机能减退等。

(三)检测血清无机磷(硫酸亚铁-磷钼酸比色法)

1. 原理

无蛋白血滤液中加入磷钼酸铵试剂，使与磷结合成磷钼酸，再以硫酸亚铁做还原剂，使其还原成钼蓝。与同样处理的磷标准液比色，求得血清中无机磷的含量。

2. 配制试剂

①10％三氯醋酸溶液。

②钼酸铵试剂：量取浓硫酸 45 mL，缓慢加入 200 mL 蒸馏水中，待冷，另称取钼酸铵 22 g，溶入 200 mL 蒸馏水中，待溶解后，将两液混合，加蒸馏水至 500 mL。

③磷标准存储液(0.1 mgP/mL)：称取经 105℃ 干燥 12 h 的无水磷酸二氢钾(KH_2PO_4；A·R)439 mg，用少量蒸馏水溶解后，移入 1000 mL 容量瓶中，加蒸馏水至刻度。

④磷标准应用液(0.004 mgP/mL)：精确量取磷标准存储液 4 mL，置 100 mL 容量瓶中，加蒸馏水至刻度。

⑤硫酸亚铁-钼酸铵试剂：称取硫酸亚铁(A·R 或 C·P)0.5 g，加蒸馏水 9 mL 溶解，再加钼酸铵试剂 1 mL，混合，临用前新鲜配制。

3. 操作方法

取血清 0.2 mL，加 10％三氯醋酸溶液 3.8 mL，充分混匀，放置 10 min，离心，吸取上清液，按表 3-13 操作。

表 3-13　血清无机磷硫酸亚铁-磷钼酸比色法操作步骤

步骤	测定管	标准管	空白管
无蛋白血清滤液	2.0	—	—
磷标准应用液(0.004 mgP/mL)	—	1.0	—
100 g/L 三氯醋酸溶液	—	1.0	2.0
硫酸亚铁-钼酸铵溶液	2.0	2.0	2.0
混匀，放置 10 min，用 620 nm 波长或红色滤光板比色，以空白管调零，读取各管光密度			

4. 计算

$$血清无机磷(mmol/L)=\frac{测定管光密度}{标准管光密度}\times 0.004\times\frac{1000}{0.1}\times\frac{1}{30.97}=\frac{测定管光密度}{标准管光密度}\times 1.29$$

正常动物血清无机磷正常参考值，见表 3-14。

5. 诊断意义

(1)血清无机磷增高

血清无机磷增高见于维生素 D 过量，马牛骨质疏松症，甲状旁腺机能减退等。

(2)血清无机磷降低

血清无机磷降低见于骨软症、低磷性佝偻病、产后瘫痪及甲状旁腺机能亢进。

表 3-14 动物血清无机磷正常参考值 单位：mg/100 mL

动物种类	血清磷		动物种类	血清磷	
	范围	平均值		范围	平均值
马	2.85～6.05	4.45	绵羊	2.50～9.00	5.75
骡	2.73～4.65	3.19	山羊	3.00～11.00	7.00
乳牛	3.33～10.50	5.96	猪	4.00～11.00	7.50
牦牛	4.80～8.00	6.36	狗	2.20～4.00	3.10
水牛	3.86～8.28	5.66	猫	4.30～6.60	—

注：血清无机磷(mg/100 mL)×0.3229＝血清无机磷(mmol/L)。

(四)检测血清镁(钛黄比色法)

1. 原理

血清中的镁在氢氧化钠介质中形成氢氧化镁胶体粒子，后者与钛黄结合而呈橘红色。在一定范围内，显色强度与血清镁浓度成正比。

2. 配制试剂

(1)镁存储标准液(20 mmol/L)

称取硫酸镁($MgSO_4 \cdot 7H_2O$；A・R或C・P)4.93 g，用少量蒸馏水溶解，移入1000 mL容量瓶中，加蒸馏水至刻度。存储于塑料试剂瓶中备用。

(2)镁应用标准液(0.2 mmol/L)

精确取镁存储标准液1 mL，置100 mL容量瓶中，加蒸馏水至刻度。临用时配制。

(3)0.1%聚乙烯醇溶液

称取聚乙烯醇1 g，加入预温至50℃左右的蒸馏水约500 mL，充分溶解后冷却至室温，移入1000 mL容量瓶中，加蒸馏水至刻度，存储于塑料试剂瓶中备用。

(4)0.5%钛黄溶液

称取钛黄0.5 g，以蒸馏水溶解，移入100 mL容量瓶中，加蒸馏水至刻度，必要时滤过，存储于深色塑料瓶中备用。

(5)0.02%钛黄溶液

吸取0.5%钛黄溶液4 mL，加蒸馏水稀释至10 mL，临用前配制。

(6)7.5%氢氧化钠溶液

准备好7.5%氢氧化钠溶液，保证其浓度准确。

3. 操作方法

取3支试管，按表3-15操作。

表 3-15 检测血清镁钛黄比色法操作步骤

序号	步骤	测定管	低标准管	高标准管	空白管
1	镁应用标准液(0.2 mmol/L)	—	1.0	2.0	—
	血清	0.2	—	—	—
	蒸馏水	2.8	2.0	1.0	1.0
2	充分混合				

续表

序号	步骤	测定管	低标准管	高标准管	空白管
3	0.1%聚乙烯醇溶液	0.5	0.5	0.5	0.5
4	充分混合				
5	0.02%钛黄溶液	0.5	0.5	0.5	0.5
6	充分混合				
7	7.5%氢氧化钠溶液	1.0	1.0	1.0	1.0
8	混合，在5～30 min内用540 nm波长或绿色滤光板进行比色，以空白管调零，读取各管光密度				

4. 计算

测定管光密度与哪个标准管(低或高)光密度接近，就用哪个标准管光密度计算结果。

低标准管：$血清镁(mmol/L)=\frac{测定管光密度}{标准管光密度}\times 0.2\times\frac{1.0}{0.2}=\frac{测定管光密度}{标准管光密度}\times 1$

高标准管：$血清镁(mmol/L)=\frac{测定管光密度}{标准管光密度}\times 0.2\times\frac{2.0}{0.2}=\frac{测定管光密度}{标准管光密度}\times 2$

动物血清镁正常参考值，见表3-16。

表3-16　动物血清镁正常参考值　　单位：mg/100 mL

畜种	血清镁		畜种	血清镁	
	范围	平均值		范围	平均值
马	1.3～3.50	2.20	绵羊	1.80～2.40	2.27
骡	1.73～3.51	2.62	山羊	1.80～3.95	2.50
乳牛	1.20～3.50	2.04	猪	1.20～3.70	1.60
牦牛	2.40～3.60	3.00	犬	1.50～2.80	2.10
水牛	1.23～4.77	2.09	猫	2.00～3.00	2.64

5. 诊断意义

(1)血清镁降低

血清镁降低见于牛羊青草搐搦及犊牛低镁血症等。

(2)血清镁增高

血清镁增高见于急慢性肾功能衰竭及治疗低镁血症时用镁制剂过量等。

(五)测定血浆二氧化碳结合量(微量滴定法)

1. 原理

血浆中加入一定量的标准盐酸后，则血浆中碳酸氢钠被中和；放出CO_2再用标准氢氧化钠滴定所剩余的盐酸，以求出CO_2的含量。

2. 配制试剂

①0.05%酚红氯化钠溶液：称取酚红0.5 g于烧杯中，加0.1 mol/L氢氧化钠14.1 mL及蒸馏水约300 mL，加热煮沸溶解。冷后加入氯化钠8.5 g。再加蒸馏水到1000 mL，滤过，存储于棕色瓶中备用。本试剂应呈微黄红色。

②0.01 mol/L 盐酸氯化钠溶液：氯化钠 8.5 g，1 mol/L 盐酸 10 mL，蒸馏水加至 1000 mL。此液应予标定。

③0.01 mol/L 氢氧化钠氯化钠溶液：氯化钠 8.5 g，1 mol/L 氢氧化钠 10 mL，蒸馏水加至 1000 mL。此液应予标定。

④0.9%氯化钠(中性)。

⑤乙醚。

3. 测定方法

取口径、厚度相同的试管 3 支，按表 3-17 操作。

表 3-17 血浆 CO_2 结合量滴定法操作步骤

步骤	测定管	测定管	对照管
0.05%酚红	0.1	0.1	0.1
三支试管所显颜色应一致，其红色既不加深，又不变黄，否则表示试管不清洁，应另换试管重做			
血浆	0.1	0.1	0.1
0.01 mol/L 盐酸	0.5	0.5	—
剧烈振荡 1 min	振荡	振荡	不振荡
0.9%氯化钠	2.0	2.0	2.5
乙醚(于管中央滴入)	1	1	1
用 0.01 mol/L 氢氧化钠溶液滴定两支测定管至色泽与对照管一致，分别记录两测定管所消耗氢氧化钠的毫升数，求平均值后计算			

4. 计算

$$血浆\ CO_2\ 结合量(mL/100\ mL)=(0.5-氢氧化钠消耗量\times校正系数)\times\frac{100}{0.1}\times0.224$$
$$=(0.5-氢氧化钠消耗量\times校正系数)\times224$$

0.01 mol/L 氢氧化钠应予校正，求得校正系数，其方法是：取 0.01 mol/L 盐酸 1 mL 于试管中，加入酚红指示剂 0.1 mL，中性生理盐水 2 mL，以 0.01 mol/L 氢氧化钠滴定至微红色，15 s 不褪色为止。盐酸用量除以氢氧化钠用量，即为校正系数。

标准制：血浆 CO_2 结合量(mmol/L)＝血浆 CO_2 结合量(mL/dL)×0.4492。

动物血浆 CO_2 结合量正常参考值，见表 3-18 所示。

表 3-18 动物血浆 CO_2 结合量正常参考值 单位：mL/100 mL

动物种类	血浆 CO_2 结合量		动物种类	血浆 CO_2 结合量	
	范围	平均值		范围	平均值
马	53.25～73.64	64.70	乳牛	44.76～60.47	56.00
骡	49.05～71.96	64.70	牦牛	44.76～58.19	52.66
驴	56.58～68.28	62.40	猪	27.0～56.0	47

5. 诊断意义

(1)血浆 CO_2 结合量降低

血浆 CO_2 结合量降低为代谢性酸中毒的表示，见于急性胃肠炎(特别是中毒性胃肠炎)、严重腹泻、肠阻塞、肠变位、牛瘤胃酸中毒、瘤胃积食、马麻痹性肌红蛋白尿病、牛酮血病、创伤性休克及其他能引起代谢性酸中毒的疾病过程中。

(2)血浆 CO_2 结合量增高

血浆 CO_2 结合量增高为代谢性碱中毒的表示，见于胃酸分泌过多、小肠阻塞、呕吐、摄入碱过多，偶见于大量注射碳酸氢钠液引起碱中毒时。

任务工单 1

任务名称	血液常规检查		
任务描述	认知血液常规检查，能说明血常规检查的基本技术原理及操作，能按操作规程完成血液常规检测		
准备工作	1. 在动物诊疗实训室准备进行血液常规检查用的实习动物。 2. 在实验室内准备血液常规检查的挂图、血液常规化验单及多媒体资料。 3. 在临床化验实训室内准备魏氏血沉管、血沉架、毛细玻璃吸管、离心机、电子血细胞计数仪、温氏红细胞压积容量测定管、载玻片、注射针头、刻度小试管、秒表、恒温水浴箱、沙利氏血红蛋白计、血细胞计数板、盖玻片、沙利氏吸管、吸管、试管、显微镜、分类计数器等。准备 3.8% 枸橼酸钠溶液；0.1 mol/L 盐酸溶液；红细胞稀释液；白细胞稀释液；瑞氏染液、甲醇、磷酸缓冲液、香柏油、二甲苯等		
实施步骤	1. 通过互联网搜索、多媒体资料的相关内容，熟悉血液常规检测的基本原理和操作方法。 2. 在临床化验实训室，按下列工作程序完成相应操作，熟练掌握血液常规的操作方法： (1)测定红细胞沉降速度和红细胞压积容量：采血→血液抗凝→测定→读数； (2)检测血红蛋白含量：溶解血液→静置→稀释→比色→读数； (3)红细胞计数和白细胞计数：稀释血液→充液→镜检计数→计算； (4)白细胞分类计数：制作血涂片→染色→镜检辨别计数→计算		
考核评价	考核项目	评分标准	分值
	血液常规检测的基本内容	能说明血液常规检测的内容，包括：测定红细胞沉降率，测定红细胞压积容量，测定血红蛋白含量，红、白细胞计数，白细胞分类计数(回答全部正确 10 分)	10 分
	血液常规操作技术	能熟练进行红细胞沉降率测定，红细胞压积容量测定，血红蛋白含量测定，红、白细胞计数，白细胞分类计数(每正确一项得 10 分)	60 分
	血液常规化验单正确分析	能对教师提供的动物血液常规化验单进行正确分析，并能对异常结果给出正确诊断(得 30 分)	30 分
	合　　计		100 分

任务工单 2

任务名称	血液生化检查
任务描述	认知血液生化检查，熟悉血液生化检查的基本技术原理及操作，能按操作规程完成血液生化检测

续表

<table>
<tr><th>任务名称</th><th colspan="3">血液生化检查</th></tr>
<tr><td>准备工作</td><td colspan="3">1. 在动物诊疗实训室准备进行血液生化检查用的实习动物。
2. 在实验室内准备血液生化检查的挂图及多媒体资料。
3. 在临床化验实训室内准备0.25%苯甲酸溶液、葡萄糖存储标准液、葡萄糖应用标准液、碱性铜溶液、磷钼酸试剂、10%钨酸钠溶液、2∶1硫酸溶液、0.2 mol/L氢氧化钠溶液、1 mol/L盐酸溶液、钙标准液、EDTA-Na_2存储液及应用液、钙红指示剂、10%三氯醋酸溶液、钼酸铵试剂、磷标准存储液、磷标准应用液、硫酸亚铁-钼酸铵试剂、镁存储标准液、镁应用标准液、0.1%聚乙烯醇溶液、0.5%钛黄溶液、0.02%钛黄溶液、7.5%氢氧化钠溶液；0.05%酚红氯化钠溶液、0.01 mol/L盐酸氯化钠溶液、0.01 mol/L氢氧化钠氯化钠溶液、0.9%氯化钠、乙醚等</td></tr>
<tr><td>实施步骤</td><td colspan="3">1. 通过互联网搜索、多媒体资料的相关内容，熟悉血液生化检测的基本原理和操作方法。
2. 在临床化验实训室，按下列工作程序完成相应操作，熟练掌握血液生化检测的操作方法：
(1)检测血糖：制备无蛋白血滤液→测定血糖→计算；
(2)检测血清钙：按规定步骤测定→计算；
(3)检测血浆二氧化碳结合量：按规定步骤测定→计算</td></tr>
<tr><td rowspan="5">考核评价</td><td>考核项目</td><td>评分标准</td><td>分值</td></tr>
<tr><td>血液生化检测的基本内容</td><td>能说明血液生化检测的内容，包括：检测血糖、检测血清钙、测定血浆CO_2结合量(回答全部正确10分)</td><td>10分</td></tr>
<tr><td>血液生化检测操作技术</td><td>能熟练进行血糖检测、血清钙检测、血浆CO_2结合量测定(每正确一项得10分)；能正确计算全血血糖含量、血清钙值、血浆CO_2结合量(每正确一项得10分)</td><td>60分</td></tr>
<tr><td>血液生化检测诊断意义</td><td>说明血糖增高或降低、血清钙增高或降低、血浆CO_2结合量增高或降低的诊断意义(每正确一项得10分)</td><td>30分</td></tr>
<tr><td colspan="2">合　　计</td><td>100分</td></tr>
</table>

任务二 尿液检验

目标呼应

任务目标	课程教学目标
熟悉尿比重检测、尿酸碱度检测、尿蛋白定性检测、尿葡萄糖定性检测、尿酮体检测、尿胆红素检测、尿潜血检测和尿蛋白检测的方法	说明血、尿、粪常规检查等基本技术原理并熟悉操作
能说明有机沉渣和无机沉渣的辨别方法	

情境导入

动物泌尿器官本身或有些其他器官的疾病都可引起尿液成分和性质的变化，因此，尿液检验在临床诊断、治疗和预后判断上都具有重要意义，是临床上一项不可忽视的检查。一旦发现尿异常，常是肾脏或尿路疾病的第一个指征，也是提供病理过程本质的重要线索。

知识链接

一、采集和保存尿液

通过动物自然排尿或导尿管采集法(小动可采用压迫膀胱法)接取尿液(中段尿液最好)，置于清洁容器内，立即检验或送检。如不能马上检验或送检时，应放在冰箱内保存，或加入防腐剂保存，如每 100 mL 尿液中可加入硼酸 0.25 g 或甲苯 0.5～1 mL，或麝香草酚 0.1 g 皆可。但供细菌学检查的尿液不能加防腐剂。

二、尿液的物理学检查

检查内容包括：尿液量、气味、透明度、颜色及尿比重。其中，前四项检查方法及诊断意义可参见“检查泌尿生殖系统”。

测定尿比重(比重计法)的测定方法是：先测定尿液温度，并记录结果。而后将尿液混匀，徐徐加入尿比重筒内至 2/3 处，将尿比重计轻放入尿中，尿比重计稳定后读取尿液凹面处的比重计上刻度数，即为尿液比重值。如被检尿液温度高或低于比重计上所标明温度 3℃时，每升高 3℃，应在测得数值中加 0.001，低于 3℃时，则减 0.001。

尿液比重正常参考值见表 3-19。

表 3-19 尿液比重正常参考值

动物种类	正常参考值	动物种类	正常参考值
马	1.025～1.055	猪	1.018～1.022
牛	1.025～1.050	犬	1.020～1.050
羊	1.015～1.065	猫	1.020～1.040

当尿比重病理性增高时，主要见于热性病、腹泻、呕吐、急性肾炎、心力衰竭等；尿比重病理性降低，主要见于尿崩症、渗出性疾病的吸收期及服利尿剂之后。

三、尿液的化学检验

尿液的化学检测包括：尿液酸碱度测定及尿中蛋白质、葡萄糖、酮体、胆红素的定性检验等。目前在医学上对尿蛋白、尿糖及尿酮的检验等已广泛用试纸法，可供兽医临床上参考应用，在测定时需要先将尿液酸化，再将试纸条浸入尿液中，取出与标准比色板比色判定。

(一)测定尿液酸碱度(pH试纸法)

1. 测定方法

将pH试纸条浸入尿中，取出后与标准比色板比色即可判定。

2. 正常pH

动物尿液正常pH，见表3-20。

表3-20　动物尿液正常pH

动物种类	正常pH	动物种类	正常pH
马	7.2～7.8	山羊	8.0～8.5
牛	7.2～8.7	羔羊	6.4～6.6
犊牛	7.0～8.3	猪	6.5～7.8

3. 诊断意义

草食兽尿液为酸性，见于牛酮血病、骨软病、大出汗、饥饿、消耗性疾病、营养不良以及某些热性病等。肉食兽尿液为碱性或草食兽尿液变成强碱性，见于剧烈呕吐、膀胱炎等。

(二)定性检测尿蛋白质(磺基水杨酸法)

1. 原理

磺基水杨酸的酸根阴离子与蛋白质中的氨基阳离子相结合，生成不溶性蛋白盐而析出沉淀。

2. 配制试剂

10%磺基水杨酸甲醇溶液：称取磺基水杨酸(A·R)20 g，加蒸馏水溶解并稀释至100 mL，再加入甲醇100 mL，混合后存储于棕色瓶中，暗处保存备用。

3. 操作方法

(1)按被检尿液量的1/10，加入10%醋酸溶液，使尿液酸化透明。

(2)取酸化尿液2～3 mL置试管中，加入磺基水杨酸甲醇溶液5～10滴，3～5 min后，在黑色背景下观察判定结果，按表3-21报告。

表3-21　尿蛋白质磺基水杨酸法检验结果判定标准

试验反应	结果判定	试验反应	结果判定
尿液透明清晰	－	稀乳样混浊	＋＋
轻微混浊	±	乳样混浊或有少量絮片	＋＋＋
清楚的白色	＋	絮片状混浊	＋＋＋＋

4. 注意事项

当尿中含有尿酸、酮体时可呈现假阳性，但加热后消失，并不复现。如果是蛋白质产生的混浊，加热后混浊仍不消失。

5. 诊断意义

肾性蛋白尿，见于肾炎、肾病等；肾外性蛋白尿，见于输尿管炎、膀胱炎、尿道炎等；某些急慢性传染病(如流行性感冒、传染性胸膜肺炎、结核、鼻疽等)、血孢子虫病及急性中毒病过程中，肾脏或尿路发生病变也常呈现蛋白尿。

(三)定性检测尿葡萄糖(班氏法)

1. 原理

尿中葡萄糖的醛基在热碱性溶液中，能将高价铜(Cu^{++})还原成低价铜(Cu^{+})生成棕红色的氧化亚铜沉淀。

2. 配制试剂

班氏试剂：结晶硫酸铜 17.3 g、无水碳酸钠 100 g、枸橼酸钠 173 g、蒸馏水加至 1000 mL。

配制时，先将枸橼酸钠和无水碳酸钠溶解于约 700 mL 蒸馏水中，可加热助溶；将硫酸铜溶解于 100 mL 蒸馏水中，亦可加热助溶，均待冷却后，将硫酸铜液慢慢加入枸橼酸钠混合液中，边加边混匀，最后加蒸馏水至 1000 mL，滤过后存储于棕色瓶中备用。

3. 操作方法

取班氏试剂 5 mL 于试管中，加热至沸，试剂变得更蓝而透明(若试剂显绿黄色或红色，则是试管不洁或试剂不合格)，然后加入待检尿 0.5 mL(约 10 滴)，继续加热煮沸 1～2 min，待冷却后判定结果。并按表 3-22 报告。

表 3-22 尿糖班氏法检验结果判定标准

试验反应	葡萄糖含量/g%	结果判定
煮沸冷却后试剂仍呈清晰蓝色	无	－
煮沸冷却后有少量绿色沉淀	0.1～0.5	＋
煮沸 1 min 后显少量黄绿色沉淀	0.5～1.4	＋＋
煮沸 10～15 s 即显土黄色沉淀	1.4～2.0	＋＋＋
煮沸中即见黄色或红棕色沉淀	2.0 以上	＋＋＋＋

4. 注意事项

①尿液与试剂应按 10∶1 的比例加入。尿液过多时，尿液中的其他还原物质呈现还原作用，产生假阳性。

②铜离子可与蛋白质结合形成沉淀，如尿中含有蛋白质，可先除去蛋白质后再进行尿糖试验。

5. 诊断意义

(1)生理性糖尿

生理性糖尿见于家畜采食了大量含糖饲料或兴奋惊恐时，多为暂时性。

(2)病理性糖尿

病理性糖尿见于肾脏病症、脑脊髓疾病(如脑脊髓炎、脑出血等)、化学药品中毒(如水合氯醛中毒)、乳房炎、产后瘫痪及糖尿病(犬、猫较多见)等。

(四)检测尿酮体[改良骆特拉(Rothera)氏法]

1. 原理

在碱性溶液中，亚硝基铁氰化钠与尿中丙酮酸或乙酰乙酸作用生成紫红色化合物。

2. 配制骆氏试剂

亚硝基铁氰化钠 0.5 g，无水碳钠 10 g，硫酸铵 20 g，共研为粉末，烘干后密闭存储于棕色瓶中备用。

3. 操作方法

取试剂粉 0.1 g，置于白瓷反应板凹窝内(或玻片上)，加尿液 2 滴，至尿液完全将试剂粉浸湿，5 min 内观察颜色变化。如显现粉红色或紫色者为阳性反应，不显色者为阴性。并按表 3-23 所示标准报告。

表 3-23　尿酮体检验判断标准

反应现象	结果判断	报告方式
立即出现深紫色	强阳性	+++～++++
立即呈现淡紫色而后转为深紫色	阳性	++
逐渐呈现淡紫色	弱阳性	+
5 min 内无紫色出现	阴性	−

4. 诊断意义

尿中检出酮体，常见于牛醋酮血症、绵羊妊娠毒血症及犬猫糖尿病等。尿中酮体检验是早期查出乳牛亚临床酮血病的常规项目之一。

(五)检测尿胆红素(碘环法)

1. 原理

胆红素可被碘氧化成胆绿素而显绿色。

2. 配制稀碘液

碘 1 g，碘化钾 2 g，蒸馏水加至 300 mL。配制时，先用 20 mL 蒸馏水将碘化钾溶解，再加碘片，待完全溶解后加蒸馏水至 300 mL。

3. 操作方法

取尿液 2 mL 于小试管中，沿管壁慢慢加入稀碘液 2 mL，在两液交界处形成绿色环者为阳性反应，颜色越深胆红素含量越高。

4. 诊断意义

健康家畜尿中不含有胆红素，如尿中检出胆红素，则为肝实质损伤或阻塞性黄疸的特征。

(六)检测尿潜血(邻甲苯胺法)

1. 原理

血红蛋白有类似过氧化酶的作用，能分解过氧化氢，放出新生态氧，使邻甲苯胺氧化生成蓝绿色化合物。

2. 配制试剂

(1)1%邻甲苯胺溶液：邻甲苯胺 1 g，加无水甲醇 50 mL 和冰醋酸 50 mL 配制而成。

(2)3%过氧化氢。

(3)乙醚。

3. 操作方法

(1)取被检尿液 5 mL 置于大试管中煮沸，用以除去尿内可能存在的过氧化物酶，冷却后加冰醋酸数滴使成酸性。

(2)加入乙醚 3 mL，加力振摇，静置片刻使尿液与乙醚分层(如遇乙醚层呈胶状，不易分层时，可加入 95%乙醇少许，轻摇即可使乙醚层分离)。

(3)吸取乙醚层液体，滴 2 滴于瓷反应板凹窝中，加入 1%邻甲苯胺二滴，3%过氧化氢二滴。如显蓝色即为阳性反应，表明尿中有潜血或血红蛋白存在，并按表 3-24 报告结果。

表 3-24　邻甲苯胺法测定尿潜血结果判定标准

试验反应	判定结果
3 min 后不显蓝绿色	－
30～60 s 内显蓝绿色	＋
立即显蓝绿色	＋＋
立即显深蓝色	＋＋＋

4. 诊断意义

检测呈现阳性，表明尿中有血液或血红蛋白存在。可通过尿沉渣显微镜检查加以区别，如发现有一定量红细胞存在为血尿，反之则为血红蛋白尿。前者见于泌尿器官出血性疾病、某些传染病(如炭疽、钩端螺旋体病等)及寄生虫病(如肾虫病)；后者则见于牛产后血红蛋白尿病、新生仔畜溶血病及某些中毒病(蕨中毒、尿中毒等)过程中。

(七)检测肌红蛋白尿(硫酸铵－邻甲苯胺法)

1. 原理

尿中血红蛋白和肌红蛋白均可与邻甲苯胺作用呈现阳性反应。但由于血红蛋白能被 80%硫酸铵溶液所沉淀，而肌红蛋白在此浓度时仍以溶解状态存在(只有饱和硫酸铵溶液才能使之沉淀)。故可先用 80%硫酸铵溶液使血红蛋白沉淀并除去，再用邻甲苯胺检验有无肌红蛋白存在，加以鉴别。

2. 配制试剂

(1)1% 邻甲苯胺甲醇溶液：邻甲苯胺 1 g，加入甲醇 100 mL，溶解后，存储于棕色试剂瓶中，暗处保存备用。

(2)3%过氧化氢。

(3)硫酸铵(A·R)。

3. 检测方法

(1)取被检尿液 4 滴，置于白瓷反应板的凹窝中，加 1%邻甲苯胺溶液 2 滴，混合后再加 3%过氧化氢 3 滴，若显绿色或蓝色则为阳性反应，证明有血红蛋白或肌红蛋白存在。

(2)将被检尿液滤过或离心使之透明，然后吸取透明被检尿液 5 mL，徐徐加入硫酸铵 2.8 g，边加边摇，使之充分溶解(此时硫酸铵浓度约为 80%)，静置 5～15 min，用滤纸反复滤过，直到滤液透明(除去可能存在的血红蛋白)；再加入1%邻甲苯胺溶液及3%过氧化氢液，检验有无肌红蛋白存在，若滤液呈现绿色或蓝色为阳性反应，证明尿中有肌红蛋白存在，若不显色则为阴性反应，证明有血红蛋白。

也可取尿液10 mL，加入硫酸铵5.6 g，充分溶解后，反复滤过，直至滤液透明后，取此滤液5 mL，再加入硫酸铵1～1.2 g达到饱和，使肌红蛋白沉淀，再离心后弃去上清液，向沉渣中加入1%邻甲苯胺液2滴，3%过氧化氢3滴，如出现绿色或蓝色为阳性，证明尿中含有肌红蛋白。

4. 诊断意义

尿液中出现肌红蛋白，常见于马麻痹性肌红蛋白尿病、硒缺乏症及重剧肌肉损伤过程中。

四、尿沉渣检查

首先制作尿沉渣标本，将尿液静置或离心沉淀，取其沉淀物涂片即可。

(一)检查尿中有机沉渣

先用低倍镜观察，再用高倍镜进一步鉴别。尿中常见有机沉淀物为红细胞、白细胞、上皮细胞及管型等。

尿液有机沉渣检查结果的报告形式为：少许(0～1/高倍镜)、+(2～6/高倍镜)、++(7～20/高倍镜)、+++(21～50/高倍镜)、++++(50以上/高倍镜)。

1. 辨别尿中常见有机沉渣

(1)红细胞

新鲜尿中红细胞形态正常，呈淡黄色圆形。在碱性尿中的红细胞很快被破坏，在弱酸性尿中红细胞的形态和色泽可较长时间无改变。

(2)白细胞

白细胞呈无色圆形，核模糊，在酸性尿中易皱缩，在碱性尿中易膨胀，形态破烂者多成为脓细胞。

(3)上皮细胞

尿中常见上皮细胞(图3-4)。

①肾上皮细胞：呈圆形、椭圆或立方形，比白细胞约大1/3，核大而圆，位于细胞中央，颗粒充满胞浆。如发生脂肪变性时，可在胞浆中见到折光性的脂肪颗粒。此类细胞主要来自肾小管、尿路后段及其深层上皮组织。

②尾形上皮细胞：比白细胞大2～4倍，形状不一，有呈梨形、纺锤形、近似圆形或带尾形，细胞核呈圆形或椭圆形。此类细胞来自肾盂、输尿管和膀胱黏膜的深层。

③扁平上皮细胞：细胞形态大而扁平，常呈片状，细胞核小而明显，呈圆形或椭圆形，多成堆存在。这种细胞来自膀胱及尿道黏膜的表层。

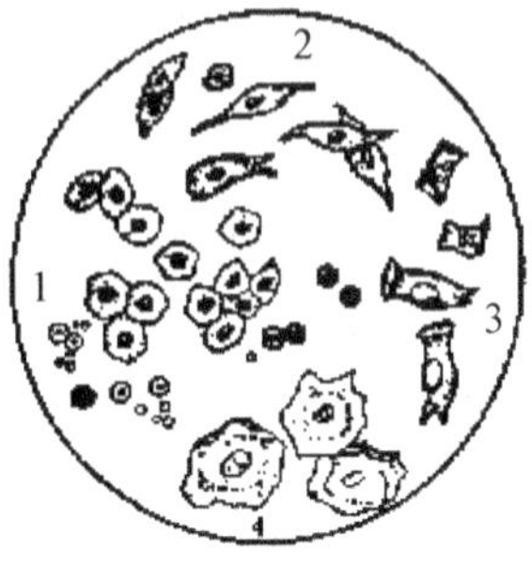

图3-4　尿沉渣中的上皮细胞

1-肾上皮；2-尿路上皮；3-肾盂上皮；4-膀胱上皮

(4)管型

当肾脏发生病变时，肾小球的通透性增加，使大量蛋白渗入肾小管内，因水分被吸收而浓缩，在酸性增加和硫酸软骨素存在时，蛋白质在肾小管腔内由溶胶变为凝胶，析出水分而凝固，或与血细胞、上皮细胞和退行性变性的细胞黏合而形成的圆柱状物体即为管型。

依据结构不同，管型可分为下列几种(图 3-5)。

①透明管型：无色半透明，两端圆、直或微弯曲，无颗粒。

②颗粒管型：管型内含有大小不等的颗粒，根据颗粒粗细又可分为粗颗粒和细颗粒两种管型。

③蜡样管型：形似透明管型，常呈皱褶折光、灰暗色，如蜡状，两端不齐，较粗短。

④细胞管型：管型内含有多量细胞，根据所含细胞的不同又可分为红细胞、白细胞及肾上皮细胞管型三种。

⑤脂肪管型：较粗大，管型内有许多微小的脂肪滴和脂肪酸结晶，是上皮管型和颗粒管型脂肪变性的产物所形成的；可用苏丹Ⅲ染色，以此与颗粒管型区别。

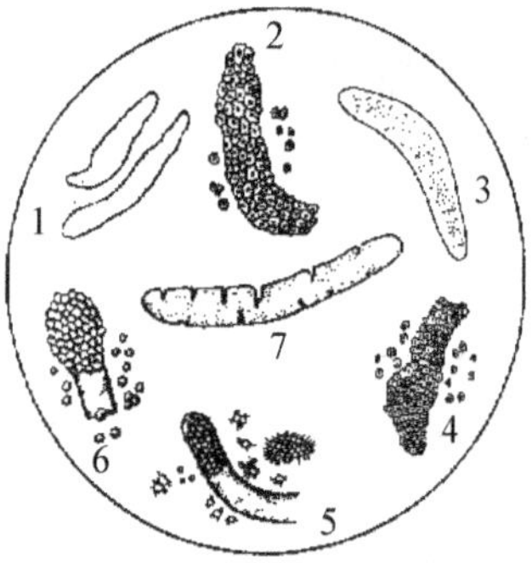

图 3-5　尿沉渣中各种管型模式

1-透明管型；2-上皮管型；3-颗粒管型；4-血细胞管型；5-脂肪管型；6-混合管型；7-蜡样管型

2. 诊断意义

(1)健康动物尿中无红细胞，偶见极少细胞。如尿中出现一定量的红细胞，则表明泌尿系统有出血性炎症或损伤；出现一定量的白细胞及脓细胞，则表明泌尿系统发生炎症，见于肾炎、肾盂肾炎、膀胱炎、尿道炎及肿瘤等。

(2)当某种上皮细胞明显增多，则表明该细胞原在部位有病变。如肾上皮细胞增多见于急性肾炎和肾病时；尾形上皮细胞增多表明尿路黏膜有重剧炎症；扁平上皮细胞增多见于膀胱和尿道黏膜的表层炎症。

(3)尿中出现管型是肾脏疾病的重要标志，见于急、慢性肾炎及引起肾脏病变的其他疾病。

(二)检查尿中无机沉渣

无机沉渣主要有各种盐类结晶和一些结晶性物。由于尿液的酸碱性不同，所含沉渣也不同。

1. 碱性尿中的无机沉渣

碱性尿中的无机沉渣包括碳酸钙、磷酸钙、马尿酸及磷酸铵镁、尿酸铵等，其形态特征如图 3-6 所示。前三者为尿的正常成分，其减少或消失则为病态，如草食动物尿中缺乏碳酸钙是尿变酸性的特征。马尿中尿酸减少或消失为肾实质患病的指征。后二者在病理状态下出现，如尿中出现磷酸铵镁，表示尿在膀胱或肾盂中有发酵现象，为肾盂肾炎和膀胱炎的特征。在新鲜尿中出现尿酸铵结晶表明有化脓性感染，见于肾盂肾炎及膀胱炎。

图 3-6　碱性尿中的无机沉渣

1-磷酸铵镁；2-磷酸钙；3-马尿酸；4-尿酸铵；5-磷酸盐；6-磷酸钙

2. 酸性尿中的无机沉渣

酸性尿中的无机沉渣有草酸钙、尿酸盐结晶及尿酸结晶等，均为正常成分，其形态特征如图 3-7 所示。其含量异常增多多属病态，例如草酸钙异常增多，见于糖尿病、慢性肾炎及某些代谢病；硫酸钙增多，可见于草食动物胃肠炎时；草酸钙结晶增多，可见于草食动物发热性疾病、某些传染病和寄生虫病。尿酸结晶为肉食动物尿中的正常成分，其增多见于发热病和饥饿时。

图 3-7　尿沉渣

上半部：酸性尿液中无机沉渣

1-草酸钙；2-碳酸钙；3-尿酸

下半部：病理性尿沉渣

Ⅰ-亮氨酸；Ⅱ-酪氨酸；Ⅲ-胆固醇

(三)仅在某些疾病时出现的沉渣

1. 白氨酸

白氨酸为黄色球形结晶，具有同心圆的放射状条纹，如木材横断面，见于肝脏急性疾患、磷及二氧化碳中毒、严重代谢障碍病时。

2. 酥氨酸

酥氨酸为黄色细丝状物，常聚集成中央狭细的束状或簇状，见于重剧的神经系统疾病及肝脏疾病时。

3. 胆固醇

胆固醇为长方形缺一角的闪光透明结晶，可见于肾脂肪变性、肾盂肾炎时。

任务工单 1

<table>
<tr><td>任务名称</td><td colspan="3">尿液常规检查</td></tr>
<tr><td>任务描述</td><td colspan="3">认知尿液物理学检验及尿沉渣检查，熟悉尿液物理学检查及尿沉渣检查的基本内容及操作，能按操作规程完成尿液物理学检验及尿沉渣检查</td></tr>
<tr><td>准备工作</td><td colspan="3">1. 在动物诊疗实训室准备进行尿液检查用的实习动物。
2. 在实验室内准备尿液物理学检验及尿沉渣检查的多媒体资料。
3. 在临床化验实训室内准备尿导管、烧杯、大试管、冰箱、尿比重筒、比重计、温度计、载玻片、显微镜等</td></tr>
<tr><td>实施步骤</td><td colspan="3">1. 通过互联网搜索、学习多媒体资料相关内容，熟悉尿液物理学检验及尿沉渣检查的基本内容及操作方法。
2. 在临床化验实训室，按下列工作程序完成相应操作，熟练掌握尿液物理学检验及尿沉渣检查的操作方法：
(1)采集与保存尿液；
(2)尿液物理学检验：对采集完的尿液依次进行尿量、气味、透明度、颜色及尿比重检验；
(3)检测尿沉渣：制作尿沉渣标本→镜检→辨别有机沉渣和无机沉渣</td></tr>
<tr><td rowspan="2">考核评价</td><td>考核项目</td><td>评分标准</td><td>分值</td></tr>
<tr><td>尿液物理学检查</td><td>正确采集尿液(得 10 分)，能正确对尿液进行尿量、颜色、气味、透明度、尿比重检查，并能对检查出的异常结果进行疾病判断(每正确一项得 10 分)</td><td>60 分</td></tr>
<tr><td rowspan="3">考核评价</td><td>考核项目</td><td>评分标准</td><td>分值</td></tr>
<tr><td>尿沉渣检查</td><td>熟练掌握尿沉渣检查操作方法(正确得 10 分)，能辨识尿中有机沉渣红细胞、上皮细胞、管型并能说明其诊断意义(每正确一项得 10 分)</td><td>40 分</td></tr>
<tr><td colspan="2">合　　计</td><td>100 分</td></tr>
</table>

任务工单 2

任务名称	尿液化学检查
任务描述	认知尿液化学检查，熟悉尿液化学检查的基本技术原理及操作，能按操作规程完成尿液化学检测
准备工作	1. 在动物诊疗实训室准备进行尿液检查用的实习动物。 2. 在实验室内准备尿液化学检查的挂图、尿常规化验单及多媒体资料。 3. 在临床化验实训室内准备尿导管、烧杯、大试管、冰箱、酒精灯、试管夹、白瓷反应板、载玻片、离心机、载玻片；硼酸、甲苯、麝香草酚、10%醋酸溶液、10%磺基水杨酸甲醇溶液、班氏试剂、骆氏试剂、1%邻甲苯胺溶液、3%过氧化氢、乙醚、95%乙醇等

续表

<table>
<tr><td>任务名称</td><td colspan="3">尿液化学检查</td></tr>
<tr><td>实施步骤</td><td colspan="3">1. 通过互联网搜索、学习多媒体资料相关内容，熟悉尿液化学检测的基本原理及操作方法。
2. 在临床化验实训室，按下列工作程序完成相应操作，熟练掌握尿液化学检测的操作方法：
(1)检测尿液酸碱度：采集尿液→pH 试纸测定；
(2)定性检测尿蛋白：酸化尿液→加磺基水杨酸甲醇溶液→判定结果；
(3)定性检测尿葡萄糖：配制班氏试剂→加热试剂→加入被检尿液并加热→冷却后判定结果；
(4)测定尿酮体：配制骆氏试剂→于白瓷反应板上加入试剂→加入尿液→观察判定；
(5)测定尿潜血：配制 1%邻甲苯胺溶液→煮沸尿液并冷却→加乙醚、静止→吸取乙醚层置于白瓷反应板中→加入 1%邻甲苯胺溶液→加 3%过氧化氢→观察判定</td></tr>
<tr><td rowspan="5">考核评价</td><td>考核项目</td><td>评分标准</td><td>分值</td></tr>
<tr><td>尿液化学检验内容</td><td>说明尿液化学检测的内容，包括酸碱度测定、尿蛋白、尿糖、尿酮、尿潜血等项目(回答正确得 10 分)</td><td>10 分</td></tr>
<tr><td>尿液化学检测操作方法</td><td>能熟练进行尿液酸碱度、尿蛋白、尿糖、尿酮、尿潜血检测(每正确一项得 10 分)</td><td>50 分</td></tr>
<tr><td>分析动物尿常规化验单</td><td>能对教师提供的动物尿常规化验单进行正确分析，并说明异常结果的诊断意义(分析正确得 40 分)</td><td>40 分</td></tr>
<tr><td colspan="2">合　　计</td><td>100 分</td></tr>
</table>

任务三 粪便检验

目标呼应

任务目标	课程教学目标
熟悉粪酸碱度、粪潜血的测定方法	说明血、尿、粪常规检查等基本技术原理并熟悉操作

情境导入

粪便常规化验包括粪便的外观观察和显微镜检查两项。它对消化道疾病和肠道寄生虫病的诊断和治疗观察有重要意义。粪便常规检查对于判断动物健康状况是必要的检查项目。

知识链接

一、粪便的物理学检验

粪便的物理学检验是指肉眼观察粪便的量、性状以及有无寄生虫和异物等，从而为消化系统疾病的诊断提供依据。

(一)感观检查粪便

1. 气味

健康马、牛、羊的粪便无难闻的臭味，猪、犬的粪臭气味较重。如果粪便具有酸臭味或腐败臭味，见于肠炎、消化不良。

2. 颜色

动物粪便颜色因饲料种类、内服药物及病理情况而不同。粪便呈灰白色或黄白色见于仔猪大肠杆菌病、雏鸡白痢、犊牛蛔虫病等；粪便呈黑色见于胃及前部肠管出血；粪球表面附有红色血液见于后部肠管出血。

3. 形状

粪便稀薄、不呈固有形状，见于肠炎、消化不良；粪便少而干硬，呈羊粪状，见于猪瘟；粪便呈算盘珠样，见于牛瓣胃阻塞。

4. 混有物

粪便混有未消化的饲料残渣，见于消化不良、猪传染性胃肠炎；混有血液，见于出血性肠炎；混有块状、絮状或筒状纤维素，见于纤维素性肠炎。

5. 寄生虫

粪便中较大的虫体，如蛲虫、蛔虫等，肉眼即可发现，将粪便冲洗后还可发现钩虫、鞭虫等小的虫体。服驱虫剂后排便时应检查有无虫体。驱绦虫后应仔细寻找有无虫头。

(二)涂片检查粪便

由粪便不同部分采取少许粪块，置于载玻片上，加少量生理盐水，用牙签混合并涂成薄层，加盖玻片，用低倍镜观察。如果粪便稀薄如水样，置于试管中让其沉淀，然后用吸管吸取沉渣，涂片镜检。

粪球表面或内部的肉眼可见的异物，如血凝块、脓汁、脓块、肠黏膜及伪膜等，仔细挑选出来，置于载玻片，加适量生理盐水涂成薄层，加盖玻片镜检。

镜下所见：

①红细胞：为小而圆、无细胞核的发亮物，常散在或与白细胞同时出现。

②白细胞：为圆形、有核、构造清晰的细胞，常分散存在。

③脓球：结构模糊不清、核隐约可见，常常聚集在一起存在。

④上皮细胞：柱状上皮细胞来自肠黏膜，扁平上皮细胞来自肛门附近。

⑤饲料残渣：粪便内含有多量粗纤维及未消化谷粒，见于消化不良及牙齿疾病。

⑥伪膜：随粪便排出的伪膜是由纤维蛋白、上皮细胞和白细胞所组成，常为圆柱状，见于纤维素或伪膜性肠炎。

⑦寄生虫虫卵：消化道线虫如蛲虫、蛔虫、鞭虫等感染严重时，可见其虫卵。详细内容见“寄生虫检验技术”课程。

二、粪便的化学检验

(一)测定粪便酸碱度

1. 测定方法

常用 pH 试纸法。取新鲜粪便(从粪的内外各层采取)2～3 g 置试管或小烧杯内，加中性蒸馏水 8～10 mL，混匀，用精密 pH 试纸测定。

2. 诊断意义

粪便酸碱度与饲料成分及肠内容物的发酵或腐败过程有关。草食动物的正常粪便呈弱碱性反应；杂食和肉食动物则取决于饲料的性质，一般饲喂混合性饲料时为弱碱性，有的为中性或酸性。病理状态下，肠内糖类发酵旺盛，粪便呈酸性反应，常见于酸性肠卡他等；当肠内蛋白质腐败分解旺盛时，粪便呈较强的碱性反应，常见于碱性肠卡他及胃肠炎等。

(二)检验粪便潜血(联苯胺法)

1. 测定方法

取少量粪便涂于干净载玻片上(检验肉食兽粪潜血时，必须在 3～4 d 内禁喂肉食)，将玻片在酒精灯上缓慢通过数次，待冷却后，滴加 1%联苯胺冰醋酸溶液 2～3 滴，再加等量 3%过氧化氢溶液，放在白纸上观察。正常无潜血的粪便不呈现颜色反应。呈现蓝色或绿色反应的为阳性，蓝色出现越早，表明粪便里的潜血也越多，见表 3-25。

表 3-25　粪潜血联苯胺检验结果判定标准

试验反应	结果判定
5 min 内不出现颜色反应	－
2 min 内出现淡蓝色	＋
1 min 内出现深蓝色	＋＋

续表

试验反应	结果判定
0.5 min内出现深蓝色	+++
立即出现深蓝色	++++

2. 诊断意义

阳性结果表明胃肠道有出血性疾患，见于出血性胃肠炎、创伤性网胃炎、马肠系膜动脉血栓性疝痛及犬钩虫病等。

任务工单 1

任务名称	粪便的物理学检验		
任务描述	认知粪便的物理学检验，能说明粪便物理学检验的操作方法，能按操作规程完成粪便的物理学检验		
准备工作	1. 在动物诊疗实训室准备进行粪便检测用的实习动物。 2. 在实验室内准备粪便物理学检验的多媒体资料。 3. 在临床化验室内准备显微镜、载玻片、镊子、试管、吸管、一次性口罩、一次性手套、生理盐水等		
实施步骤	1. 通过互联网搜索、学习多媒体资料的相关内容，熟悉粪便物理学检验的基本内容及操作方法。 2. 在临床化验实训室，按下列工作程序完成相应操作，熟练掌握粪便的物理学检验操作方法： (1)粪便感染检查：取新鲜粪便，依次检查气味、颜色、形状、稀薄度、混有物； (2)粪便涂片检查：采集粪便→粪便处理→镜检观察：红细胞、白细胞、脓球、上皮细胞、饲料残渣、伪膜、寄生虫		
考核评价	考核项目	评分标准	分值
	粪便感官检查	熟练掌握粪便感官检查操作(正确得 10 分)，对异常的颜色、气味、形状及混有物正确进行疾病判断(每正确一项得 10 分)	50 分
	粪便涂片检查	熟练掌握粪便涂片检查操作(正确得 10 分)，对检出的红细胞、白细胞、饲料残渣、伪膜能正确辨识并能进行疾病判断(每正确一项得 10 分)	50 分
	合　　计		100 分

任务工单 2

任务名称	粪便化学检验
任务描述	认知粪便化学检验，能说明粪便化学检测的操作方法，能按操作规程完成粪便的化学检测
准备工作	1. 在动物诊疗实训室准备进行粪便化学检验用的实习动物。 2. 在实验室内准备粪便化学检验的多媒体资料及粪便常规检查化验单。 3. 在临床化验实训室内准备精密 pH 试纸、显微镜、载玻片、镊子、酒精灯、小试管、1%联苯胺冰醋酸液、3%过氧化氢溶液、生理盐水、蒸馏水等

续表

<table>
<tr><td>任务名称</td><td colspan="3">粪便化学检验</td></tr>
<tr><td>实施步骤</td><td colspan="3">1. 通过互联网搜索、学习多媒体资料的相关内容，熟悉粪便化学检验的基本原理及操作方法。
2. 在临床化验实训室，按下列工作程序完成相应操作，熟练掌握粪便化学检验的操作方法：
(1)测定粪便酸碱度：取新鲜粪便→粪便处理→用 pH 试纸测定酸碱度；
(2)检测粪便潜血：配制 1%联苯胺冰醋酸溶液→粪便涂片并加热→滴加配制 1%联苯胺冰醋酸溶液→加等量 3%过氧化氢溶液→观察判定</td></tr>
<tr><td rowspan="5">考核评价</td><td>考核项目</td><td>评分标准</td><td>分值</td></tr>
<tr><td>粪便酸碱度测定</td><td>熟练掌握测定粪便酸碱度操作方法(得 10 分)，能根据测出的结果说明诊断意义(得 20 分)</td><td>30 分</td></tr>
<tr><td>粪便潜血检测</td><td>正确配制 1%联苯胺冰醋酸溶液(得 5 分)，熟练掌握操作方法(得 10 分)，能对结果做出正确判定(得 10 分)，能根据结果说明诊断意义(得 20 分)</td><td>45 分</td></tr>
<tr><td>分析动物粪便常规化验单</td><td>能对教师提供的动物粪便常规化验单进行正确分析(得 25 分)</td><td>25 分</td></tr>
<tr><td colspan="2">合　计</td><td>100 分</td></tr>
</table>

项目四
建立病历

任务一　建立诊断

目标呼应

任务目标	课程教学目标
说明建立诊断的作用、概念和分类	解析常见病理变化、病理现象和临床症状并建立诊断
能对疾病症状进行收集和综合分析并建立诊断	

情境导入

疾病的诊断是指通过临床检查之后，对病畜(禽)的健康状态和疾病情况提出的概述性判断，通常要指出病名，是治疗、预后、预防的前提。建立诊断，即是利用逻辑思维对疾病本质做出正确的判断。

知识链接

一、建立诊断

建立诊断首先通过病史调查、一般检查和分系统检查，并根据需要进行必要的实验室检验或X射线检查，系统全面地收集症状和有关发病经过资料；然后对所收集到的症状、资料进行综合分析、推理、判断，初步确定病变部位、疾病性质、致病原因及发病机理，建立初步诊断；最后依据初步诊断实施防治，以验证、补充和修改初步诊断，再对疾病做出确切诊断。

(一)建立诊断的方法

建立诊断的方法，通常有论证诊断法和鉴别诊断法两种。

1. 论证诊断法

先在检查患病动物所搜集的症状中，分出主要症状和次要症状，按照主要症状设想患上某一个疾病，把主要症状与所设想的疾病互相对照印证，如果用所设想的疾病能够解释主要症状，且又和多数次要症状不相矛盾，便可建立诊断。论证诊断是以丰富临床经验，以及确切的病史、症状资料为基础，但同一疾病的不同类型、程度或时期所表现的症状不尽相同。动物的种类、品种、年龄、性别及个体的营养条件和反应能力不一，会使其呈现的症状产生差异。所以，论证诊断时，不能机械地对照书本或只凭经验主观臆断，应对具体情况具体分析。论证诊断应以临床病理学为基础，从整个疾病考虑，以解释所有现象，并找出各个变化之间的关系。对并发症与继发症、主要疾病与次要疾病、原发病与继发病要有明确认识，以求深入认识疾病本质和规律，制订合理的综合防治措施。

例如，有一条病犬，3～4 月龄，突发呕吐，而后出现腹泻，粪便呈黄色或灰黄色，混有多量黏液和伪膜。病后 2～3 d，粪便呈番茄汁样，含有血液并有恶臭味。此时病犬精神沉郁，食欲废绝，体温升高到 40℃以上，迅速脱水。病史调查曾有与带细小病毒的成犬接触，像这样的疾病，略有临床经验的兽医便很容易想到是犬细小病毒性肠炎。如果把上述症状与书籍记载的犬细小病毒性肠炎的症状相互对比，大多是符合的，而且经胶体金试纸检测呈阳性，并注入单克隆抗体和抗病毒药后，病犬很快恢复，进一步证实犬细小病毒性肠炎的诊断是正确的。

2. 鉴别诊断法

在疾病的早期，症状不典型或疾病复杂，找不出可以确定诊断的依据，可先根据一个主要症状或几个重要症状提出多个可能的疾病，这些疾病在临床上比较近似。但究竟是哪一种，须通过相互鉴别，逐步排除可能性较小的疾病，逐步缩小鉴别的范围，直到剩下一个或几个可能性较大的疾病作为初步诊断结果，并根据治疗实践的验证，最后做出确切诊断。如缺少假定疾病应具有的特殊或主要症状以及引起该病明确的致病因素，或假定疾病不能解释其全部症状，则该病可暂被否定。如具有某一疾病所应具备的特殊症状或症候群以及已查明足以引起该病的具体致病原因，发病情况符合其一般规律，通常即可肯定。在鉴别诊断时，应以主要症状及其症候群是否符合，具体的致病因素和条件是否存在，疾病的发生情况和特点与一般规律是否一致，防治的效果是否能予以验证等条件作为基础，对提出的一组疾病实行肯定或否定。

论证诊断法比较简便，不需要像鉴别诊断法那样罗列许多病名，逐个进行淘汰才能得出疾病的诊断；尤其当临床症状比较明显，运用论证诊断法就比较适宜；反之，如果症状不明显，又缺乏临床经验，则以使用鉴别诊断法为宜。在疾病诊断中，论证诊断法和鉴别诊断法应互相补充，相辅相成。同一种疾病，其病程、病情不同，所表现的症状不尽相同，患病动物个体的差异也会使临床表现不尽一样，所以应学会对具体问题具体分析，只有这样才能深刻认识疾病的本质和规律，防止主观臆断、生搬硬套。

(二)建立诊断的步骤

建立诊断，通常按以下三个步骤进行。

1. 收集疾病资料

医师可通过对畜主或饲养员的询问进行病史调查，再对动物进行一般检查和分系统检查，还可根据需要进行必要的实验室诊断或影像诊断，系统全面地收集症状和有关发病经过的相关资料。

2. 综合分析，做出初步诊断

医师应对所收集到的症状、资料进行综合分析、推理、判断，初步确定病变部位、疾病性质、致病原因及发病机理，建立初步诊断。

3. 验证诊断

医师应依据初步诊断实施防治，以验证、补充和修改初步诊断，对疾病做出确切的诊断。

收集疾病资料、综合分析并做出初步诊断、验证诊断是诊断疾病的三个基本步骤。三者互相联系，相辅相成。其中收集症状是认识疾病的基础，分析症状是建立初步诊断的关键，而实施防治、观察效果则是验证和完善诊断的必由之路。

二、预后判断

医师应在做出疾病诊断之后，应对疾病的相对持续时间、可能的转归和动物的生产性能、使用价值等做出判断，称为预后判断。医师除了要关注动物的临床症状，对重症病例应注意心脏、呼吸、体温、血象等的变化。此外，还要了解个体特性(如年龄、营养、体质等)、周围的环境(如饲养管理、使役、气候条件和环境污染情况等)和疾病的发展变化。临床上，一般把疾病的预后分为预后良好、预后不良、预后慎重、预后可疑四种。

(一)预后良好

预后良好是指患病动物不仅能被完全治愈，而且还能保持原有的生产能力和经济价值。

(二)预后不良

预后不良是指病情危重尚无有效治疗方法，患病动物可能死亡或丧失其生产能力和经济价值。如犬瘟热后期患犬胃肠破裂、奶牛化脓性乳房炎均提示预后不良。

(三)预后慎重

预后慎重是指动物预后的好坏依病情的轻重、诊疗是否得当及自身条件和环境因素的变化而有明显的不同。如急性瘤胃鼓气、日射病或热射病、有机磷中毒、腹痛病等，可能于短时间内很快治愈，也可能因治疗不当而死亡或丧失其生产能力和经济价值。

(四)预后可疑

预后可疑是指由于症状资料不全，或病情正在发展变化，一时不能做出确定的预后。如牛的大肠杆菌性乳房炎，可以得到完全治愈而预后良好，也可能出现化脓而预后不良。

任务工单

任务名称	建立诊断		
任务描述	认知建立诊断，能说明建立诊断的步骤，能完成对疾病症状的收集和综合分析并建立诊断		
准备工作	1. 在实验室内准备建立诊断的多媒体资料。 2. 在实验室内准备疾病的病例资料		
实施步骤	1. 通过互联网搜索、学习多媒体资料的相关内容，熟悉建立诊断的方法和步骤。 2. 在实训室按下列程序完成诊断的建立： 收集疾病资料→综合分析、采用论证诊断法和鉴别诊断法、做出初步诊断→验证诊断→预后判断		
考核评价	考核项目	评分标准	分值
	建立诊断的步骤	能说明建立诊断的三个步骤：收集疾病资料、分析资料并做出初步诊断、验证诊断(每个步骤正确得 10 分)	30 分
	建立诊断	正确收集疾病资料(得 10 分)，对收集的资料进行分析，正确做出初步诊断(得 20 分)，依据初步诊断拟定防治方案，以验证、补充和修改初步诊断并对疾病做出确切的诊断(得 30 分)	60 分
	预后判断	能对教师提供的疾病资料(临床症状、个体特征、周围环境、疾病发展变化)进行预后判断(正确一项得 10 分)	10 分
	合　　计		100 分

任务二 记录病历

目标呼应

任务目标	课程教学目标
能完成病历的记录	解析常见病理变化、病理现象和临床症状并建立诊断

情境导入

病历是医师对患病动物疾病的发生、发展、转归进行检查、诊断、治疗等医疗活动过程的记录，也是对采集到的资料加以归纳、整理、综合分析，按规定的格式和要求书写的患病动物医疗健康档案。病历既是临床实践工作的总结，又是探索疾病规律及处理医疗纠纷的法律依据。病历对医疗、预防、教学、科研、医院管理等都有重要的作用。

知识链接

一、填写病历的一般内容

记录病历是记载有关动物在病程经过中的临床检查所见以及诊断、治疗等方面的书面材料。

(一)记录病历的作用

记录病历不仅是兽医临床工作的记录和依据，又可供他人和有关部门参考。完整的病历既是医疗统计的基础数据，又是科学研究的原始资料。对科学资料的积累、实际经验的总结都具有重要意义。因此，对临床检查的所有结果都应详细地记录于病历中。

(二)记录病历的原则

(1)全面而详细：包括问诊、临床检查及某些辅助检查的所见与结果，都应详尽地记入，某些检查的阴性结果也应记入，因为可以作为排除诊断的依据。

(2)系统而科学：为了记录的系统性，便于归纳、整理，所有记录内容应按系统有秩序地记载；所见的各种症状应以通用的名词和术语记入。

(3)具体而肯定：各种征候、表现应尽可能地具体和肯定，避免用可能、好像、似乎等不确切的词句(当然，如果不能确切肯定某种变化时，可在所见的后面加以问号，以便通过进一步的观察和检查再行确定)。

(4)通俗而易懂：词句应通顺，比喻和形象的描绘应简要明了，便于理解。

(三)填写病历的一般内容

(1)病畜(禽)登记：包括动物种类、品种、性别、年龄、毛色、特征等。

(2)主诉及问诊材料：包括病史、详细的发病情况或流行病学调查结果、饲养管理情况、就诊前的经过及处理等。

(3)临床检查所见：是组成病历的主要内容，记录初诊病历更应详尽，主要包括以下几点。

①记录体温、脉搏及呼吸数。

②记录整体状态检查结果，包括精神状态、体格、发育、营养情况，姿势、行为的变化，表被的病变，被毛皮肤情况、眼结膜颜色、浅表淋巴结及淋巴管等的变化。

③检查各器官系统所见。依次记录心血管系统、呼吸器官系统、消化器官系统、泌尿生殖系统、神经系统等症状、变化；也可按着头颈部、胸部、腹部、臀尾、四肢等躯体部位和器官记录。

④辅助检查：又称特殊检查。其检查结果一般以附表的形式记录之，如实验室检查(血、尿、粪便)结果，心电图、B超、X射线、CT、MRI(磁共振)所见等。

二、病历日志与总结

(一)病历日志

(1)每日记载体温、脉搏、呼吸数(一般可绘制曲线表以表示之)。

(2)记录各器官、系统的新变化(一般要重点记入与前日不同的所见)。

(3)所采取的治疗措施、方法、处方及饲养管理上的改进等。

(4)各种辅助检查的结果。

(5)会诊的意见及决定等。

(二)总结病历

当治疗结束时，以总结方式对诊断及治疗结果加以评定，并指出今后在饲养、管理上应注意的事项；如以死亡为转归时应进行剖检，并进行病理组织学检查且加以记录。最后应总结全部诊疗过程中的经验及教训。

小知识

病历记录(病志)格式表

病　历

年　　月　　日　　　　　　　门诊编号__________　　　　　　　(正页)

<table>
<tr><td>畜主</td><td colspan="5"></td><td>住址</td><td colspan="3"></td></tr>
<tr><td>畜种</td><td></td><td>年龄</td><td></td><td>性别</td><td></td><td>毛色</td><td></td><td>特征</td><td></td></tr>
<tr><td rowspan="2">诊断</td><td></td><td colspan="2">月　日</td><td rowspan="2">转归</td><td colspan="3">年　月　日</td><td rowspan="2">兽医签名</td><td rowspan="2"></td></tr>
<tr><td></td><td colspan="2">月　日</td><td colspan="3"></td></tr>
<tr><td colspan="10">主诉及病史</td></tr>
<tr><td colspan="10"></td></tr>
<tr><td colspan="10">临床检查所见：　体温(℃)　脉搏(次/min)　呼吸(次/min)</td></tr>
<tr><td colspan="10"></td></tr>
</table>

（副页）

月　日	检查所见及处置	兽医签名

任务工单

任务名称	记录病历		
任务描述	认知记录病历，了解记录病历的作用和原则，能说明记录病历的一般内容，能完成病历的记录		
准备工作	1. 在实验室内准备记录病历的多媒体资料。 2. 在实验室内准备疾病病例的资料。 3. 在实验室内准备病历记录格式表		
实施步骤	1. 通过互联网搜索、学习多媒体资料的相关内容，熟悉记录病历的一般内容。 2. 在实训室按下列程序完成病历的记录： 病畜(禽)登记→主诉及问诊材料→临床检查所见→辅助检查→总结病历		
考核评价	考核项目	评分标准	分值
	记录病历的一般内容	能说明病畜(禽)登记、主诉及问诊材料、临床检查所见的详细内容(每正确一项得10分)	30分
考核评价	考核项目	评分标准	分值
	记录病历	能根据教师提供的病例详细资料在病历记录上记录病历，并正确填写畜(禽)主及病畜(禽)基本情况(得20分)、主诉及病史(得20分)和临床检查所见(得30分)	70分
	合　计		100分

参考文献

[1]杨文. 动物病理学[M]. 重庆：重庆大学出版社，2012.
[2]於敏，周铁忠. 动物病理[M]. 北京：中国农业出版社，2020.
[3]任玲，谢拥军. 兽医基础[M]. 北京：中国化学工业出版社，2010.
[4]王子轼，周铁忠. 动物病理[M]. 北京：中国农业出版社，2010.
[5]徐作仁. 动物疾病诊断技术[M]. 北京：北京师范大学出版社，2017.
[6]曾元根. 兽医临床诊疗技术[M]. 北京：化学工业出版社，2009.
[7]陈怀涛. 兽医病理解剖学[M]. 3 版. 北京：中国农业出版社，2008.
[8]石冬梅，蔡友忠. 宠物临床诊疗技术[M]. 北京：化学工业出版社，2016.
[9]何德肆. 兽医临床诊疗技术[M]. 重庆：重庆大学出版社，2016.
[10]于锐萍. 动物病理学[M]. 北京：中国农业出版社，2010.
[11]张海彬，夏兆. 小动物临床诊疗学[M]. 北京：中国农业出版社，2016.